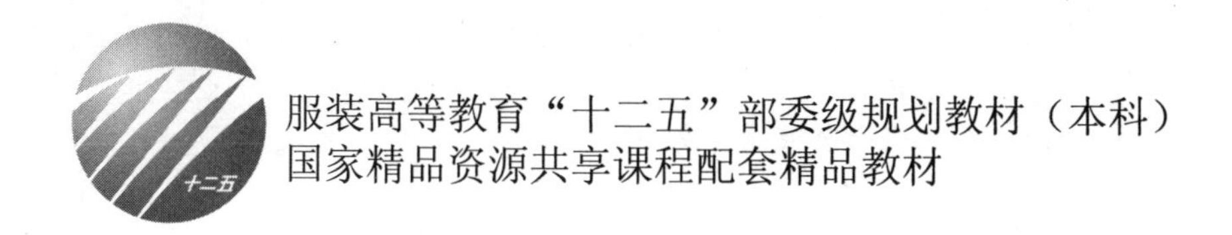
服装高等教育“十二五”部委级规划教材（本科）
国家精品资源共享课程配套精品教材

服装立体造型实训教程

Training Manual of Three-dimensional Modeling of Clothing

魏静　等　编著

中国纺织出版社

内 容 提 要

本实训教程是服装高等教育“十二五”部委级规划教材、国家级精品资源共享课程“服装立体造型”配套精品教材，是与新编省级高校重点教材《成衣设计与立体造型》和《礼服设计与立体造型》配套而成的系列化、立体化教材，是对该套教材的深化与教学实训内容的补充。全书精选了国内四所服装院校学生160款不同种类与造型风格的优秀作品，并从设计思路、装饰手法、造型技巧等方面进行全面解析；同时对世界著名五大服装品牌50款经典作品，从设计理念、品牌特点、款式特色、流行元素、设计表达等方面进行赏析，使学习者更好地把握服装立体造型的内涵、技术与品牌特点，是服装立体造型不可多得的“盛宴”。同时，首次加入了实训教学文件，便于规范实训环节，明确实训目的，对学生实训过程提出更为明确的要求，为有效提高动手能力与思维创造能力提供了良好的平台，具有较强的前瞻性、实战性与实用性。

本书可作为服装院校专业实训指导教材，也可作为服装教师指导服装立体造型、毕业设计等实践环节的参考用书，对于广大服装爱好者也是一本有益的参考读物。

图书在版编目（CIP）数据

服装立体造型实训教程／魏静等编著. —北京：中国纺织出版社，2014.3

服装高等教育“十二五”部委级规划教材. 本科 国家精品资源共享课程配套精品教材

ISBN 978-7-5180-0168-2

Ⅰ.①服… Ⅱ.①魏… Ⅲ.①服装—造型设计—高等学校—教材 Ⅳ.①TS941. 2

中国版本图书馆CIP数据核字（2013）第271560号

策划编辑：张晓芳　　责任编辑：王　璐　　责任校对：陈　红
责任设计：何　建　　责任印制：储志伟

中国纺织出版社出版发行
地址：北京市朝阳区百子湾东里A407号楼　邮政编码：100124
销售电话：010－87155894　传真：010－87155801
http：//www.c-textilep.com
E-mail：faxing@c-textilep.com
官方微博 http：//weibo.com/2119887771
三河市宏盛印务有限公司印刷　各地新华书店经销
2014年3月第1版第1次印刷
开本：787×1092　1/16　印张：17.5
字数：231千字　定价：38.00元

出版者的话
The publisher's Remark

全面推进素质教育，着力培养基础扎实、知识面宽、能力强、素质高的人才，已成为当今教育的主题。教材建设作为教学的重要组成部分，如何适应新形势下我国教学改革要求，与时俱进，编写出高质量的教材，在人才培养中发挥作用，成为院校和出版人共同努力的目标。2011年4月，教育部颁发了教高[2011]5号文件《教育部关于“十二五”普通高等教育本科教材建设的若干意见》（以下简称《意见》），明确指出“十二五”普通高等教育本科教材建设，要以服务人才培养为目标，以提高教材质量为核心，以创新教材建设的体制机制为突破口，以实施教材精品战略、加强教材分类指导、完善教材评价选用制度为着力点，坚持育人为本，充分发挥教材在提高人才培养质量中的基础性作用。《意见》同时指明了“十二五”普通高等教育本科教材建设的四项基本原则，即要以国家、省（区、市）、高等学校三级教材建设为基础，全面推进，提升教材整体质量，同时重点建设主干基础课程教材、专业核心课程教材，加强实验实践类教材建设，推进数字化教材建设；要实行教材编写主编负责制，出版发行单位出版社负责制，主编和其他编者所在单位及出版社上级主管部门承担监督检查责任，确保教材质量；要鼓励编写及时反映人才培养模式和教学改革最新趋势的教材，注重教材内容在传授知识的同时，传授获取知识和创造知识的方法；要根据各类普通高等学校需要，注重满足多样化人才培养需求，教材特色鲜明、品种丰富。避免相同品种且特色不突出的教材重复建设。

随着《意见》出台，教育部及中国纺织工业联合会陆续确定了几批次国家、部委级教材目录，我社在纺织工程、轻化工程、服装设计与工程等项目中均有多种图书入选。为在“十二五”期间切实做好教材出版工作，我社主动进行了教材创新型模式的深入策划，力求使教材出版与教学改革和课程建设发展相适应，充分体现教材的适用性、科学性、系统性和新颖性，使教材内容具有以下几个特点：

（1）坚持一个目标——服务人才培养。“十二五”职业教育教材建设，要坚持育人为本，充分发挥教材在提高人才培养质量中的基础性作用，充分体现我国改革开放30多年来经济、政治、文化、社会、科技等方面取得的成就，适应不同类型高等学校需要和不同教学对象需要，编写推介一大批符合教育规律和人才成长规律的具有科学性、先进性、适用性的优秀教材，进一步完善具有中国特色的普通高等教育本科教材体系。

（2）围绕一个核心——提高教材质量。根据教育规律和课程设置特点，从提高学生分析问题、解决问题的能力入手，教材附有课程设置指导，并于章首介绍本章知识点、重点、难点及专业技能，增加相关学科的最新研究理论、研究热点或历史背景，章后附形式多样的习题等，提高教材的可读性，增加学生学习兴趣和自学能力，提升学生科技素养和人文素养。

（3）突出一个环节——内容实践环节。教材出版突出应用性学科的特点，注重理论与生产实践的结合，有针对性地设置教材内容，增加实践、实验内容。

（4）实现一个立体——多元化教材建设。鼓励编写、出版适应不同类型高等学校教学需要的不同风格和特色教材；积极推进高等学校与行业合作编写实践教材；鼓励编写、出版不同载体和不同形式的教材，包括纸质教材和数字化教材，授课型教材和辅助型教材；鼓励开发中外文双语教材、汉语与少数民族语言双语教材；探索与国外或境外合作编写或改编优秀教材。

教材出版是教育发展中的重要组成部分，为出版高质量的教材，出版社严格甄选作者，组织专家评审，并对出版全过程进行过程跟踪，及时了解教材编写进度、编写质量，力求做到作者权威，编辑专业，审读严格，精品出版。我们愿与院校一起，共同探讨、完善教材出版，不断推出精品教材，以适应我国高等教育的发展要求。

中国纺织出版社

教材出版中心

前言Preface

根据教育部“十二五”精品课程建设“着力促进教育教学观念转变、教学内容更新和教学方法改革，提高人才培养质量，服务学习型社会建设”的精神，为适应新形势下的高等教育，坚持教材建设一体化、系列化、立体化，向深度发展的方向，我们先后完成了服装立体造型国家精品资源共享课程的主教材《成衣设计与立体造型》、《礼服设计与立体造型》的编写。但在本课程的教学实践中，发现学生在进入款式设计与造型阶段，经常因缺少参考资料而感到迷茫，有时看到好作品又因技法不成熟而不知所措，缺少必要的技巧解析与有针对性的引导来提升；在造型与塑型时，或主题不突出，或苦于对服装材料缺乏必要认知而不能有效把握。出于改变这些状况，给学生搭建一个平台的目的，我们编写了这本与主教材相配套的实训教材，其中既有对服装造型材料、造型技法的详细解析，又有让学生看得见摸得着、有参考价值、可借鉴的优秀作品，作为实践教学的指导用书，本书能够使学生在学习中得以借鉴，在实践中得以启迪，并能有效提高他们的造型能力与分析问题、解决问题的能力。

本实训教材的编写，汇集了国内多所服装院校的从事本课程教学与研究的优秀教师，精心筹划，通力合作。精选了温州大学、吉林工程技术师范学院、西南大学、河北科技大学四所服装院校学生160款不同种类与造型风格的优秀习作，其中包括温州大学第一至第四届“嫁衣工坊杯”立体造型设计大赛的部分获奖作品。这些作品不但具有一定的创意、创新与艺术表现力，还蕴含着多种造型方法的综合运用，体现出较高的立体造型水准与表达，同时精选了五大世界著名服装品牌50款经典作品，并从设计理念、品牌特点、款式特色、流行元素、设计表达等多个角度进行赏析，相信会给广大读者献上一份专业技术含量高、内容丰富、可读性及实用性强的精品实训教材。

本实训教材第一章由魏静、陈莹编写、第二章由魏静编写；第三章由贾东文、魏静编写；第四章由叶茜、周莉、李敏、陈莹、邱波编写；第五章由陈莹编写；附录由魏静编写。全书由魏静任主编，并负责统稿，陈莹、贾东文、叶茜为副主编。翻译内容由朱江晖完成。在此感谢温州大学立体裁剪教学团队教师对学生优秀习作的辛勤指导！感谢兄弟院校本课授课教师的努力与付出！感谢本书收录优秀习作的各位同学！

由于我们水平有限，且时间匆促，对书中的疏漏和欠妥之处，敬请服装界的专家、院校的师生和广大的读者予以批评指正。

作　者

2013年2月于温州

教学内容安排

章	课程性质	节	课程内容
第一章	基础理论与研究		• 服装立体造型手法
		一	压褶与褶饰
		二	花边与花饰
		三	盘结与编饰
		四	拼贴与缝饰
		五	刺绣与缀饰
		六	叠加与重组
		七	其他造型手法
第二章	基础理论与研究		• 服装立体造型材料
		一	服用材料及应用
		二	非服用材料及应用
		三	塑型材料及应用
第三章	专题训练与实践		• 上装习作解析
		一	衣身手法习作解析（22款）
		二	上衣、大衣习作解析（36款）
第四章	专题设计与实践		• 礼服习作解析
		一	礼服习作解析（59款）
		二	系列礼服习作解析（14个系列30款）
		三	创意礼服习作解析（16款）
第五章	作品赏析		• 世界著名服装品牌设计作品赏析
		一	Chanel（夏奈尔）作品赏析
		二	Christian Dior（克里斯汀·迪奥）作品赏析
		三	Giorgio Armani（乔治·阿玛尼）作品赏析
		四	Gianni Versace（范思哲）作品赏析
		五	Alexander McQueen（亚历山大·麦昆）作品赏析
附录	实训教学	一	实训指导书参考
		二	实训评价考核参考

注 各院校可根据自身的教学特点和教学计划来安排课程时数。

目录Contents

第一章　服装立体造型手法 Three-dimensional Modeling Techniques of Clothing

现代服装表现技术的发展，逐步形成了全方位、多元化、立体化塑造服装的局面。从三维空间入手，运用服装立体造型手法（压褶与褶饰、花边与花饰、盘结与编饰、拼贴与缝饰、刺绣与缀饰、叠加与重组等），展示服装造型的不同特征与人体所形成的美感关系；或超出人体结构的限制，进行无结构的结构设计；或蓄意向外部空间延展，在有限的空间里创造出无限的、富于美感的形态及意想不到的效果。

第一节　压褶与褶饰 Pleats and Pleats Decoration

一、压褶

压褶是利用高温和压力对平面的材料进行有规律或无规律、同方向或非同向的挤压后形成固定的褶裥印迹，机器压褶不但可以让压褶尽量长久地保存，而且呈现出疏密、明暗、起伏、生动的纹理状态。基本的压褶花饰繁多，有工字褶、牙签褶、百褶、竹叶褶、太阳褶、泡泡褶等，是应用设计最广、适合于各种面料的造型技法之一。加工好的褶裥面料不但具有伸缩性质，而且可直接运用于服装造型中。如图1-1（1）节奏感强的百褶效果，刚柔并济，弹性十足；图1-1（2）特别处理的收褶工艺，呈现出有规律的、生动的提花效果；图1-1（3）在哑光和金属面料上打造出微妙的纹理，具有一种简洁的视觉迷幻效果；图1-1（4）横竖不一的热变形褶皱，具有丰富、变化的肌理质感；图1-1（5）有条纹与花饰条纹的压褶处理，构成了上下无限延伸、连续不断的视觉效果；图1-1（6）在纹理之中制造纹理，细微的褶皱与宽褶拼接天衣无缝地融为一体。

二、褶饰

（一）叠褶（Double Pleats）

叠褶通过对面料进行反复折叠起褶，一般以单位面起褶，具有机器不可替代的自然美感。叠褶按其形成外观线型划分为直线、横线、斜线、曲线叠褶，往往体现服装设计

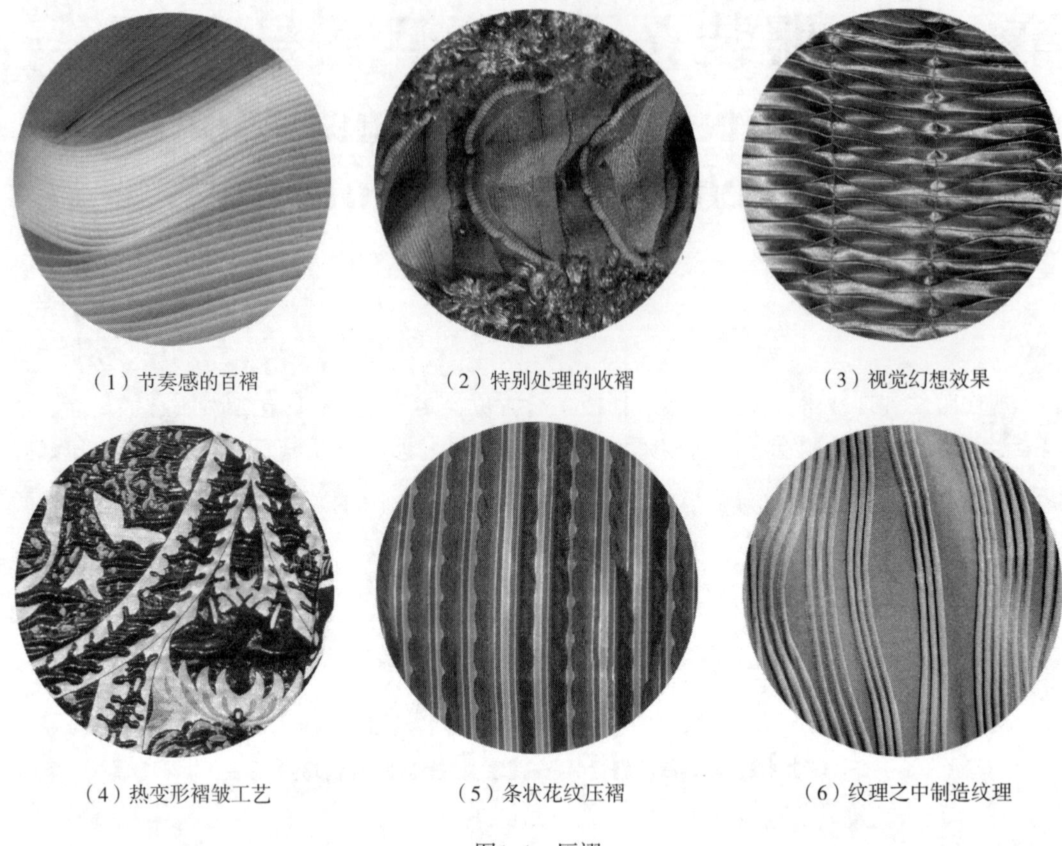

（1）节奏感的百褶　（2）特别处理的收褶　（3）视觉幻想效果

（4）热变形褶皱工艺　（5）条状花纹压褶　（6）纹理之中制造纹理

图1-1　压褶

"线"的效果。叠褶造型轻盈、柔和、流畅、蓬松、有立体感，适用于服装主要部位的装饰。图1-2（1）不同方向与角度的斜向叠褶设计，清晰自然；图1-2（2）交叉式叠褶设计，形成左右对称的S形，舒展流畅；图1-2（3）花边叠加与重复，使原本简单的叠褶元素汇聚成涓涓细流，不可阻挡；图1-2（4）应用扇面叠褶设计，叠加后强化了部位的装饰效果；图1-2（5）丝绸面料斜裁成条状，逐一熨烫后组合设计，宛如一支生动的旋律与优美的乐曲；图1-2（6）宽窄不一的叠褶花边，立体缠绕出自然浪漫的情怀。上述实例充分说明了叠褶的多元性、多样性、多变性、多效性特点。

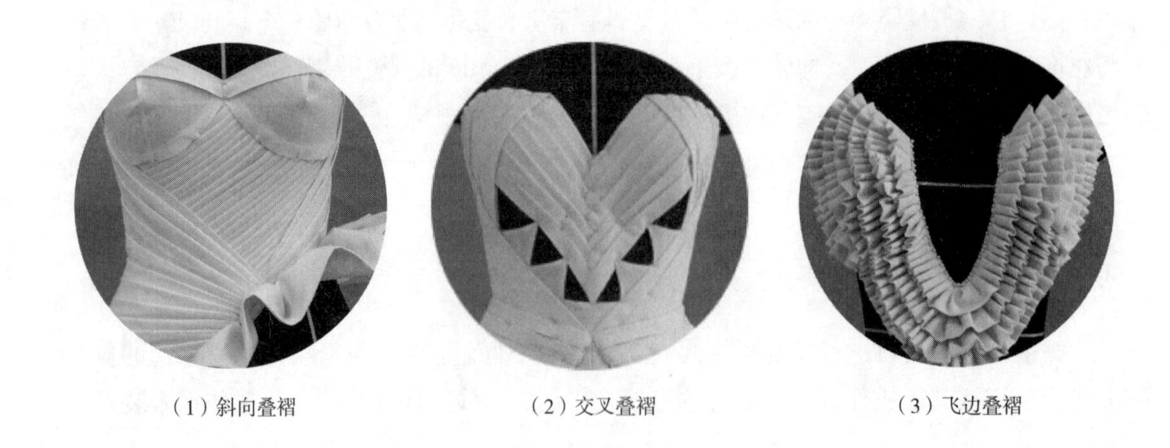

（1）斜向叠褶　（2）交叉叠褶　（3）飞边叠褶

（4）扇面叠褶

（5）曲线叠褶

（6）立体叠褶

图1–2 叠褶

（二）堆褶（Stacked Pleats）

堆褶是在平面内起褶，并从不同方向堆积褶纹，使之呈现出具有疏密对比、明暗对比、起伏对比的纹理状态，具有较强的立体造型效果，适用于各部位的强调和夸张。目前除了如图1–3（1）基本堆褶的手法外，随着现代表现技法的发展，堆褶的思路与应用不断拓展，形成花边、饰带等组合式堆褶，使其更具有装饰性。图1–3（2）是无规律的堆褶，纹理生动，浮雕感强；图1–3（3）先压花边褶，再堆积到一起，形成更加丰富、生动的肌理效果；图1–3（4）将饰带做成花饰，再堆积组合起来，表达了丰富的、立体的装饰效果。

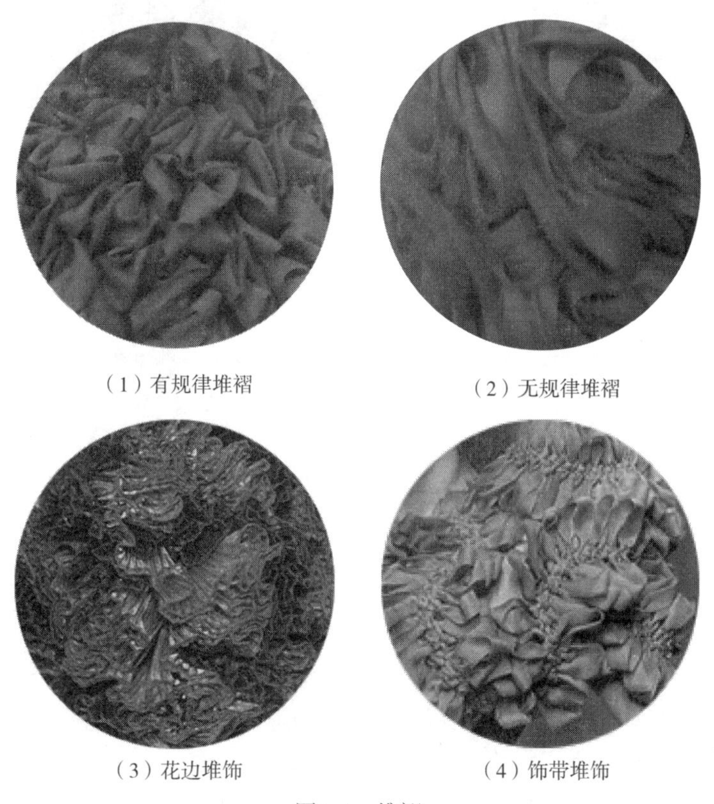

（1）有规律堆褶　（2）无规律堆褶

（3）花边堆饰　（4）饰带堆饰

图1–3 堆褶

（三）抽褶（Shirring Pleats）

抽褶是以点、线作为起褶单位，通过对布料的集聚、收缩或紧缩，呈现出自然、丰富、无规律、浮雕状的褶纹效果。一般情况下面料收缩前的长度为抽褶后的1.5～3倍。图1-4（1）在牛仔面料上进行无规律的抽褶设计，同时将绳子夹在抽褶缝儿中，展示了牛仔布自然粗犷的风貌；图1-4（2）将花边抽褶、叠加，利用色彩的渐变，表现出生动、丰富的视觉效果；图1-4（3）在面料宽度的1/3处作抽褶处理，并与堆褶技法组合，产生了意想不到的效果；图1-4（4）在左右侧缝运用抽褶技法，使褶纹更加均衡、充分。

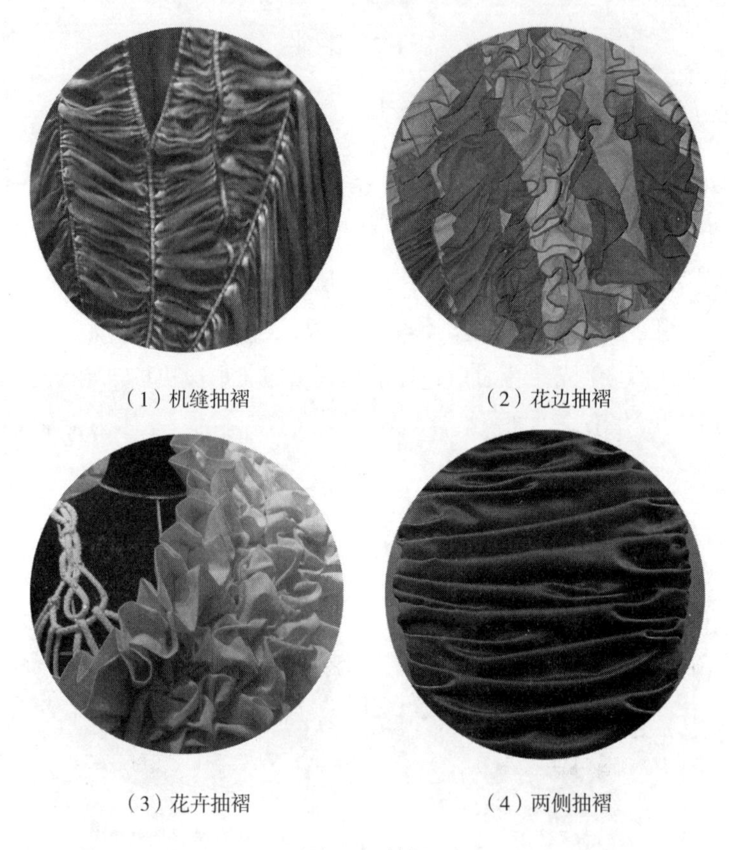

（1）机缝抽褶　（2）花边抽褶

（3）花卉抽褶　（4）两侧抽褶

图1-4　抽褶

（四）垂褶（Draped Pleats）

垂褶即在两个点或两条线间起褶，形成疏密变化的曲线（或曲面）皱纹，具有自然垂落、柔和顺畅、优雅华丽之感，垂褶属于自然的活褶，能够随着人体的运动而产生变化。图1-5（1）垂褶一般在褶的两端与褶裥组合，柔和、舒展，充分展示垂褶的艺术魅力；图1-5（2）在每个垂褶的棱线上缉装饰线，强化边缘“线”的效果，整体又采用垂褶的效果展现，刚柔并济，个性十足；图1-5（3）垂褶与抽褶的组合，形成局部的设计亮点，生动可人；图1-5（4）在部位两侧做垂褶，强化侧面与整体的美感。

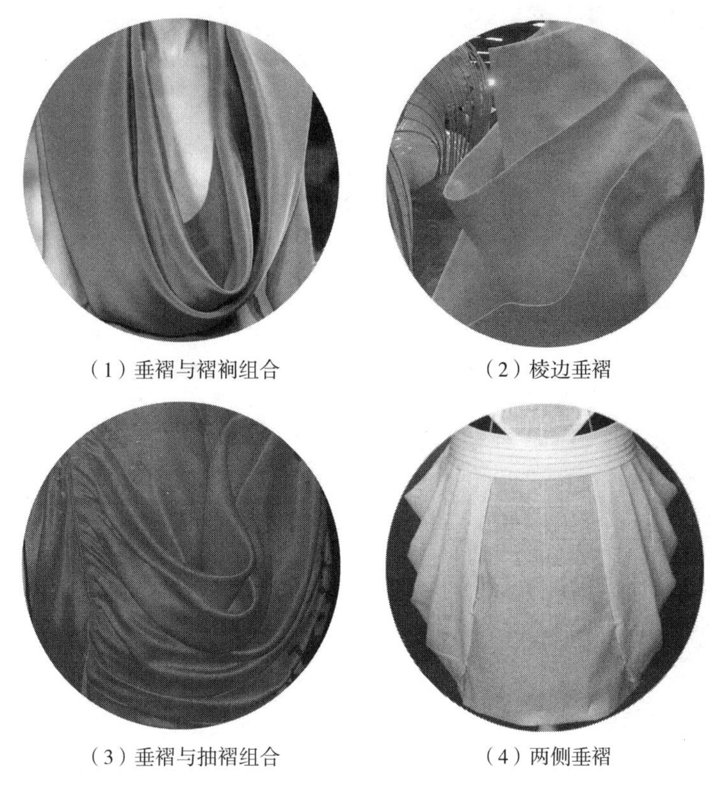

（1）垂褶与褶裥组合　（2）棱边垂褶

（3）垂褶与抽褶组合　（4）两侧垂褶

图1–5　垂褶

第二节　花边与花饰
Lace and Floriation

一、花边

飞边有时被称为荷叶边，是因为它有着花的柔美；有时被称为波浪边，是因为它有着水的韵律。无论在哪个年代都会有不同形式的花边流行。图1–6（1）利用雪纺面料轻薄透的特性，采用波浪花边的手法并予以叠加，展示其飘逸、动感的效果；图1–6（2）在裙摆上施加波浪花边，强化裙摆的造型效果；图1–6（3）领口、前胸采用花边设计，衬托女性的唯美可人；图1–6（4）在裙身镶嵌花边，以强调裙子的装饰性效果。

二、花饰

花饰是指采用各种方法和材料制成的花卉作为装饰服装的手段，这是对大自然的一种憧憬，对美的一种感受。在服装上表现花的手段很多：印花、刺绣、折叠、缩缝、凸织、编织、粘贴等。缀放位置也各不相同，如肩上、袖口、门襟、裙边等，有的盘踞在整件衣裙。图1–7（1）盘花做花蕊，叶子进行压褶处理，使其形态丰富、立体；图1–7（2）盘花为花蕊，两种花卉的组合，构成绚丽的菱形图案；图1–7（3）、（4）利用绢布、真丝织

（1）多层花边　（2）摆饰花边

（3）领口前胸花边　（4）裙身装饰花边

图1–6　花边

物做成的仿真花绢花，逼真艳丽；图1–7（5）滚条作成花的芯和叶，中间配以抽花组合，别致优雅；图1–7（6）条状物叠成花饰状，再钉珠作花蕊与装饰，竞显华丽；图1–7（7）丝带叠花，钉珠作花蕊，陪衬羽毛，使花型栩栩如生；图1–7（8）饰带叠花，亮珠固定，小小花朵汇成花的海洋；图1–7（9）利用面料本身的图案与色彩进行拧花设计，组成了一组绽放的花卉群；图1–7（10）先制作好玫瑰花，再在面料上进行抓褶处理，形成漂亮的纹理效果，在抓褶的位置上固定做好的花饰，可为"一举两得"、锦上添花；图1–7（11）大小花卉的集合堆置，构成肌理感很强的视觉冲击力；图1–7（12）以折纸法为花卉的基本元素，再将其构成立体、浮雕、绽放的花卉效果。

（1）大花卉　（2）菱形花卉　（3）仿真花绢花一

（4）仿真花绢花二　（5）滚条作花　（6）叠花

（7）丝带、扣、羽毛组合花　（8）饰带、亮珠组合小花　（9）拧花

（10）玫瑰花　（11）堆花　（12）立体折花

图1-7 花饰

第三节 盘结与编饰
Intertwining and Knit Ornament

一、盘结

盘结多见于盘花、盘扣，亦称“结艺”工艺，是指用丝绳、布带制作成光边的条（带）状物，再盘绕编织成花形的一种工艺。盘花工艺是传统服饰装饰元素之一，它具有浓浓的

古典民族气息。因此，盘结工艺常用于服装表面的立体装饰，将民族风与现代流行感进行融合。图1–8（1）用布带做成一定厚度的布条，再进行手工盘花设计；图1–8（2）也是用布带做成有一定厚度的布条，按如意、云纹等图案盘结而成的装饰效果；图1–8（3）为利用粗细绳子疏密搭配的盘花设计，纹理清晰、质朴经典；图1–8（4）电脑盘（绣）花，精致、清秀、唯美；图1–8（5）先缉皱褶成带状，再按盘花工艺组成丰富的浮雕状；图1–8（6）先将布条缉成褶裥带子，再盘花成一定的图案，制造繁密与疏松的对比效果。

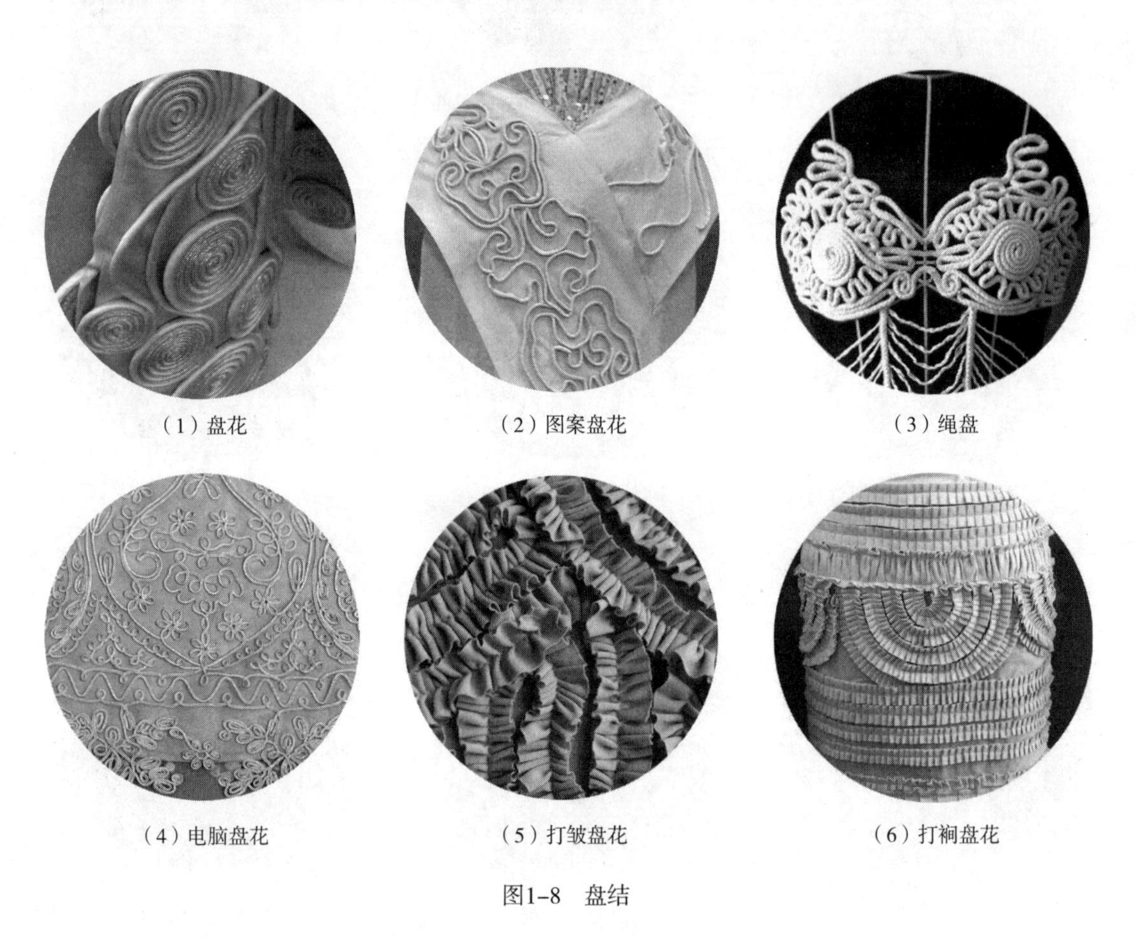

（1）盘花　（2）图案盘花　（3）绳盘

（4）电脑盘花　（5）打皱盘花　（6）打裥盘花

图1–8　盘结

二、编饰

编饰是将不同宽度的带状（条状）物通过编织或编结等手法组成不同块面，同时形成疏密、宽窄、凹凸、连续的各种变化。编饰能够创造特殊的形式、质感和细节局部，是直接获得肌理对比美感的有效方式，它给人以稳定中求变化、质朴中透优雅的感觉，能突出层次感、韵律感。可根据设计需求将材料裁剪成宽窄适度、均匀的编织条或直接运用现有材质。图1–9（1）将皮或革材料剪切成细条状，按六边形图案编织，不仅消除了原有皮革具有的沉闷与压抑，又增强了空间感与通透感；图1–9（2）将棉布黏衬后做成1～1.5cm的带子，仿竹篓纹编制球型廓型，质朴中透着时尚气息；图1–9（3）对编制带子进行压褶处理，形成有纹理变化的编织条，然后再进行编织，这样呈现的纹理具有丰富、浮雕的效果；图1–9（4）将带子充填海绵条后再编制，体现凹凸感明显的编饰效果；图1–9（5）将细绳组合成宽带条后再进行编制，可以产生独特的、优美的旋律；图1–9（6）通过粗皮绳编结产生的空间与光泽，营造出具有膨胀感、分量感的空间形态。

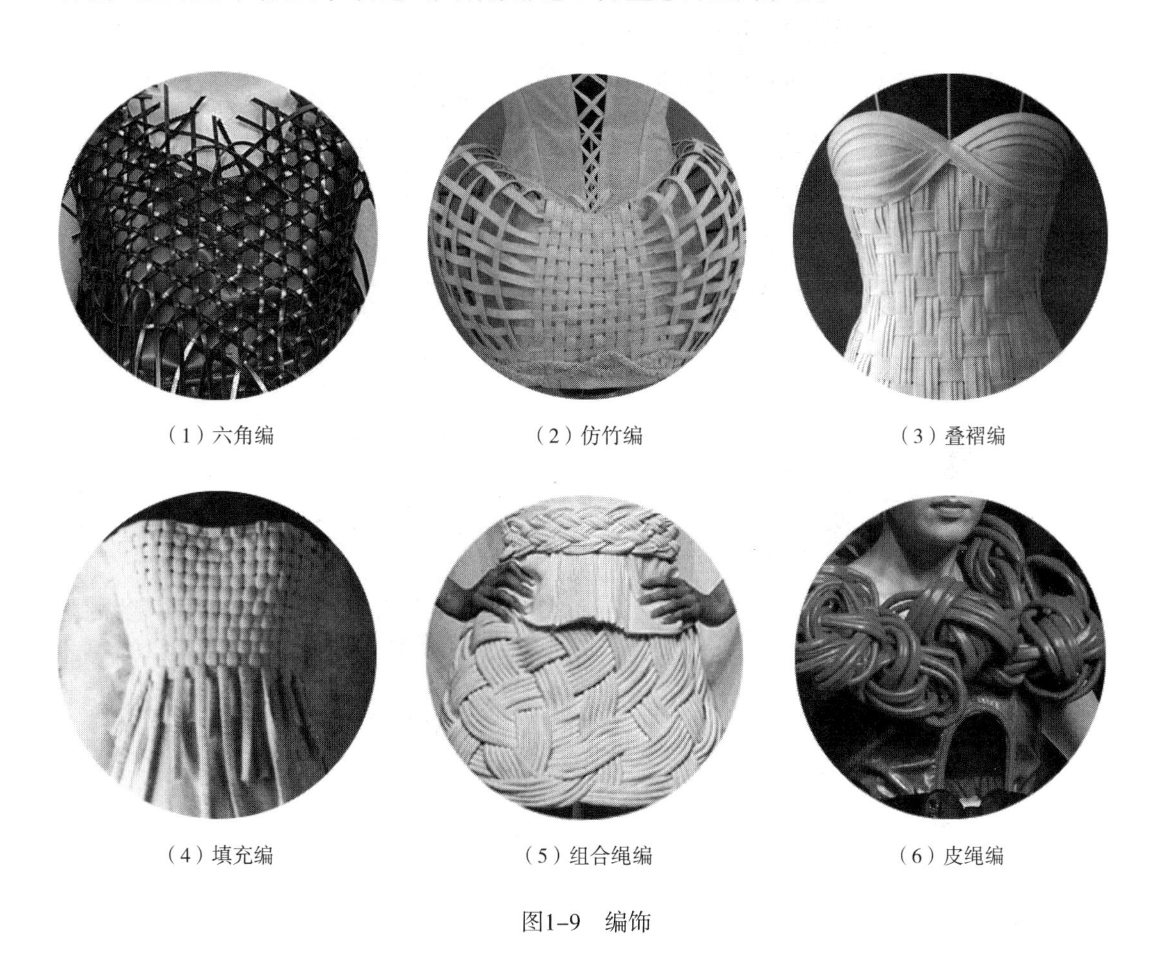

（1）六角编　（2）仿竹编　（3）叠褶编

（4）填充编　（5）组合绳编　（6）皮绳编

图1–9　编饰

第四节　拼贴与缝饰
Collage and Stitching Decoration

一、拼贴

拼贴是指各种形状、色彩、质地、纹样的布料或其他材料粘贴固定在二维平面上的技法，该技法是最原始的装饰手法，强调色彩的对比、色彩的渐变、色彩的穿插与融合。图1–10（1）为有棱角的立体拼贴设计，抽象的彩色块状图案有一种模糊的立体效果，是服装上的多面体装饰；图1–10（2）同料、同色花瓣的拼贴，使单调的颜色产生肌理变化；

图1–10（3）、（4）是拼接的实例，也具有拼贴的视觉效果。图1–10（3）仿皮革面料与钉珠片面料的拼接和几何块面的穿插，产生光滑与粗糙、平面与肌理对比的美感；图1–10（4）利用衣身与衣袖的曲线拼接，巧妙地形成部位的色彩对比，强化了装饰性效果。

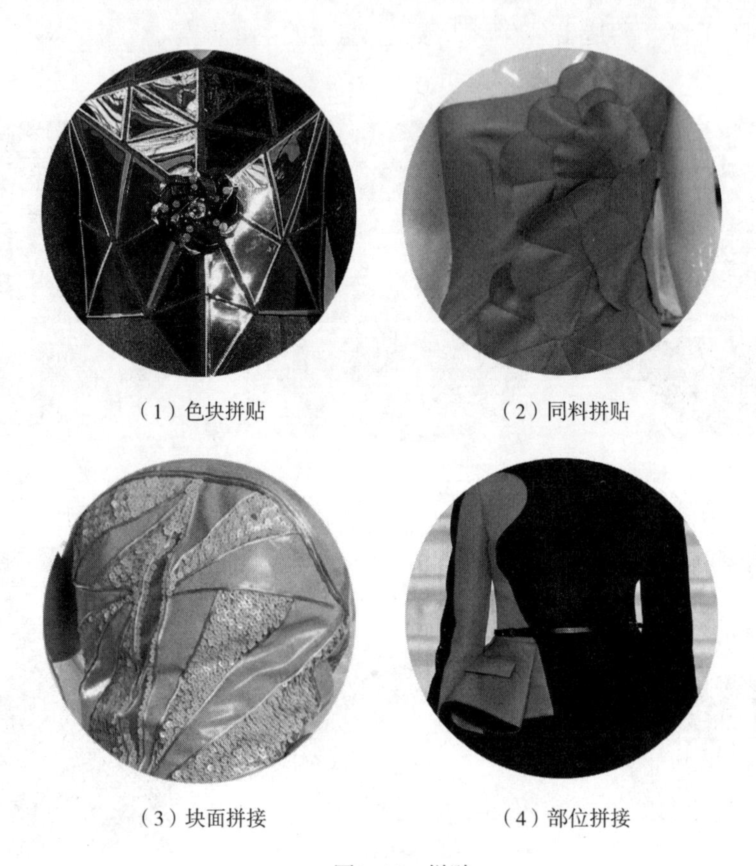

（1）色块拼贴　（2）同料拼贴

（3）块面拼接　（4）部位拼接

图1–10　拼贴

二、缝饰

缝饰是以布料本身为主体，在其反面或正面选用某种图案，通过手工（或机器）缩缝，形成各种凹凸起伏、柔软细腻、生动活泼的褶皱效果。其纹理精彩夺目，有很强的视觉冲击力。由于图案大小及连续性的变化，点的组合方式与缝线的手段变换，使其风格各异、韵味不同，但都会产生意想不到的效果和趣味。图1–11（1）采用有规律的千鹤纹缝法，呈现浮雕状的肌理效果；图1–11（2）属于规律缝法，但用绳子作充填物，强化了立体感、肌理感；图1–11（3）采用镶嵌缝法（俗称夹牙子），将皮条嵌在面料之间，形成突起的效果，整体流畅自然；图1–11（4）以菱形图案为主体，内含S曲线缝，彰显缝饰装饰效果；图1–11（5）内夹棉绗缝，面料表面产生具有类似浮雕的花纹图案；图1–11（6）平面花式缝与机绣组合，表现了图形与线迹的装饰美感；图1–11（7）~（12）为有规律缝饰，是根据各种几何图案缩缝而成，可以改变面料的肌理效果，具有很强的装饰性、艺术性，因而被广泛地应用于礼服等服装设计中，见后面的章节实例。

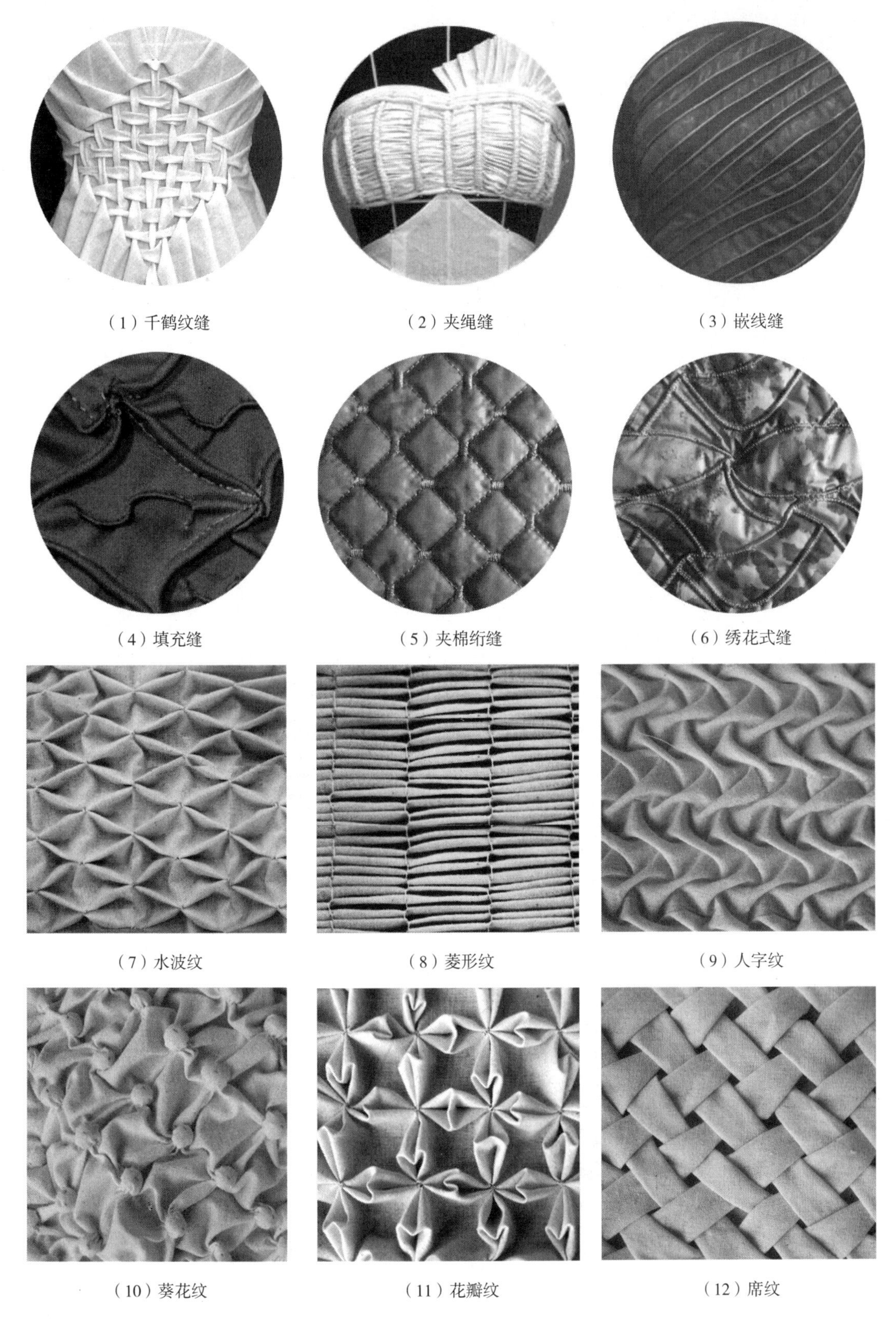

（1）千鹤纹缝 （2）夹绳缝 （3）嵌线缝

（4）填充缝 （5）夹棉绗缝 （6）绣花式缝

（7）水波纹 （8）菱形纹 （9）人字纹

（10）葵花纹 （11）花瓣纹 （12）席纹

图1-11 缝饰

第五节　刺绣与缀饰
Embroidery and Decoration

一、刺绣

刺绣俗称绣花，是在已加工好的织物上按照设计要求，通过运针绣线对面料进行装饰、美化、再加工的一种工艺。刺绣历来是服装面料装饰的重要方式之一，并被广泛用于各类服装和服饰用品上。从加工工艺上可分为彩绣、包梗绣、雕绣、贴布绣、钉针绣、抽纱绣等；从加工方法上可分为手工刺绣、缝纫机刺绣、电脑刺绣。图1-12（1）为电脑刺绣，电脑刺绣的技法有：错针绣、乱针绣、网绣、满地绣、锁丝、纳丝、纳锦、平金、影金、盘金、铺绒、刮绒、戳纱、洒线、挑花等；图1-12（2）为金线绣，用金线在织物上运针而绣，具有金碧辉煌之感；图1-12（3）为贴布绣，将面料剪成纹样图案，粘贴并缝绣在服装上；图1-12（4）采用钉珠绣，将珠、亮片、带、绳等缝缀或钉嵌于织物中。

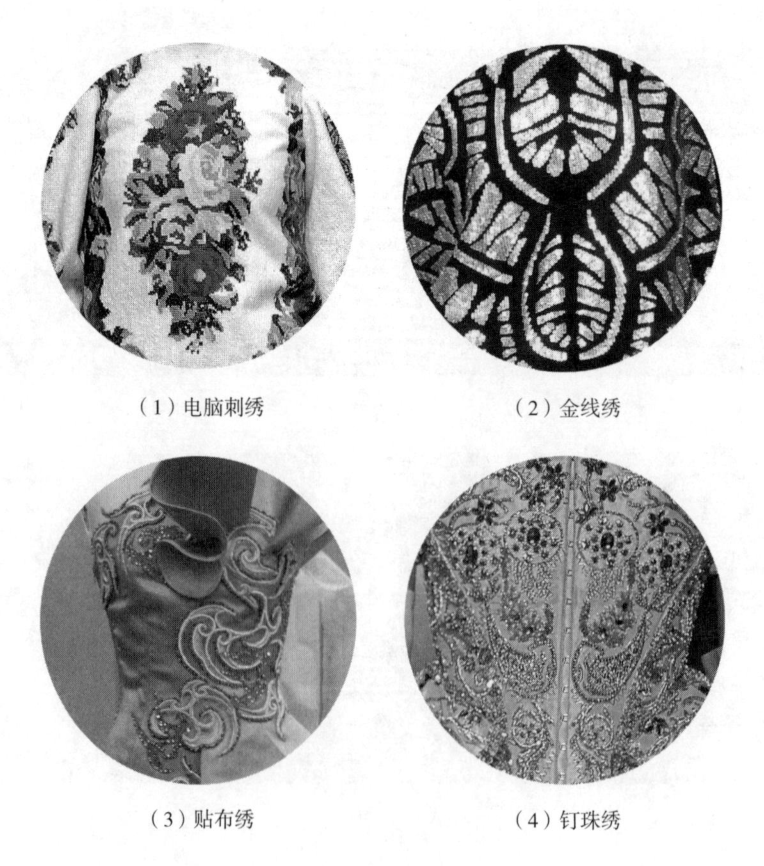

（1）电脑刺绣　（2）金线绣

（3）贴布绣　（4）钉珠绣

图1-12　刺绣

二、缀饰

缀饰是在现有面料的材质上，通过缝、绣、嵌、粘、热压、挂等方式，添加相同或不同的材料（如：皮毛、珠片、人造花、羽毛、蕾丝、缎带、贴花等），使之呈现凸出衣料平面特殊美感的设计效果，亦称添加法。设计师可根据服装设计效果的需要，在服装面料上附加相应的材料，使服装的外观视觉感受更加强烈，色彩和材质更加丰富，服装更具有表现力和感染力。缀饰常采用花卉（具象或抽象）、仿生物、制成品、毛皮等作为装饰物。通常装饰在领、肩、腰等部位。图1-13（1）缀饰小提琴是缀饰制成品的实例；图1-13（2）缀饰花卉，在肩部起强化作用；图1-13（3）缀装饰物，增加服装的装饰性；图1-13（4）缀折纸鹤，营造一种情趣，在平淡的面料上形成精致的点缀效果；图1-13（5）缀饰皮毛，彰显华丽与时尚；图1-13（6）缀饰蝴蝶，打造女性的优美与浪漫。

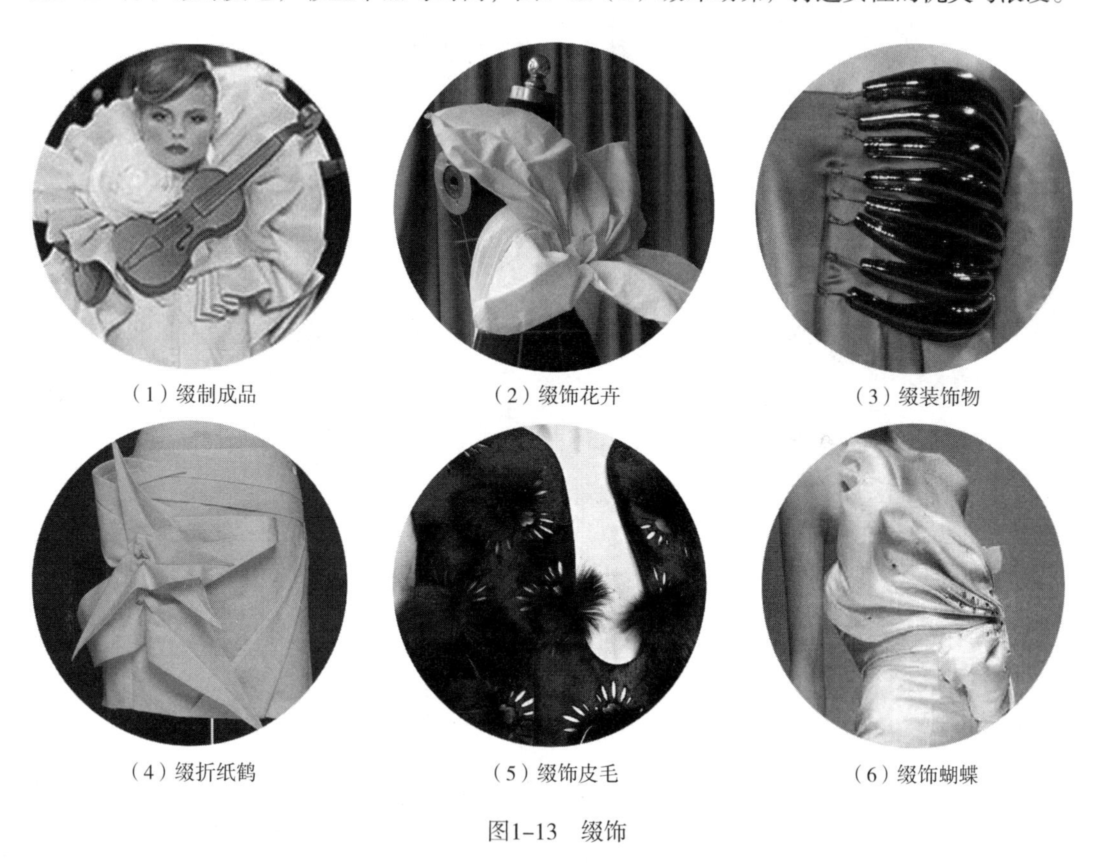

（1）缀制成品　（2）缀饰花卉　（3）缀装饰物

（4）缀折纸鹤　（5）缀饰皮毛　（6）缀饰蝴蝶

图1-13　缀饰

第六节　叠加与重组
Superposition and Restructuring

一、叠加

叠加法是指将某一元素进行缩放、变形等处理，然后用层叠、堆积、穿插等组合方式形成造型效果的方法。可以采用任何材料，以面或体的形态居多，集中表现一种强化、强调、重复、重叠的量感。如图1–14（1）波浪花边的叠加，量感十足；图1–14（2）制作压褶的叶子后再进行叠加，具有强烈的向上美感；图1–14（3）带子折叠后由曲线叠加构成曲面；图1–14（4）、（5）蝴蝶结的叠加，表现一种强化与节奏感；图1–14（6）曲面的叠加，形成层次与韵律；图1–14（7）褶皱扇面的堆积与叠加，彰显一种独特的肌理效果；图1–14（8）中山装衣领的叠加，强化了领型的设计。

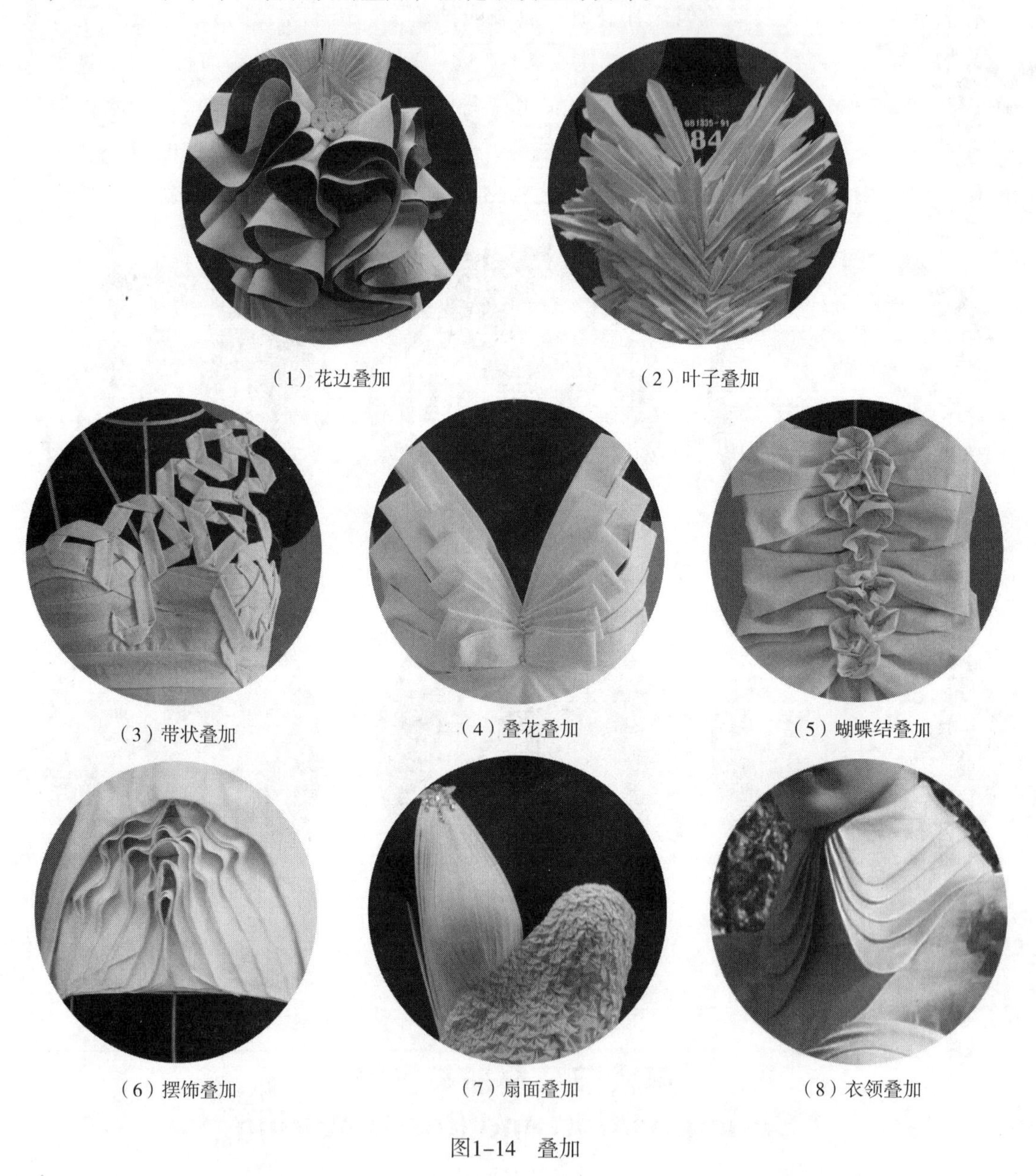

（1）花边叠加　（2）叶子叠加

（3）带状叠加　（4）叠花叠加　（5）蝴蝶结叠加

（6）摆饰叠加　（7）扇面叠加　（8）衣领叠加

图1–14　叠加

二、重组

重组是指突破传统服装造型的束缚，通过一系列的打破、开合、重组，呈现出与传统设计风格截然不同的结构主义服装。现今的解构不仅仅是破坏，更重要的是重构，求新求变，不断地解构时尚，让时尚焕发出新的生命力。图1-15（1）、（2）是一组对服装结构的解构与重组；图1-15（1）打破衣领与门襟等部位的原有位置，组合出新的服装结构；图1-15（2）是对衣领与门襟的数量与位置的一种破坏，摆脱以往的设计常规，打破传统的设计模式；图1-15（3）、（4）不仅有对服装面料的解构，同时又有服装的分解、重构与再造；图1-15（3）将牛仔裤腿部以下剪断，裤腰作为衣身部，并与硬纱料裙子组合搭配，形成多元素重复组合；图1-15（4）把牛仔裤腰做成抹胸，与报纸裙、木扇结合，不但激发了穿着者最大限度展现服装带来的激情，更加满足人们追求自由的愿望。

（1）、（2）相同材料解构与重组

（3）、（4）不同材料解构与重组

图1-15　重组

第七节 其他造型手法
Other Modeling Skills

一、镂空

镂空（Cut-out）是在面料上将图案的局部切除，造成局部断开、镂空、不连续，切除部位还可以再进行钩织、拼贴、连接等工艺处理，使其表面形态更加丰富，产生一种特殊的装饰效果。图1-16（1）带编镂空，形成生动优美的图案效果；图1-16（2）仿金属面料镂空，通过镂空手法减轻量感，增强了审美的趣味性；图1-16（3）皮革镂空，激光雕刻精致而有韵味；图1-16（4）用针织线钩出花纹形成镂空效果，具有自然质朴的风格。

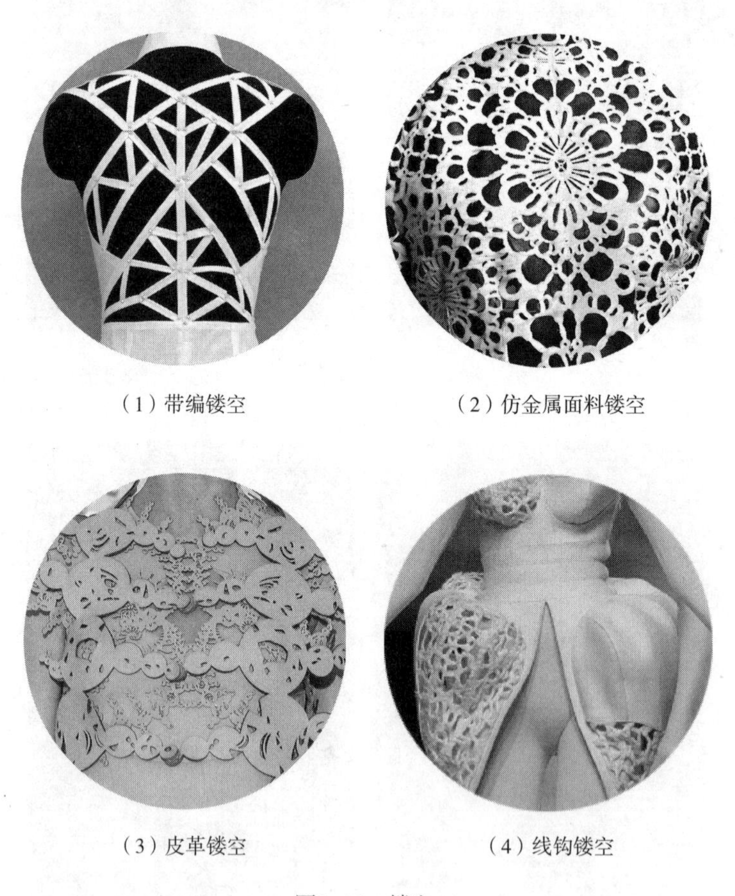

（1）带编镂空　（2）仿金属面料镂空

（3）皮革镂空　（4）线钩镂空

图1-16　镂空

二、缠绕与扎系

缠绕（Wrap and Tie Form）是通过环绕、叠加的造型方法，将布料缠绕、包裹在人体上，最终形成立体感强、变化丰富和饱满的造型，具有自然、原始、随意的风格。扎系是将布料或绳带通过打结的方式固定在服装或人体上，常用在腰部，使宽松的服装能够服帖人体。图1-17（1）前胸扎系形成视觉的焦点；图1-17（2）肩部扭成自然的卷曲形状，构成装饰亮点；图1-17（3）通过无规律的缠绕，使原本已有褶皱肌理的面料在蓝色与白色的扭曲合并中更有扩张、收缩的视觉效果；图1-17（4）胸部皱褶的交叉重叠，犹如汇聚一股股涓涓溪流，永不停息。

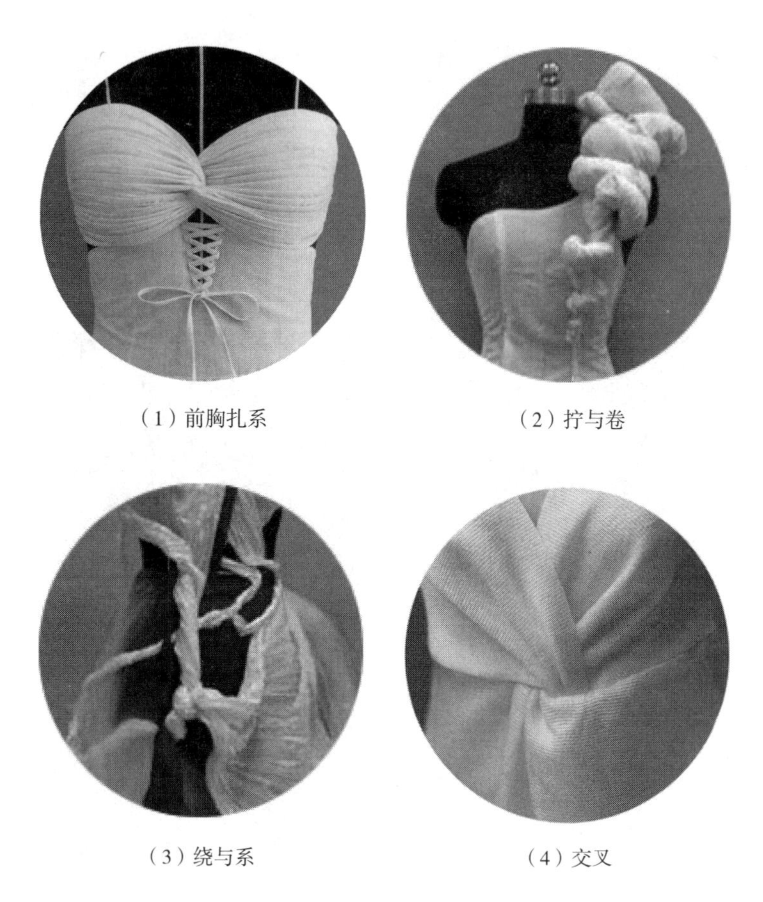

（1）前胸扎系　（2）拧与卷

（3）绕与系　（4）交叉

图1-17　缠绕与扎系

三、流苏

从面料、服装到服装局部到饰品包袋，流苏（Fringe）的流行给时尚界营造了一股新风。流苏有规则的，有不规则的，长长短短，造型各异。制造流苏的手段也各不相同，多见的是用面料剪开、撕开或拆开形成的流苏，也有用线、毛线或布条拼缝组合而成，或是金属链条等材料制成的。图1-18（1）丝线构成的流苏，含蓄、柔软；图1-18（2）不同色彩的带子构成的流苏，飞舞、飘动、个性十足；图1-18（3）皮革材料构成的流苏，挺括、坚韧、细密；图1-18（4）绳线流苏，飘洒、流动。

（1）丝线流苏

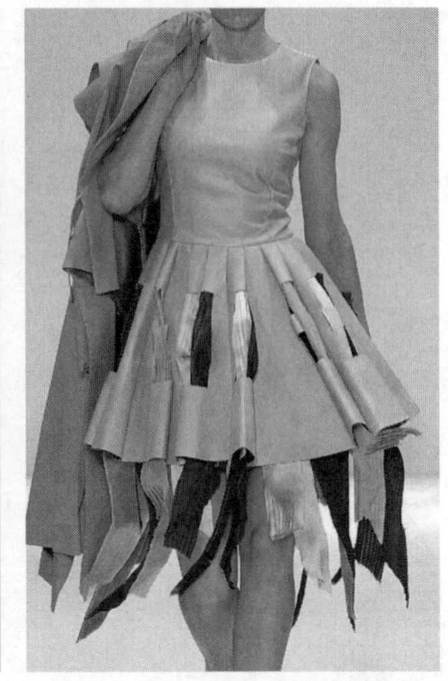

（2）带子流苏

（3）皮革流苏

（4）绳线流苏

图1–18　流苏

四、撑垫

撑垫（Buns Roll）是指在造型内部通过加入支撑物（铁丝、竹条、木片、鱼骨等）或填充物（黏合衬、蓬松棉、硬纱等），获得空间感、体积感、厚实感造型的方法。图1–19（1）面与线结合的撑垫，厚重有型；图1–19（2）竹子线撑垫，立体、个性；图1–19（3）线与体撑垫，舒展、伸展；图1–19（4）曲面撑垫，构成体的量感，新颖、别致；图1–19（5）马鞍型裙撑，彰显礼服恢宏大气；图1–19（6）圆型裙撑，廓型像圆塔形状，踏实稳定。

（1）面撑垫

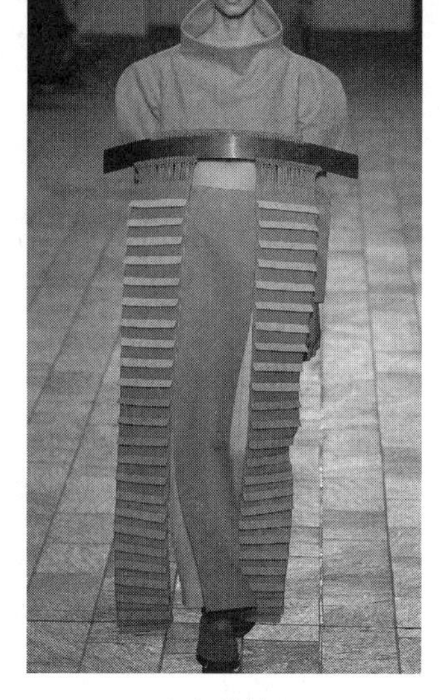

（2）线撑垫

（3）体撑垫

（4）曲面撑垫

（5）马鞍型裙撑

（6）圆型裙撑

图1-19 撑垫

第二章　服装立体造型材料 Materials of Three-dimensional Modeling

材料是决定服装形态的最基础和最重要的因素。服装材料伴随着社会的发展不断地更新和进步，同时也积淀着永恒的、可持续的诸多要素。面料不仅可以诠释服装的风格和特性，而且直接影响着服装的色彩、造型的表现效果，因此，充分利用材料的表面特征与内在性能，对服装立体造型的准确表达有着极为重要的指导意义。

第一节　服用材料及应用 Materials and Application of Apparel

服用材料（Taking Materials）主要包括：棉、麻、丝、毛、化纤、混纺织物、针织面料、皮革等。影响面料造型的主要特征有：皱褶性（面料形成皱褶的难易程度及形成皱褶后的保持能力）、悬垂性（面料在自然悬垂状态下呈现波浪式弯曲的程度）、刚柔性（面料的硬挺度与柔软度）、挺括性（面料的空间饱满感）、弹性（面料受外力作用发生变形，当解除外力后复原的能力）、保型性（面料对服装成型后的保持能力）等。下面仅对主要服用材料的主要特征及造型效果作以解析。

一、棉织物的特征及应用

（一）棉织物（Cotton Fabric）的特征

棉织物是指以棉纱或棉与化学纤维混纺纱线织成的织物。纯棉织物吸湿性强、光泽柔和、染色性好，耐久性强，富有自然的美感，具有手感细腻及穿着舒适性的特点。但棉织物弹性较差，抗皱性差，保型性弱，缩水率较大。图2-1（1）~（4）为部分棉质织物的外观表征。

（二）棉织物在造型中的应用

图2-2（1）~（3）是用中厚棉坯布制作的造型练习，从外观上看，有较强的立体感，成型好，折痕清晰，皱褶性强，富有自然的美感。但随着空气湿度的影响，挺括性

（1）印花棉布　（2）府绸

（3）条格棉布　（4）白色线绣棉布

图2-1　棉织物外观表征

会明显减弱，显露出保型性较差的弱点。图2-2（4）、（5）是用厚质棉布制作的造型练习，其效果更贴近于自然，彰显质朴与脱俗。

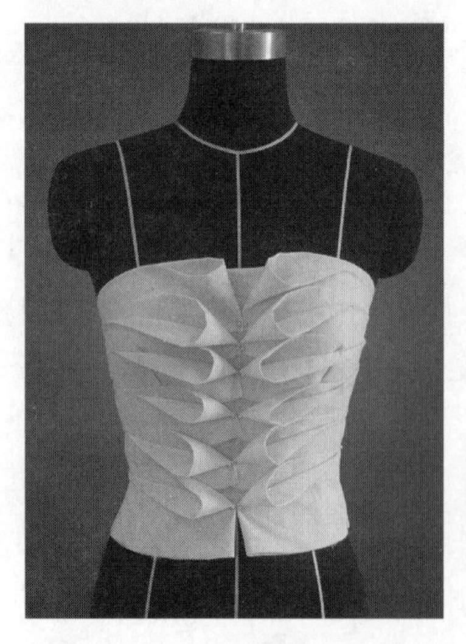

（1）立体叠加

（2）肌理变化

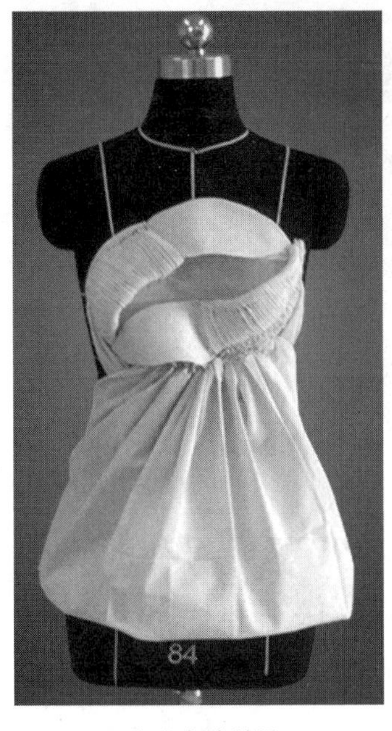

（3）折痕效果

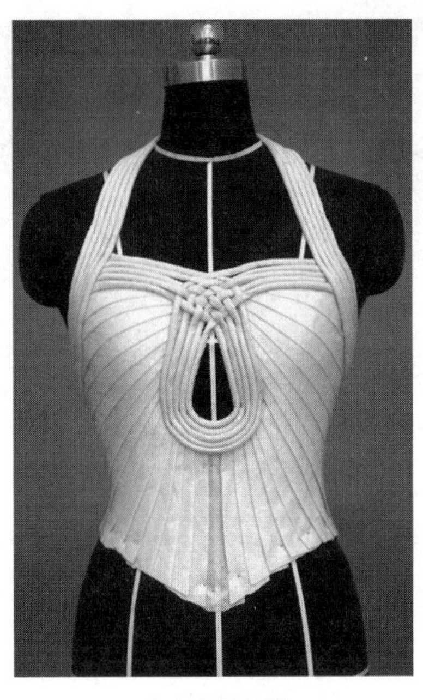
（4）挺括叠褶

（5）自然抽褶

图2-2　棉织物造型效果

二、麻织物的特征及应用

（一）麻织物（Linen Fabric）的特征

麻织物是由天然麻纤维织成的织物，表面具有纱线粗细不匀、条干明显的特征。强度高、光泽自然柔和、导热性能优良、透气性强、干爽吸汗、舒适。麻织物较棉布硬挺，手感粗糙，易起折皱，悬垂性差，贴身穿着有刺痒感，图2-3为部分麻质织物的外观表征。

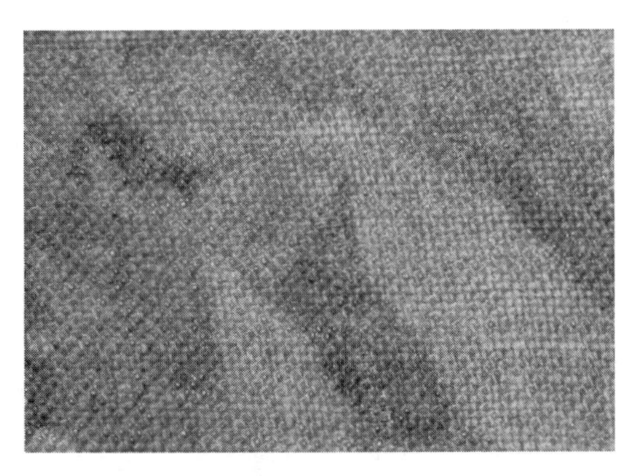
（1）麻提花织物

（2）亚麻染色布

图2-3

（3）亚麻印花布　（4）亚麻色织条布

（5）粘亚麻提花　（6）亚麻格纹布

图2-3　麻织物外观表征

（二）麻织物在造型中的应用

图2-4（1）、（2）款式中裙、袖的皱褶部分显现出良好的保型性，高雅大方、自然淳朴，具有田园自然风情和民俗怀旧的外观风格；图2-4（3）是用麻绳编结成网状的方式，改变了麻织物肌理效果差、硬挺等弱点，具有较强的装饰效果；图2-4（4）在麻质面料设计的服装上施加麻绳点缀，呈现出自然柔和、休闲浪漫的怀旧情怀；图2-4（5）是以“线/黄麻交响曲” 为主题，不难看出麻质面料也能达到像丝质面料那样透明细腻的效果，体现了柔软与挺括同在、传统与现代交融的意境。

三、丝织物的特征及应用

（一）丝织物（Silk Fabrics）的特征

丝织物强度均较纯毛织物高，但其抗皱性比毛织物差；纹理清晰细腻，光泽柔和明亮，手感爽滑柔软，耐热性较棉、毛织物好；一般熨烫温度可控制在15～180℃；耐

（1）、（2）麻织物皱褶设计

（3）麻绳编织

（4）麻绳点缀

（5）黄麻织物的挺括

图2-4 麻织物造型效果

光性最差，对碱反应敏感。丝织物可分：纺类（电力纺、彩条纺）、绉类（乔其、双绉）、绸类（绣绸、斜纹绸）、缎类（织锦缎、人丝缎）、绢类（塔夫绸、天香娟）、绫类（素绫、广陵）、罗类（涤纶纱、杭罗）、纱类（芦纱、山纱、筛绢）、绡类（头巾绡、条花绡）、葛类（文尚葛、明华葛）、绒类（乔其绒，天鹅绒）、绨类（绨被面、素绨）、锦类（织锦缎、古香缎）等。图2-5列举了六种丝绸织物，不难看出织物的肌理或细腻或华丽，既可以塑造轻盈飘逸的软质感，也可以制造像金属光泽般的硬质感。

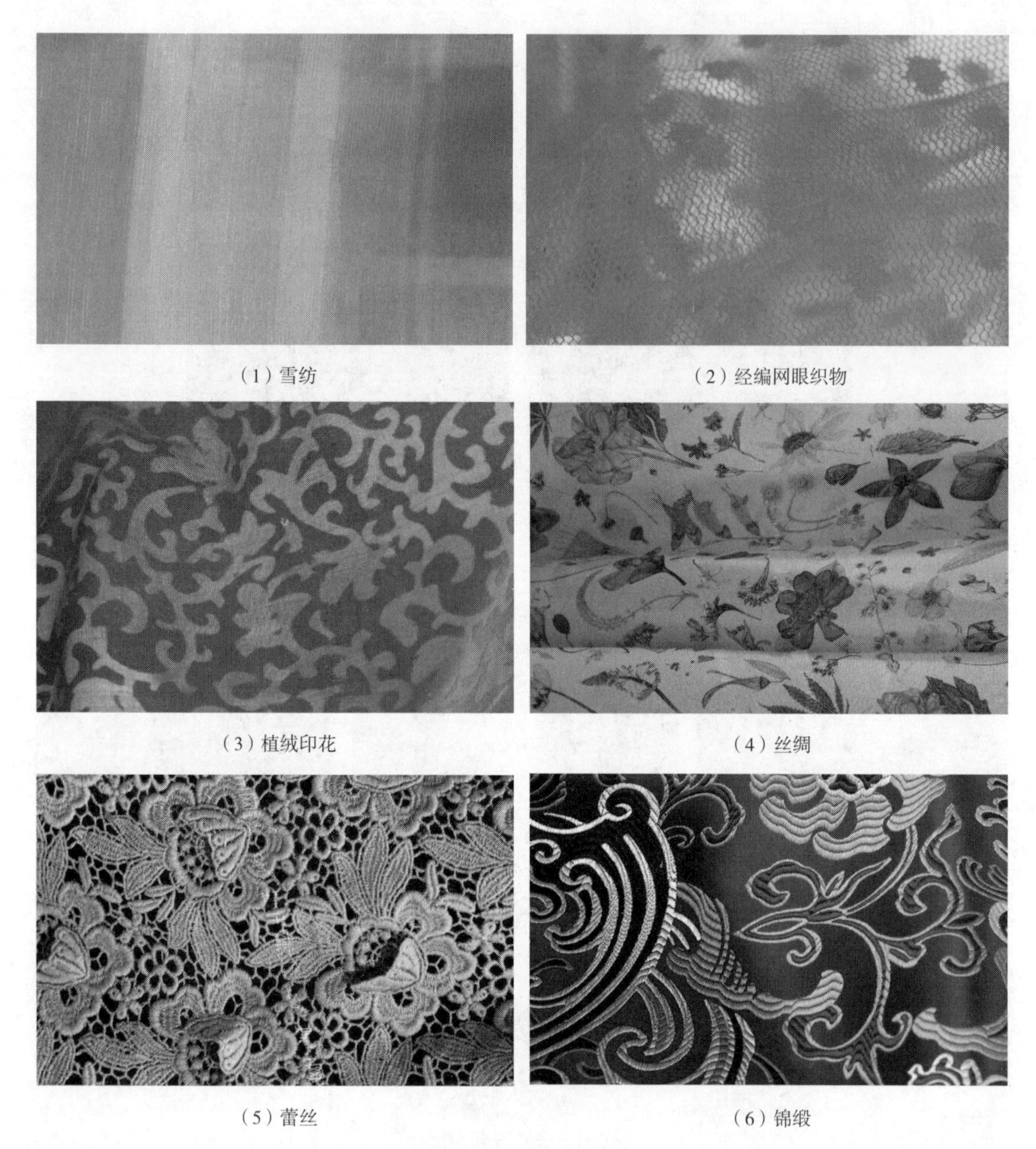

（1）雪纺　（2）经编网眼织物　（3）植绒印花　（4）丝绸　（5）蕾丝　（6）锦缎

图2-5　丝织物外观表征

（二）丝织物在造型中的应用

图2-6（1）面料做叠褶处理，并运用反复叠加的手法，使其更加轻透柔和，优雅华美；图2-6（2）石绿色闪亮绸缎面料，缀以精美的立体花饰与精致的盘结元素，造型柔和、气韵古典，不但具有浓郁的东方风情，更衬托出丝绸浪漫而华美的风尚；图2-6（3）运用丝绸的薄透质感与多层纱的强化，呈现出轻盈多变、丰富飘洒的空间造型；图2-6（4）上身选用特殊质感的装饰材料做花叶造型，下身采用多层纱质材料，形成松弛与紧致、自由与内敛的对比，显现出纱质的蓬松飘逸、轻盈优雅、灵动感十足的特质。

（1）雪纺叠加

（2）素缎光泽华丽

（3）绸类轻盈飘逸

（4）纱类悬垂优雅

图2–6 丝织物造型效果

四、毛织物的特征及应用

（一）毛织物（Wool Fabric）的特征

以羊毛为主要原料，经过纺织染整等工序精深加工后所制成的产品为毛织物。纯毛织物手感柔软，光泽自然柔和，色调雅致，具有优异的吸湿性、良好的保暖性、拒水性和悬垂性，富有较好的弹性和抗皱性。毛织物分精纺和粗纺两大类。精纺毛织物质地紧密，织纹清晰，手感滑糯，富有弹性，颜色莹润，光泽柔和，挺括而有弹性，如图2-7（1）、（2）；粗纺毛织物质地厚实、手感丰满、不易变形，表面一般都有或长或短的绒毛覆盖，给人以温暖的感觉，如图2-7（3）、（4）。

（1）精纺毛织物　（2）精纺条纹毛织物

（3）人字形花纹毛织物　（4）粗纺毛花呢

图2-7　毛织物外观表征

（二）毛织物在造型中的应用

图2-8（1）是多种毛织物在图案、质感上的另类混搭，用经典男装面料打造出漏斗领、宽腰带、铅笔裙的独特造型；图2-8（2）为毛织物制成的职业套装，较大的披肩领显露出女性柔美的颈部，并与纤细的腰部、窄袖形成一个反差，体现出现代女性的时尚、睿

智、静雅、别致；图2-8（3）、（4）是精纺毛呢制成的外套，采用了镶边、分割、夹牙等细节装饰，优良的品质与流畅造型衬托出职业女性高贵与典雅的气质。

（1）多种毛织物拼接

（2）黑色毛料静雅别致

（3）精纺毛花呢

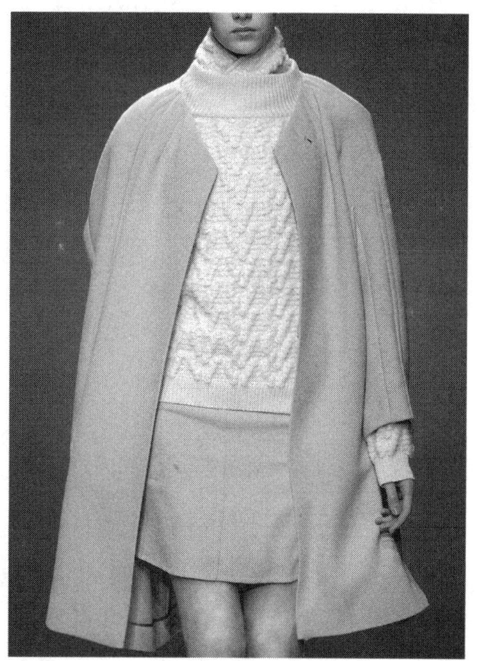

（4）精纺羊绒织物

图2-8　毛织物造型效果

五、针织物的特征及应用

（一）针织物（Knitted Fabric）的特征

针织面料质地柔软、吸湿透气、坚牢耐皱，具有优良的弹性与延伸性。针织服装穿着舒适、贴身和体、无拘谨感、能充分体现人体曲线。针织面料根据不同的编织方法分为纬编面料与经编面料两大类。

纬编面料常以棉、麻、丝、毛等各种天然纤维及涤纶、腈纶、锦纶、丙纶、氨纶等化学纤维为原料，采用平针组织、提花组织、毛圈组织等，在各种纬编机上编织而成。它的品种较多，一般有良好的弹性和延伸性，织物柔软，坚牢耐皱，吸湿保暖。但它的尺寸稳定性差，易于脱散、卷边。

经编面料常以涤纶、腈纶、锦纶等合纤长丝为原料，也有用棉、麻、丝及其与化纤混纺纱作原料织制的。具有纵向尺寸稳定性好、挺括、脱散性小、不卷边、透气性好等优点，但其横向延伸、弹性和柔软性不如纬编面料。

现代针织面料更加丰富多彩，已经进入多功能化和高档化的发展阶段，各种肌理效果、不同面貌性能的新型针织面料被开发出来，不但具有良好的弹性、适形性、透气性等优点，还给针织品带来前所未有的感官效果和视觉效果，图2-9（1）~（6）是几种现代

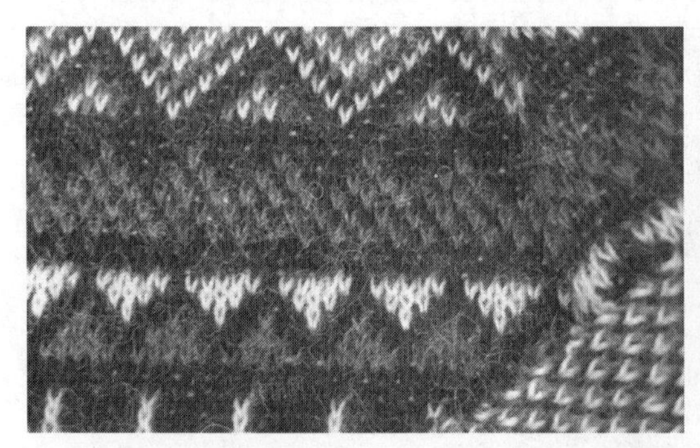

（1）、（2）纬编针织提花织物

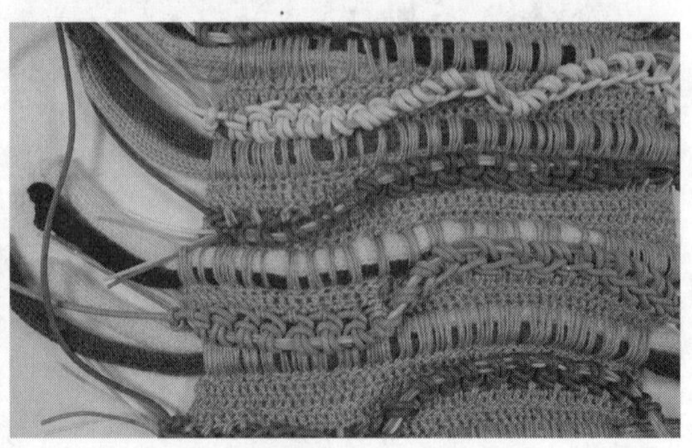

（3）浮雕组织

（4）原生态混搭风格

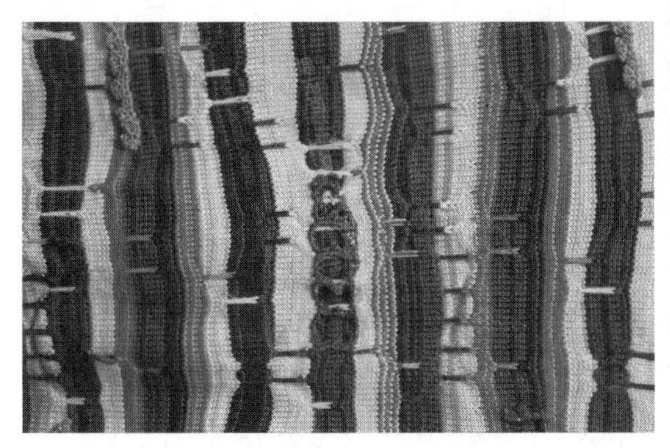

（5）再生纤维与合成纤维结合

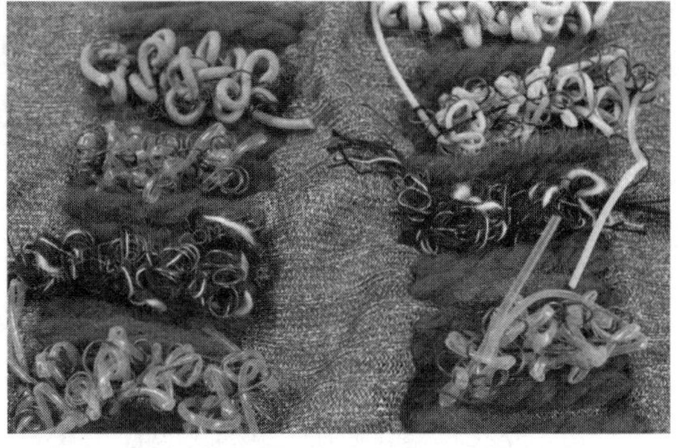

（6）钩针纹理与针织条纹混搭

图2-9　针织物外观表征

针织面料的外观表征。图2-9（1）、（2）双面多色提花工艺带来细腻的图案纹样，令人耳目一新，北欧风格图案设计在印花和提花织物中占据着重要地位，在织物的亲肤面施以拉绒加工手段，为寒冷季节注入一丝温暖，散发精美高贵之感；图2-9（3）采用了浮雕工艺，给织物带来饱满、柔和的立体感受；图2-9（4）、（5）看似随意的针织物与再生纤维以及合成纤维相编结，创生出五彩缤纷的原生态混搭风格；图2-9（6）针织肌理粗细、均匀和不均匀的分布，体现了纱线本身的质感与对比。

（二）针织物在造型中的应用

针织面料通常适用于适体塑造的软造型，图2-10（1）~（5）款式是以柔软的羊毛针织物为载体，对古希腊雕塑风格的探索，是对羊毛针织服装传统廓型的挑战，通过对女

（1）、（2）柔软的雕塑品

图2-10

（3）、（4）质感丰富的面料肌理

（5）适体的软造型

（6）肌理纹案交织

图2-10 针织物造型效果

性颈、肩、胸、腰、臀、腿的裹藏、遮掩、透露等修饰，将羊毛纤维编织成个性不一、质感丰富的时装面料，使织物最终变为柔软的雕塑品，表现出高超的针织结构设计与控制能力；图2-10（6）立体的肌理组织对比交织，提花图案的虚实设计，表达了设计师对东西方文化及古建筑文化的神秘、唯美、浓郁的眷恋。

六、毛皮与皮革材料的特征及应用

（一）毛皮（Fur）与皮革（Leather）材料的特征

一般将鞣制后的动物皮毛称为裘皮，而把经过加工处理的光面或绒面皮板称为皮革。天然毛皮包括：貂皮、水獭皮、狐狸皮、羔皮、绵羊皮、狗毛皮、兔毛皮等。天然皮革是指各种兽皮、鱼皮等真皮层比较厚的原皮，经单宁酸鞣皮或重铬酸钾的铬鞣、明矾鞣、油鞣等制成熟皮革，包括牛皮革、猪皮革、山羊皮革、绵羊皮革、马皮革、鹿皮革、蛇皮革、鳄鱼皮革等。皮革具有野性与典雅相融的风韵，随着现代人们审美的不断提高，皮革服饰更加时装化、个性化，皮革也已打破以往一成不变的风格，开始与羊绒、丝绸等其他高档面料相结合体现丰富的肌理对比，采用激光雕刻、叠加、拼接等手法呈现多重的立体效果，给人以强烈的视觉冲击力。在现代，皮革以美丽的花纹、皮革以轻盈的手感征服于世人，成了流行时尚中不可替代的元素，见图2-11（1）~（8）。

（1）镂空的皮革

（2）激光雕刻的皮革

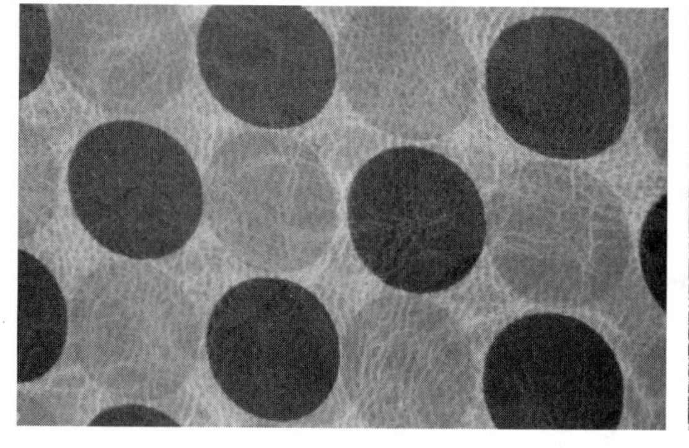

（3）有图案的皮革

（4）光亮蛇皮革

图2-11

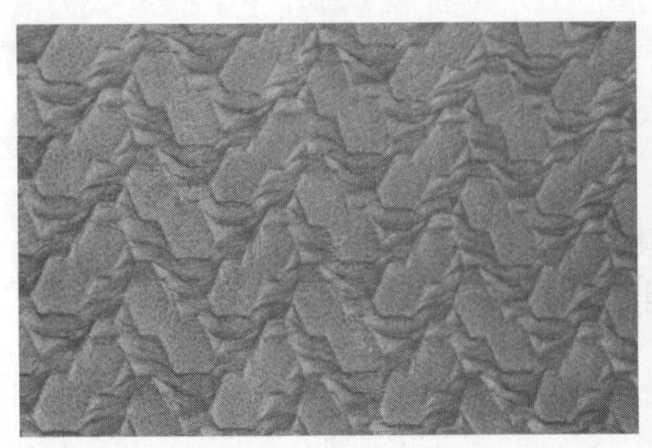

（5）、（6）三维立体效果的皮革

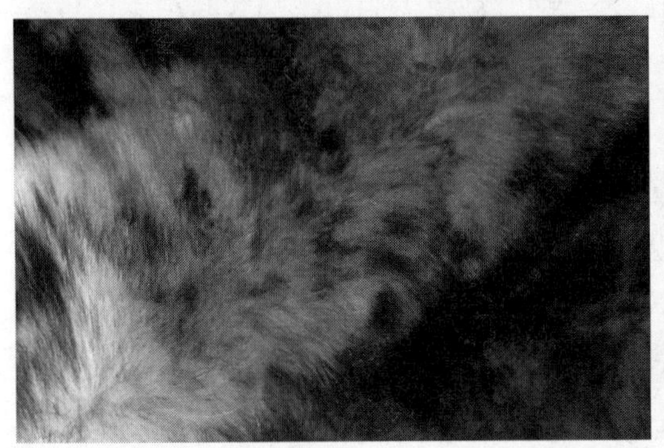

（7）长绒皮毛

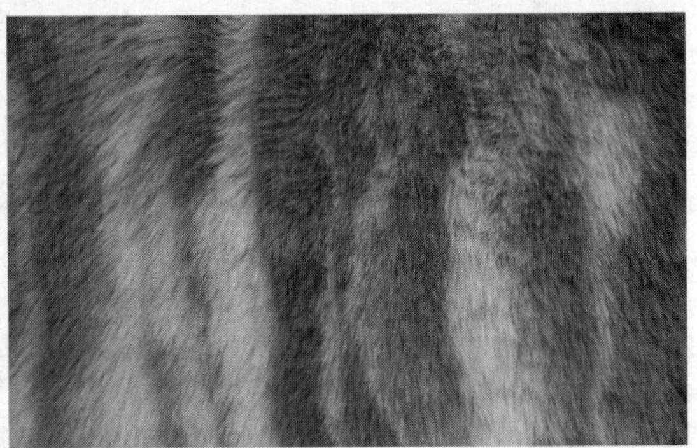

（8）短绒皮毛

图2-11　皮革与毛皮外观表征

（二）毛皮与皮革在造型中的应用

图2-12（1）将蛇皮纹图案的皮革切割后，与同色系的缎料混搭，整体构成三维立体效果大花卉，具有令人不可抗拒的魅力；图2-12（2）切割成锯齿旋转形状的皮革，其纹样及穿插、组合的效果有令人耳目一新之感；图2-12（3）通过宽边绗缝工艺及肩部夸张的廓型，既展现出皮革面料肌理变化，又强调了其内在张力；图2-12（4）腰部以叠褶手法处理，结合带饰的装饰性，延伸着飘逸、休闲、时尚的轨迹；图2-12（5）采用轻盈的毛皮展现了丰满与华丽的服装风格，其中点缀着蒲公英的多层式裙装有80片三角形挡布，走动时，那些蒲公英就像在空中飞舞一样美丽，充满活力；图2-12（6）是在镂空的皮革上再缀上一簇簇的毛皮，形如绽放的花朵生机勃勃。

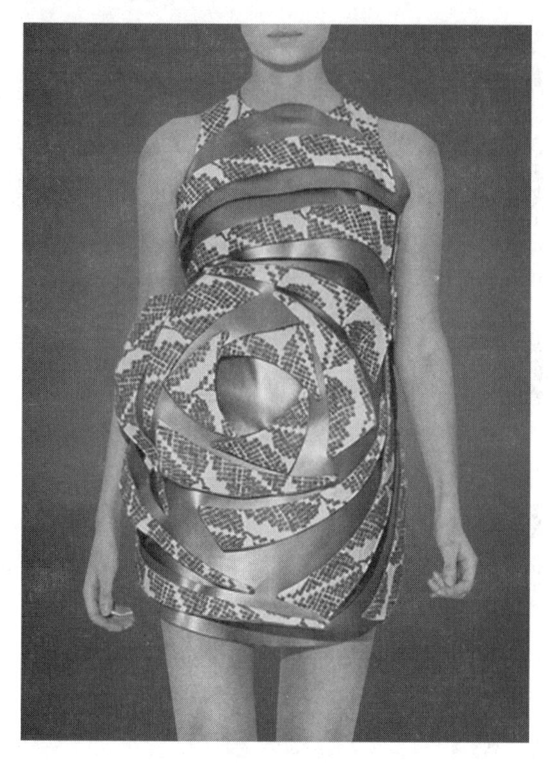

（1）蛇皮革与缎混搭

（2）切割成旋转状的皮革

（3）宽边绗缝及T字造型

（4）皮革的飘逸

图2-12

（5）皮毛的华丽高贵

（6）镂空皮革点缀毛皮

图2-12　皮革与毛皮造型效果

第二节　非服用材料及应用
Materials and Application of Non-apparel

非服用材料（Non-apparel Materials）主要用于创意装设计，其选材类型非常广泛，如金属、竹木、塑料、纸、植物纤维等。这些材料的使用可以与服装无关，但与服装创意的理念有关，使用非服用材料可以塑造纯粹的艺术形态，表达设计师独到的形式意味，创造出全新的服装形态。

一、纸制品及应用

（一）纸制品（Paper Products）特征

纸制品（白卡纸、色卡、宣纸、牛皮纸、金银纸、吹塑纸、皱纹纸、硫酸纸、拷贝纸等）具有可塑性强、易定型、切割方便等物理特性，可根据其薄厚程度塑造各种廓型，通过折叠（直线折叠、曲线折叠）、弯曲（扭曲、卷曲、螺旋曲）、切割（挖切、直线切割、曲线切割）、接合（插接、编接、粘接）等方法制作纸立体构成作品，还可进行各种表面处理形成不同的纹理或肌理效果，或进行表面绘画设计，形成丰富的视觉效果。承载了人类千年智慧的纸，无疑可以搭载人们的幻想。

（二）纸制品在造型中的应用

图2–13（1）轮状褶裥领以层叠的交错达到视觉上横向的扩张，巧妙地改变了颈部的线条，有效地烘托出着装者的面部；图2–13（2）灵感来源于建筑物的几何特征，在色彩上运用经典的黑与白，具有现代简约的风格和立体构成的艺术美；图2–13（3）用纸独特的可塑性塑造了三位穿着盔甲的武士，梦幻遐想；图2–13（4）用写有书法的宣纸为材料，通过服装这一载体表达了对中国传统文化博大精深的热爱与眷恋；图2–13（5）通过对纸张进行沿线的折屈、切割、弯曲等技法实现花朵、藤蔓、裙摆的立体层次感和凹凸造型；图2–13（6）采用直线与曲线折叠等方法，使衣身表现出无规律、无秩序、无层次的立体变化，而拖地长裙是用纸条传递一种情感、一种联想，表现了流畅、清丽、赋予个性美的形态。

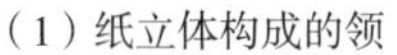
（1）纸立体构成的领

（2）建筑物的几何特征

图2–13

（3）独特的梦幻遐想

（4）宣纸呈现的服装

（5）花朵、藤蔓的表现

（6）流畅另类设计

图2-13　纸材料造型效果

二、塑料材料及应用

（一）塑料（Plastic）材料特征

塑料是一种以合成或天然的高分子化合物为主要成分，在一定的温度和压力条件下，塑造成一定的形状，当外力解除后，在常温下仍能保持其形态不变。塑料重量轻、强度和刚度要低于金属材料，韧性高于玻璃和陶瓷，对温度变化敏感，在大气中易老化。塑料材料用于服装上，具有轻薄、柔软、透明、有光感、易于造型等特点。

（二）塑料材料在造型中的应用

图2–14（1）主要采用塑料薄膜，加之珠光皮质纸、铁珠、气球等环保可降解材质进行立体造型。通过对塑料薄膜进行褶皱的处理、透明与不透明的材质搭配，形成了疏与密、虚与实、韵律与节奏的变化，表达了人类对未来及宇宙星空的无限遐想，使整个作品赋予了生命力和通透力；图2–14（2）运用塑料桌布和塑料编织绳为主要材料，以葫芦图案、肚兜造型、大蓬裙为特点，采用塑料绳做的立体花饰组合作为裙子的装饰元素，增加了礼服的立体感与艺术表现性；图2–14（3）衣身也是以塑料为主要材料，与下面黑色镂空球型裙的相衬托，体现了透明与镂空、光泽与暗淡的异同质感；图2–14（4）是将大小

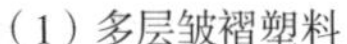

（1）多层皱褶塑料

（2）塑料绳作立体花饰

图2–14

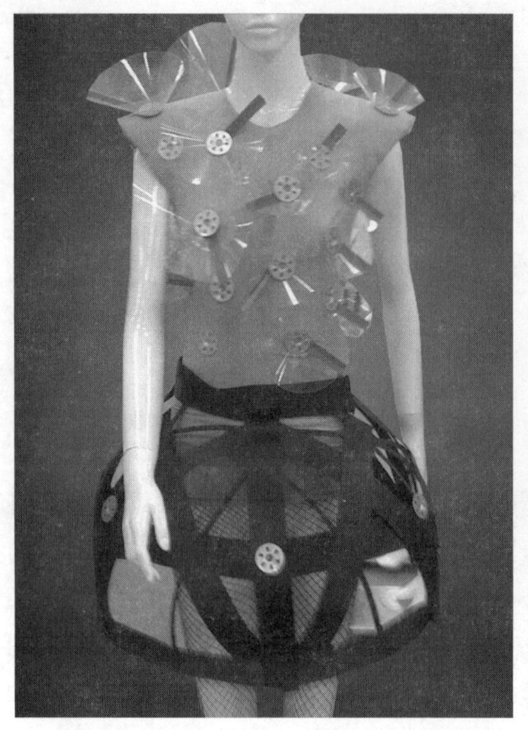

（3）透明与镂空

（4）光盘串连

（5）塑料细管的创意

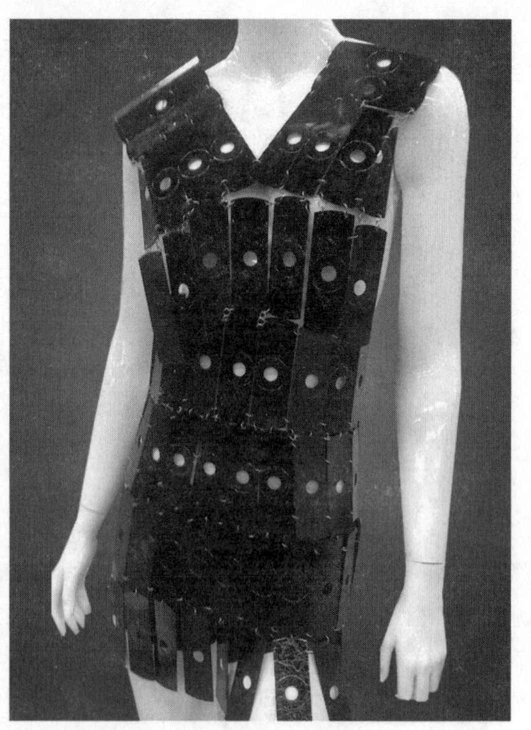

（6）条状塑料片连接

图2–14　塑料材料造型效果

不同的光盘串连在一起，具有光亮感、通透感、空间感，形成一种富于联想的创意设计，具有很强的装饰风格；图2–14（5）将塑料细管缠绕成不同大小的、立体的圆盘和圆台，再用串连的带状、面状物把圆台和圆盘进行无秩序的连接，既体现了塑料的透明质感，又体现了艺术创意；图2–14（6）是将塑料材质的条状物连接成具有盔甲之感的服装。

三、金属材料及应用

（一）金属材料（Metal Material）特征

金属质地坚硬、厚重，带有一定的光泽，制作服装装饰效果强烈，空间感强。若把金属切割成小块或细条，用编扎与串珠的方式连接在一起，可形成独特的装饰风格。

（二）金属材料在造型中的应用

图2–15（1）灵感来源于古代的战士盔甲。利用铜片制作成盔甲状装饰于礼服的造型之上，刚柔相并的材料对比使该款服装有了柔美张扬的一面；图2–15（2）胸腰部饰有大量的金属亮片，这些亮片拼出一个抹胸的轮廓，该轮廓和下身的驼色裙子交相辉映，看上去很像一款精心设计的晚礼裙，体现了材质混搭的丰富质感；图2–15（3）作为关键细节出现的金属感蕾丝，采用金银两色金属丝线和氧化饰面予以呈现，成为蕾丝和刺绣服装上的点睛之笔，隐隐闪烁，极具个性；图2–15（4）是对巴铎（Bardot）曾经穿过的横条金属紧身裙的重新演绎，

（1）铜片制作成盔甲

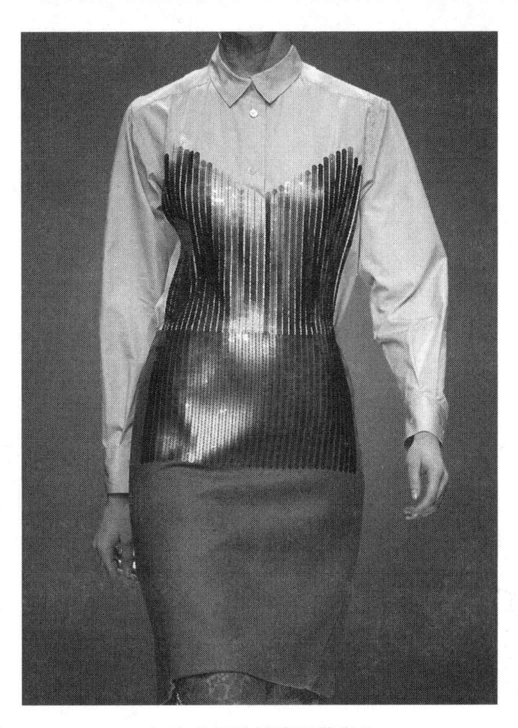

（2）金属片拼接无带背心

图2–15

（3）金属感蕾丝编结

（4）硅制圆盘紧身裙

（5）合金与缎搭配

（6）合金与纱搭配

图2-15　金属材料造型效果

以硅制圆盘为主要材料，创作出独具特色的未来主义风格时装；图2–15（5）、（6）是将大小不同的金属片，串结成盔甲镶嵌在服装上，并与丝绸长裙、缎子长裤形成一种软与硬、刚与柔、精与细的对比，演绎出两种完全不同风格材质的碰撞与组合，呈现混搭的艺术效果。

四、植物纤维及应用

（一）植物纤维（Plant Fiber）特征

植物纤维是广泛分布在种子植物中的一种厚壁组织，如棉、麻等植物原纤维。天丝纤维、莫代尔纤维、竹纤维、彩棉纤维、木棉纤维等都是性能优良，绿色环保的新型再生纤维素纤维。植物纤维是环保材料，具有强度高，表面纹理天然、质朴，颜色鲜艳，质感新颖，适合制作反复使用的物品，经过近十年的研发，现在制成的产品可以替代部分塑料、玻璃、陶、瓷等制品。

（二）植物纤维在造型中的应用

图2–16（1）将再生纤维直接编结形成很强的肌理质感与流苏效果。图2–16（2）由麻纤维制成麻绳编制而成，具有古朴、原始、粗犷的风格美。图2–16（3）、（4）将植物纤维通过钩针与编织相结合的手法，表现出服装层次感与虚实感的对比，生动灵活，呈现出穿着者轻松惬意，回归自然的状态。

（1）再生纤维

（2）麻纤维

图2–16

（3）彩棉纤维

（4）木棉纤维

图2-16 植物纤维造型效果

五、竹木材料及应用

（一）竹木材料（Bamboo and Wood Materials）特征

木材是孔隙性的有机材料，有一定的吸湿性、弹性和强度，同时具有温和、松软、轻快的心理属性，木材的可塑性、韧性较弱，一般不适宜弯曲加工，可以改变它的厚度，采取变薄、叠加、雕刻等手法对它进行三维空间的处理。竹子属于禾本科植物，是植物家族中特殊的一大类群。它适应性强，柔滑软暖、吸湿透气，抗菌环保，易加工利用。

（二）竹木材料在造型中的应用

图2-17（1）将刻有图案的镂空木片缀饰在丝绸面料的衣裙上，通过大小、疏密、层次的变化，表达了集中与扩散、松弛与紧致、对比与调和的形式美感；图2-17（2）为软木压模所形成的具有半立体浮雕感、肌理感的造型效果；图2-17（3）把木质条状抽出褶皱，形成立体的荷叶边，通过不同方向的组合形成一件独具个性的小礼服，整体造型呈现优美的曲线和细腻的光泽；图2-17（4）将木质材料通过激光雕刻形成花卉图案，再连接成服装造型，展现一种立体的、空间的、时尚的视觉艺术；图2-17（5）木制时装标新立异，古朴与时尚统一，触感舒适具有可穿性。

（1）镂空木片

（2）软木肌理

（3）木质带纹

图2-17

（4）木雕花饰

（5）木制花纹

图2-17　竹木材料造型效果

六、其他材料及应用

根据创意设计的需要，选择使用非服用的材料来达到某种效果，这些材料的使用可以与服装本身无关，但与服装创意的观念有关。如用服装表现环保理念，可以在自然和生态环境中选择各种材料，甚至都可以将工业生产和生活消费的废弃材料，进行再生利用，以创造出全新的服装形态。

图2-18（1）用家居装饰用的绢花做出裙身的廓型，花朵由大到小变化，寓意含苞欲放、勃勃生机；图2-18（2）用稻草和干花来表现创意，呈现出夏威夷草裙的自然奔放效果；图2-18（3）以气球为素材设计的创意装，有意识地对气球色彩、大小、疏密进行间隔排列的随意错落，启发人们的联想；图2-18（4）采用灰白两色间隔的海绵条进行不同程度的扭转、重叠、悬空，体现旋涡的旋转感、韵律感及柔美感；图2-18（5）用废弃的易拉罐为设计元素，剪切成不同的几何形状，再通过堆积、排列、连接等方法，将原本硬质的金属材料打造成柔美浪漫的曲线造型，异彩纷呈；图2-18（6）以白色塑料购物袋为素材，通过对塑料袋不同的叠折方法形成不同造型，再进行黏合，使原本柔软的塑料袋表现出几分硬挺的质感，给人以清爽、透明、层叠的视觉效果。

（1）绢花设计制作

（2）干花设计制作

（3）气球设计制作

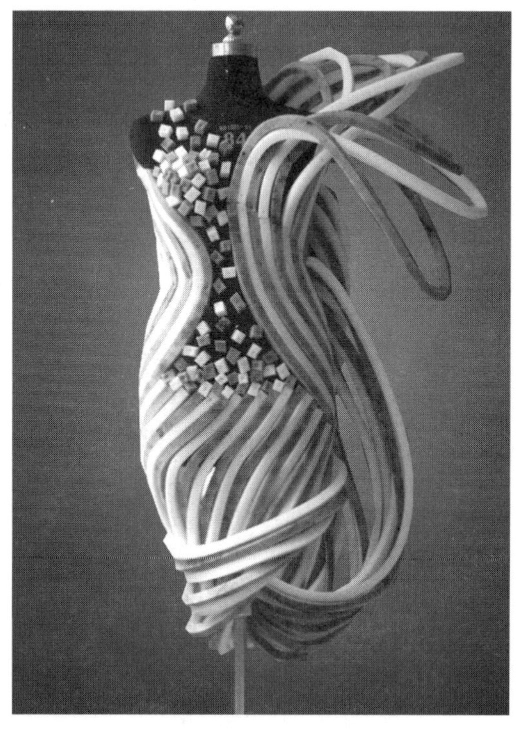

（4）海绵条设计制作

图2-18

（5）易拉罐变形

（6）塑料袋的再利用

图2-18　其他材料造型效果

第三节　塑型材料及应用
Materials and Application of Modeling

塑型材料（Model Special Materials）是指在服装立体造型中能表现各种形态空间感的材料。其品种较多，形式各异，按材料自身形态可以分有线状、面状、块状三大类型。

一、线状塑型材料种类及应用

（一）线状塑型材料（Linear Model Materials）的种类

线状塑型材料是以线的形式（或以线支撑的方式）表现造型形态并传递情感，具有三维空间的造型效果。例如铁丝、钢丝、铜线、鱼线（由尼龙油制成）、铝芯尼龙套管等。线状塑型材料具有体积小、支撑力强的特点。线材的排列形式决定形态的样式，可构成具有空间深度和起伏量大的空间造型，是追求空间感的一种理想材料。

1. **铁丝**（Iron Wire）

铁丝是用低碳钢拉制成的一种金属丝，坚硬结实，造型固定能力强。铁丝有40多个型号，直径在0.1～8mm，刚柔相济。

2. **钢丝**（Steel Wire）

碳含量相对铁丝高些，较硬，强度高，弹性好。

3. **鱼线**（Fishing Line）

质地柔软、圆润、表面光洁度好、结节强度大、耐磨性能佳；强力高、断伸小、透明度高，具有良好的弹性与耐曲挠性。

4. **铝芯尼龙套管**（Aluminum Core Nylon Sleeve）

内包铝丝的尼龙细管，柔软且易被塑造成型，适合比较轻薄的面料。

（二）线状塑型材料在造型中的应用

以线状材料来创造的造型具有轻巧优美、灵活多变的感觉。图2–19（1）运用无秩序的、抽象的线条表现一种意境，并与衣袖上的流苏形成一种直线与曲线、刚与柔的对比，与衣身的块面形成线与面的组合，带给人们无限的遐想空间；图2–19（2）用竹条有秩序地排列出拱形造型，给人一种朦胧、神秘的视觉表达；图2–19（3）、（4）分别为在领部、肩部、腰部、下摆等部位填充线材的实例，以达到竖起、腾空、颇具立体感的造型效果；图2–19（5）运用线型材料作为支撑，弯曲出凤尾的优美曲线，表现龙凤造型的一种寓意；图2–19（6）通过盘结与翘起，用支撑线表现一种藤蔓效果；图2–19（7）在裙摆边缘线分段采用鱼线支撑，形成大波浪的立体效果，起伏生动，优雅别致。

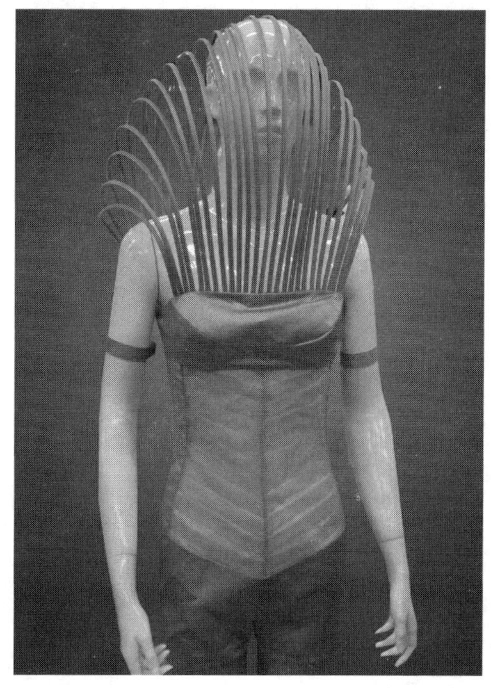

（1）、（2）线材的直接造型

图2–19

（3）领部、腰部内装支撑线

（4）领部、肩部、下摆内装支撑线

（5）支撑线的下摆装饰

（6）支撑线的藤蔓效果

（7）裙摆边缘的支撑线

图2-19　线状塑型造型效果

二、面状塑型材料种类及应用

（一）面状塑型材料（Surface Shape Modeling Materials）的种类

面状材料是指在服装立体造型中表现面积感的材料，具有二维空间的性质。它比线状材料更能表现出较多的感情与性格，是现代造型设计应用最多的材料，可以用很少的面状材料制成很大的体量与形体，同时又可以用面材制造虚实相间的造型，更好地表现立体造型中的夸张、量感、稳重、大气、安定的效果。

1. **黏合衬**（Fusible Interlining）

黏合衬是一种非常重要的服装辅料，它是在梭织、针织或无纺基布上均匀地撒上黏合剂胶粒（或粉末），通过加热（热融黏合）后与服装相应的部位结合在一起，增加面料的硬挺度，从而实现一定的造型效果。衬料是服装的"骨架"和"精髓"，能够增强服装的强力，并使服装饱满美观，对服装的某些局部有加固和补强作用，在"造型"和"保型"方面得到意想不到的效果。一般黏合衬的熨烫温度应掌控在120～150℃之间，薄衬的温度比厚衬可相对调低些；熨烫时间一般为5～8s，时间太短熔胶来不及熔化，时间太长会导致胶质渗透或升华；操作时对熨斗施加垂直压力进行压烫，见图2–20。

（1）无纺衬

（2）有纺衬

图2–20 黏合衬

2. **衬垫**（Pad）

衬垫多用于垫肩与罩杯。衬垫是衬在肩部呈半圆形或椭圆形的衬垫物，是塑造肩部造型的重要辅料，按材质不同可分为棉花垫肩、海绵垫肩、无纺布垫肩、喷胶棉垫肩。罩杯材质有海绵、硅胶等材料，见图2–21。

3. **硬纱**（Hard Drganza）

硬质纱具有硬挺、韧性强、保型性好、回弹性好等特点，可以塑造出挺括、硬朗的造型效果，见图2–22。

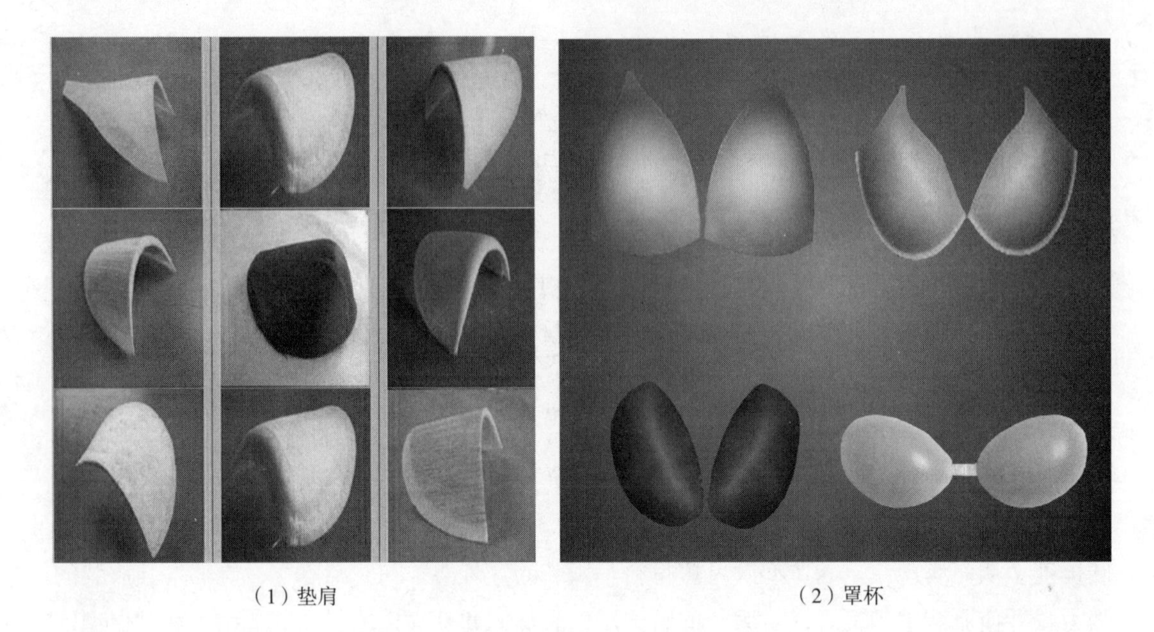
（1）垫肩　　（2）罩杯

图2-21　衬垫

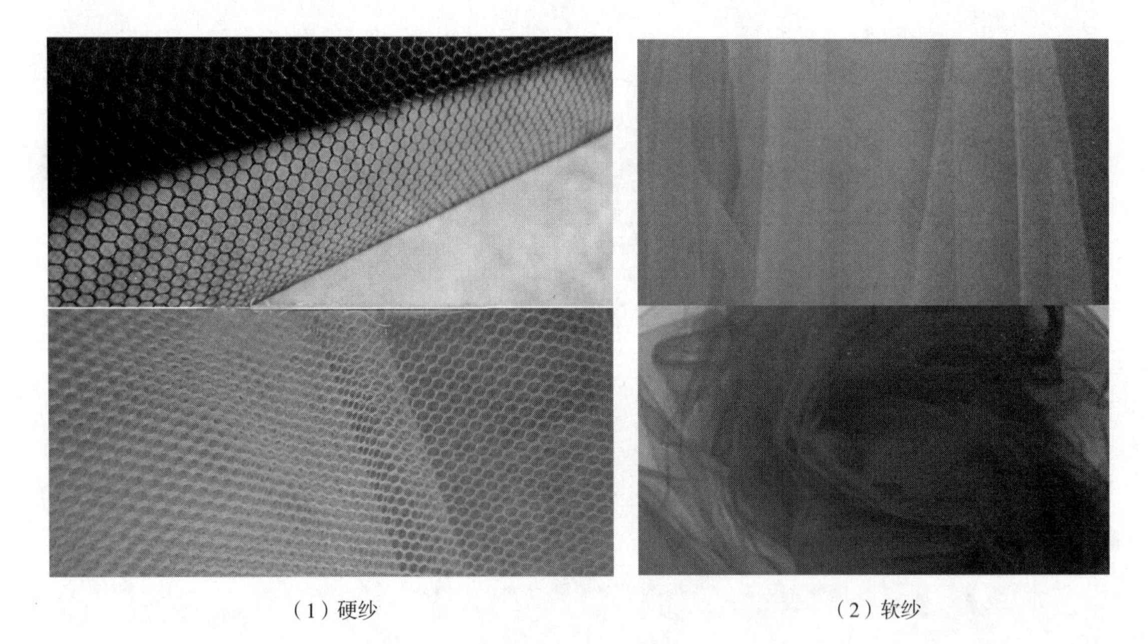
（1）硬纱　　（2）软纱

图2-22　软硬纱

4. **毡呢**（Felt Fabric）

毡呢也称毡子、针刺毡等，有纯毛、化纤、毛纤混合毡、棉毡等类型。毛毡采用天然羊毛制成，利用羊毛的缩绒特性经机器加工黏合而成厚片状制品（非经纬交织）。主要特征是富有弹性、黏合性能好、组织紧密、孔隙小、不易松散，可裁切制成各种形状。图2-23（1）是白色毡子；图2-23（2）是多色针刺毡；图2-23（3）、（4）是油毡羊毛织物，可以直接打造结构化单品。

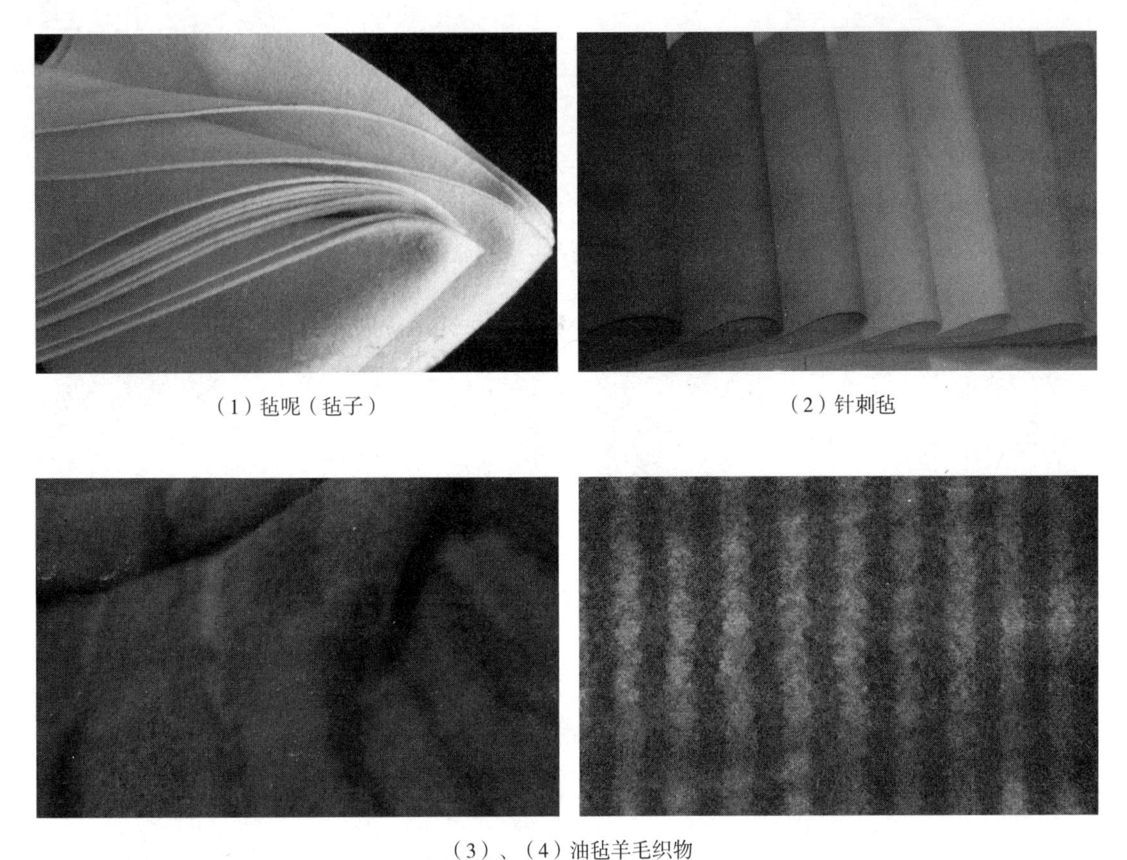

（1）毡呢（毡子）

（2）针刺毡

（3）、（4）油毡羊毛织物

图2–23　毡呢

（二）面状塑型材料在造型中的应用

图2–24（1）~（4）在服装面料的反面粘加黏合衬，使面料硬挺，厚度增加，塑造出各种具有挺括感的立体造型；图2–24（5）、（6）用毡呢类材料直接展现设计主题，体现了随意裁剪，立体性强的特点。其中，图2–24（1）以“王子与公主”为主题，在前身、领部、腰臀、袖子等部位以块面与褶饰的手法衬托王子的帅气、公主的高贵；图2–24（2）表现“释放”的主题，在裙身上大面积粘黏合衬，并压烫放射性褶纹，以线表达一种延伸，寓意一种释放；图2–24（3）裙子每个折叠元素内加黏合衬，不仅是块面感呈现的需要，同时也形成与下摆纱料的对比融合，刚柔并济；图2–24（4）诱人的苜蓿色面料，采取块面及块面叠加的方式来表现面的量感，黏合衬为该造型增添了一抹清新的亮彩；图2–24（5）不同色彩、不同块面的毡呢串插交叠，以无结构的结构构成有东方特点的创意装；图2–24（6）以孔雀蓝和纯黑色为主色，以毛毡呢为材料，通过球型廓型与块面的分割设计，体现一种量感、均衡感、厚重感、保暖感和时尚感；图2–24（7）通过分割线与立体的技术处理，形成了一种立体的面与立体的曲线之美；图2–24（8）通过多个立体的小曲面有机结合，构成了含有多个曲面接合的、独特的立体裙型，充分体现了线与面、面与面、面与体结合的完美造型。

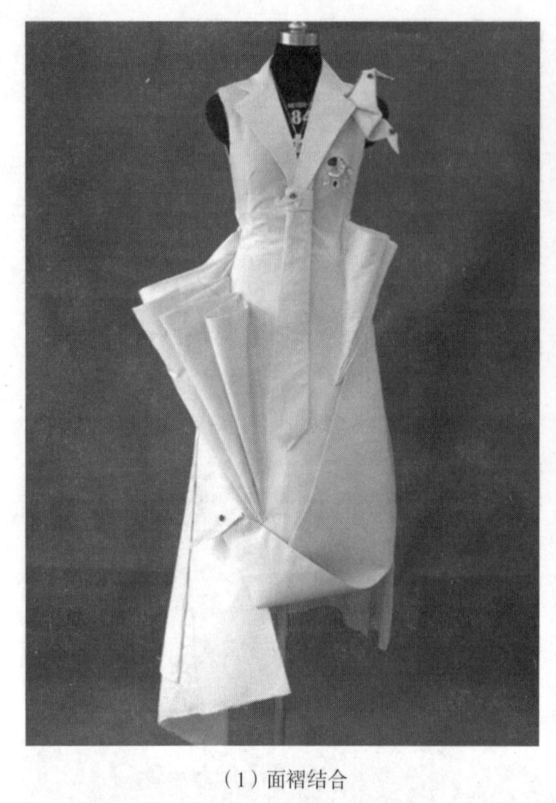

（1）面褶结合

（2）面线转换

（3）刚柔并济

（4）体现块面量感

（5）面带穿插

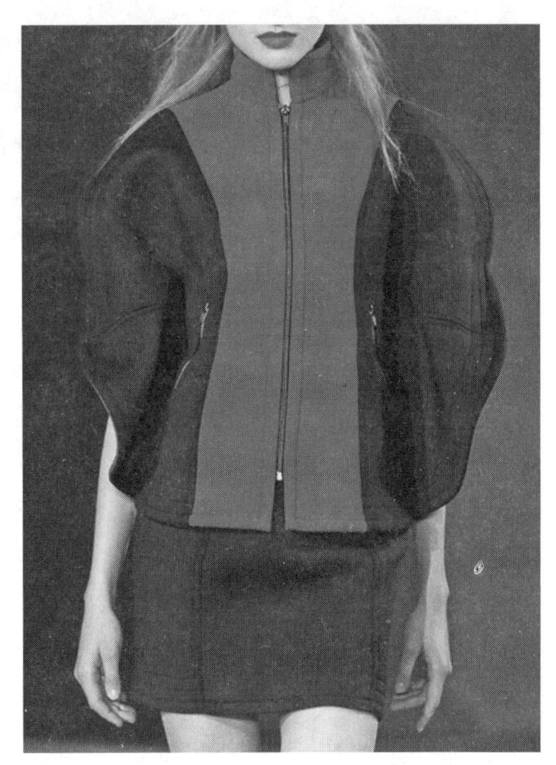

（6）块面分割

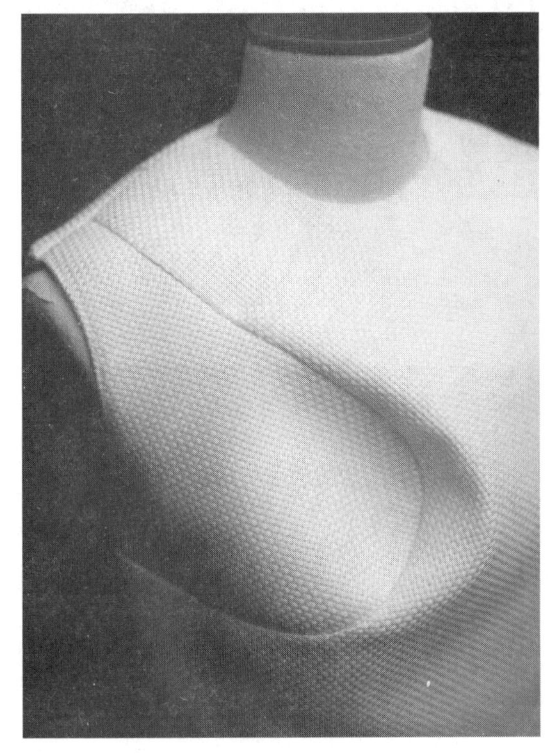

（7）线与曲面

（8）线面体综合

图2-24　面状塑型材料造型效果

三、块状塑型材料种类及应用

（一）块状塑型材料（Clump Modeling Materials）的种类

块状塑型材料是指在服装立体造型中用以表现体积感的材料，以块状材料来创造的造型占有独立的空间，给人以体量感、块面感、稳定感和力度感，可以更好地表现立体造型中的夸张、量感、稳重、气魄的效果。

1. 絮状材料（Flocculent Materials)

棉花、蓬松棉、动物绒毛（鸭绒、羽绒、鸵鸟绒）等，见图2–25。絮状材料有轻薄、膨起的特点，可以更加形象地表现立体造型中局部的曲凸特质，达到造型外在的美观性和内在的舒适性的统一。用其充填的服装物件，既可以达到蓬松度好，柔软度好，体大量轻的特点，又可以给人一定的重量感、安定感和耐压感。

（1）棉花

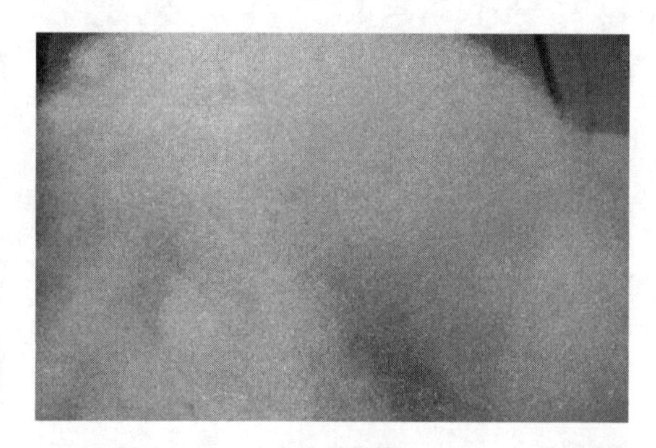

（2）蓬松棉

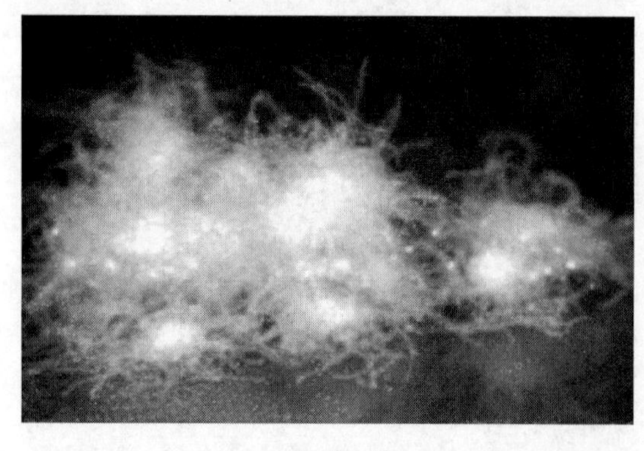

（3）鸭羽绒

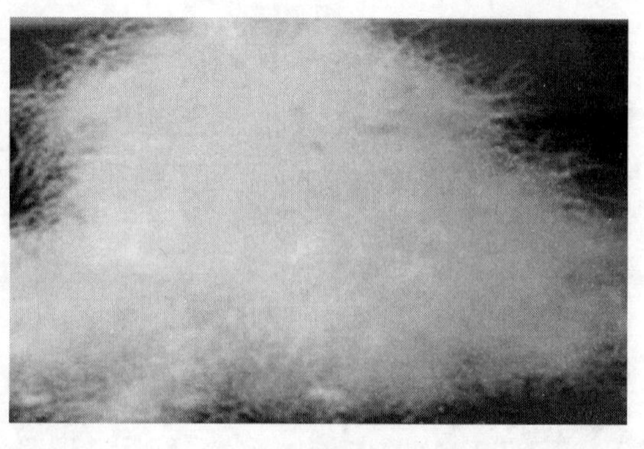

（4）鹅羽绒

图2–25 絮状材料

2. **泡沫塑料**（Foam Plastics）

泡沫塑料是由大量气体微孔分散于固体塑料中而形成的一类高分子材料，具有质轻、隔热、吸音、减震等特性，且介电性能优于基体树脂，用途很广。几乎各种塑料均可做成泡沫塑料，发泡成型已成为塑料加工中一个重要领域，见图2-26。

（1）各种形状泡沫塑料

（2）泡沫塑料椅子

图2-26 泡沫塑料

（二）块状塑型材料在造型中的应用

图2-27（1）~（5）是用棉絮填充的实例，图2-27（6）~（10）是用泡沫填充的实例。图2-27（1）在鱼头、鱼身处充填了蓬松棉，将一种立体的、呈现生命力的、活灵活现的鱼装饰在服装上；图2-27（2）以不均匀缠绕包裹式的特殊造型表现，灵感源来自于蚕茧，整体表现自然与活力；图2-27（3）采用蓬松棉充填多个大小不同三角形，并将其叠加在一起，构成了生动、立体的“玩味几何”；图2-27（4）以“太空漫步”为主题，裙身采取悬垂物件的交叉、叠加造型，通过银色面料及填充物件表现太空的感觉；图2-27（5）采用棉花、塑料胶管材料等在莱卡面料上制作出立体、灵性的海马，营造出自由自在畅游栖息的画面感；图2-27（6）将由填充物制作的立体花饰编结在一起，体现着另类的装饰风格；图2-27（7）采用粘呢类的材料，制作出凸起的球体与絮状肌理，既夸张了服装外部造型，又演绎出三维肌理感的立体画面；图2-27（8）是“中山装概念设计”的一例，利用泡沫充填效果，突出口袋的方正、立体，强化袖子的挺拔，稳重而大气，阴柔中透着阳刚之美；图2-27（9）、（10）运用同一元素不同大小与位置的排列，诠释了设计作品的创作理念，生生不息、繁衍不止。

除了上述对线、面、块材料及造型效果论述外，还应尝试以视觉为基础、以力学为依据、综合运用线材、面材、块材相互组合、相互衬托、相互影响、相互渗透，以增强服装作品的综合表现力。

（1）灵性的鱼

（2）蚕茧的魅力

（3）玩味几何

（4）太空的感觉

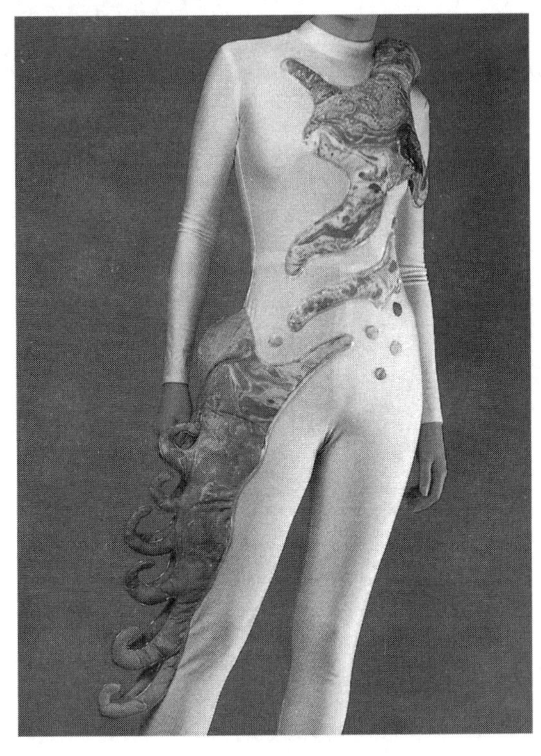

（5）水印

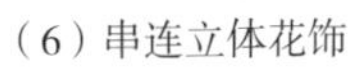

（6）串连立体花饰

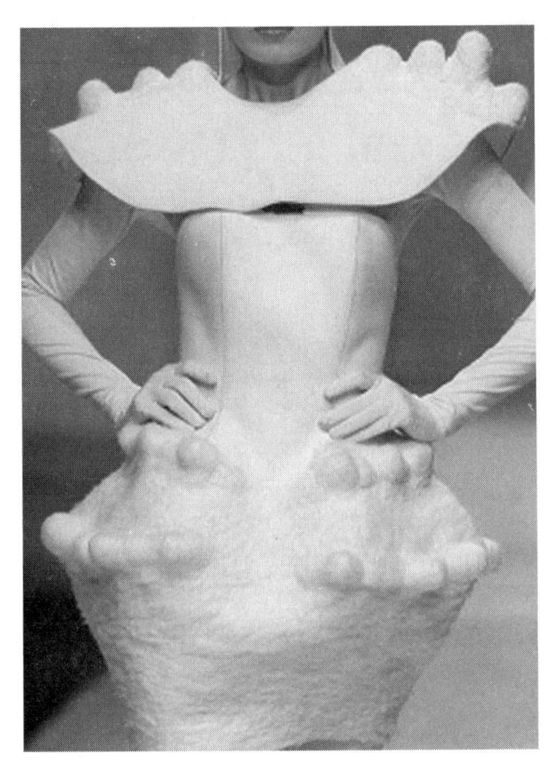

（7）三维肌理

（8）阳刚之美

图2-27

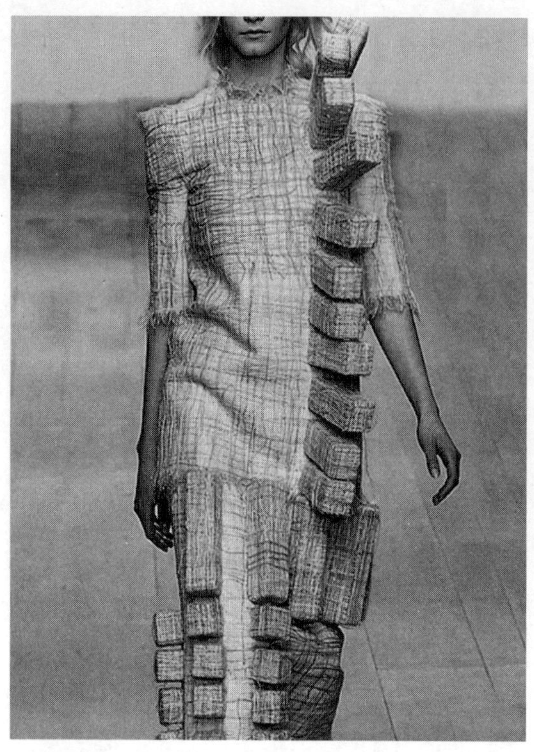

（9）、（10）建筑物的痕迹

图2-27　块状塑型材料造型效果

第三章　上装习作解析
Analysis on Upper Garment Exercises

本章为衣身与上装两部分立体造型的专题实训。内容汇集了两所院校学生衣身与上装两方面的优秀习作四十余款，并以这些习作为案例，从不同的角度分析了上装立体造型的基本要求，介绍了如何达到服装结构的平衡性（丝绺平衡、受力平衡、松量平衡），使上装外观处于平衡稳定状态的方法。同时，对艺术造型手法、装饰技巧等内容进行了大量的实践分析与验证，为学生掌握上装的设计、造型、制作提供可借鉴的参考。

第一节　衣身手法习作解析
Analysis on Garment Exercises of Body

本节是艺术表现手法的专题实训，即以衣身部位为训练载体，通过前、后、侧面衣身造型与衔接的练习，使学生整体把握服装与人体的关系，理解并掌握人体与服装的立体性，训练其对前、后衣身的合理过渡及完整表达。同时，通过对22款优秀学生衣身手法习作的范例解析，重点掌握褶饰、缝饰、编饰、缀饰及其他立体造型表现方法，理解各种褶纹形成的受力变化，提高艺术手法的组合、应用及创新能力。

作品1

主　题：《生命力》

作　者：傅淑翡（温州大学美术与设计学院）

作品解析（图3–1）：

（一）设计思路

作品采用简单的不对称裁剪，以力量感的花朵和繁盛的叶子为主要元素，相辅相成，故起名为“生命力”。设计的重点在左肩上较为有力量感的花朵，利用片片叶子从肩膀处一直缠绕到后腰的花朵上，使其富有韵律曲线美。为了突出主题，在臀围处采用不对称裁剪，使之更有生气和活力。

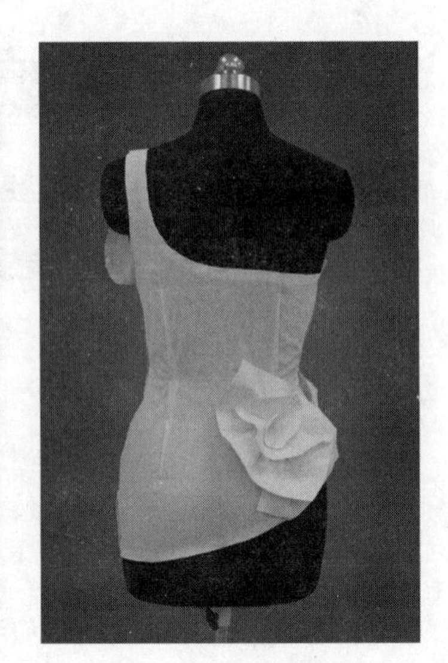

图3-1

（二）装饰手法

本款主要采用反复、呼应装饰手法。衣身紧身合体，肩上有量感的花与后腰上的花相互呼应，夺人眼球。前片大身上层层叶子，由小到大曲线排列，尽显女性柔美，富有层次感和韵律感。后片的露背与臀围的不对称设计打破了沉闷的结构，使之更有生气，贴近主题。加上前片与后片繁与简的对比，使整体造型更有看点。

（三）造型技巧

1. **衣身部分**

衣身主要采取纵向分割与省缝的方式，制作成合体、修身的形状。

2. **花饰制作**

使用30cm×30cm的正方形布料（2块），背面黏衬，然后将其由一边开始沿一个方向卷，边卷边在花心处做皱褶，花的边缘剪成方向不同的角（相当于花瓣），要反复斟酌。

3. **叶子制作**

取大小不同的长方形，向一个方向折叠，做成叶子状。

作品2

主　题：《纠葛》

作　者：金彬瑞（温州大学美术与设计学院）

作品解析（图3-2）：

（一）设计思路

本款用交错叠加的手法，故取名“纠葛”。长方形的布条以交错而又整齐的形式包裹

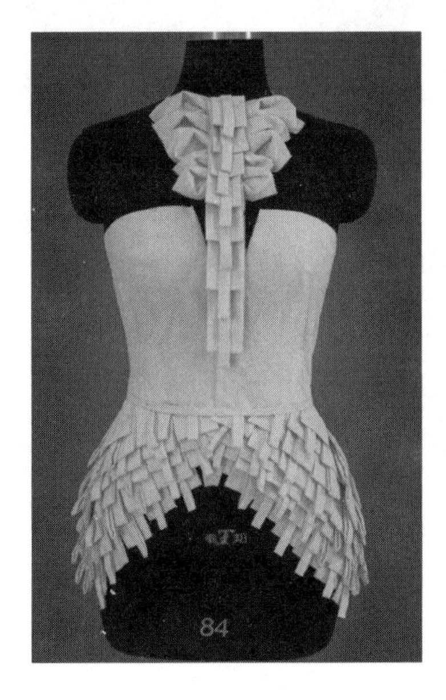

图3–2

着腰身以下部位。上身是紧身抹胸裁剪，凸显了妙曼的身材。颈部是由从大到小的领结叠加，为本款增加了一抹亮点。整体的设计结构清晰而又不失设计点，展现女性的曲线和柔美。

（二）装饰手法

本款整体为T廓型衣身，主要采用叠加、皱褶等装饰手法。抹胸式紧身衣与叠加错落有序的下摆形成呼应。多层叠加富有层次感的对比，形成亮点，富有节奏感。

（三）造型技巧

1. **长条部分**

大小不同的长条，长短按照体型轮廓走向而定，裁剪时要严格按照叠加的次序。

2. **领口部分**

大小不一的领结按照从大到小排列，注意层次变化。

3. **后背部分**

采用大小变化的竖向叠褶多层设计手法，背部以扇形的折叠方式展开，突出臀部的曲线美。

作品3

主　题：《花巢》

作　者：徐小琴（温州大学瓯江学院）

作品解析（图3–3）：

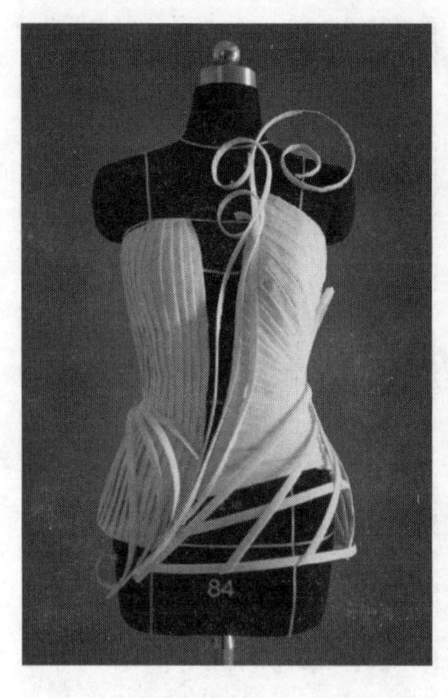

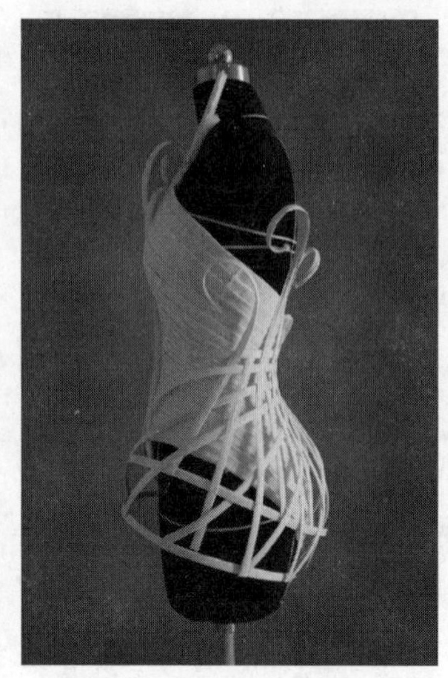
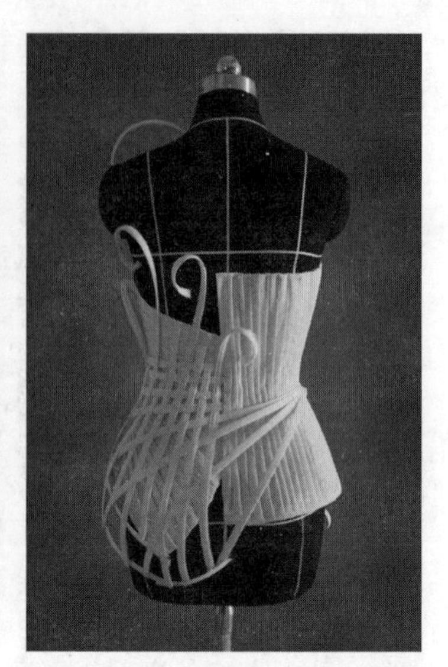

图3-3

（一）设计思路

本款的设计灵感来源于鸟巢。采用具象的手法，让观赏者产生联想的同时，再加入柔和的线条装饰，故而起名为“花巢”。类似花苞的垂直褶皱以各种姿态包覆着人体，上身不对称且曲线妖娆的裁剪以及外身编织网的装饰代表着植物生长的脉络，包裹着丛中含苞待放的花朵。没有任何排比的手法去壮大声势，只有掌握好整体节奏，才能让观赏者放松身心去感受。

（二）装饰手法

本作品为修身合体的上装。主要采用了褶皱、编织等手法进行装饰。上身通过大量褶皱的运用，起到了增加胸围、缩小腰围的效果，胸前开襟及左右不对称的手法更凸显出女性婀娜的身躯。硬朗、简洁的编织设计与上身复杂的褶皱设计形成鲜明的对比，是对形式美法则的应用。此外，外框在有序编织的同时，在胸前、背部及侧尾进行弯曲设计，更是为整件上装增加了几分俏皮感。

（三）造型技巧

1. **上身部分**

斜向与竖向叠褶。选用两块大小相同的白坯布分别进行采用斜、竖的叠褶方式，左片采用斜向叠褶，右片采用竖向叠褶。因为全身进行叠褶不易同时处理胸高及腰身的起伏变化，故要仔细斟酌与实践。

2. **装饰部分**

剪若干条宽1cm的鱼骨，用白坯布进行包裹后再进行编织设计，注意编织过程中的疏密层次的变化，最后将胸前、后背、侧尾等部位的鱼骨弯曲缠绕在身上，形成植物生长的脉络形态。

作品4

主　题：《霓裳》

作　者：周蓓蕾（温州大学美术与设计学院）

作品解析（图3–4）：

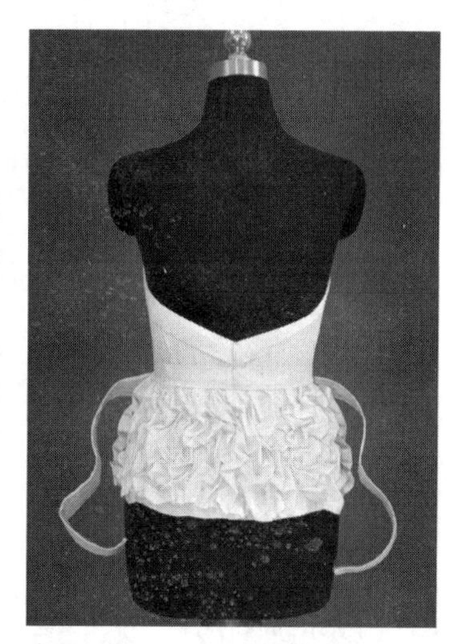

图3–4

（一）设计思路

作品采用堆褶、叠褶、立体装饰的手法，使服装整体呈现出女孩子的娇小、甜美、动人的感觉。上、下身采用繁琐的立体手法，中间通过简单、大型的蝴蝶结作装饰，使服装显得不那么零碎。

（二）装饰手法

本款整体为抹胸合体小礼服。主要采用堆褶、叠褶、立体装饰等装饰手法。衣身紧身合体，上身采用叠褶的手法，在腹臀部采用皱褶以及立体面料造型条，其排列错落有序，立体舒展，形成亮点、量感与节奏感；腰间采用立体大型蝴蝶结装饰，整体造型复杂但又不失完整。

（三）造型技巧

1. 衣身部分

胸部采用叠褶手法、腰下部采用堆褶手法。

2．蝴蝶结部分

共分为8片，其中由上而下的尺寸分别为：7cm × 30cm、7cm × 50cm、7cm × 60cm、7cm × 80cm（各2片）。

作品5

主　题：《硬朗中的柔情》

作　者：冯凌萍（温州大学瓯江学院）

作品解析（图3-5）：

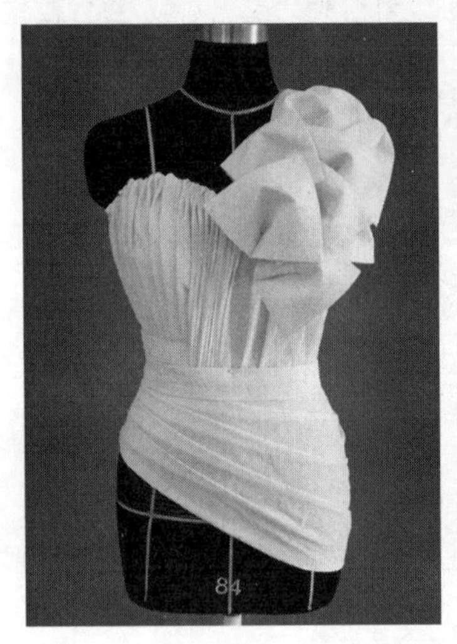
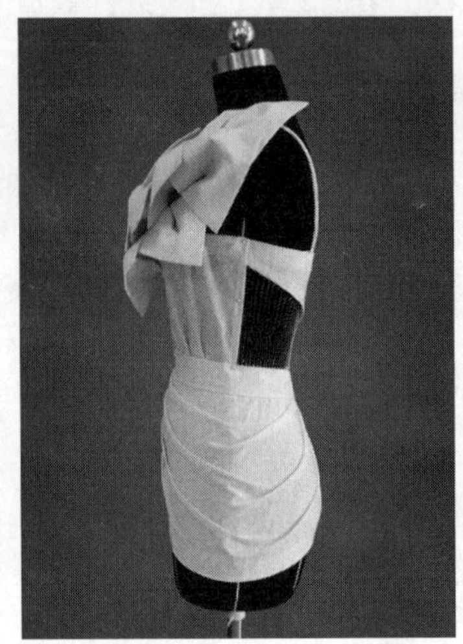
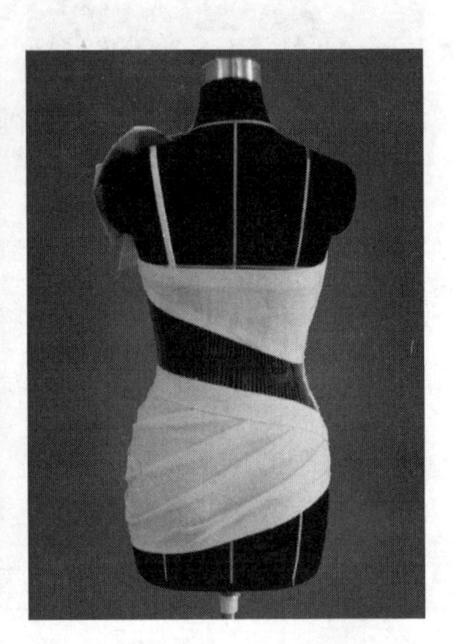

图3-5

（一）设计思路

本款肩部的硬朗设计，与衣身柔和的褶皱形成对比，故起名为“硬朗中的柔情”。由此来映射现代女性，虽然外表看起来很柔情似水，但是内心也可以很强大；或是外表看起来很强大，内心却也可以很柔情。

（二）装饰手法

本款主要采用叠加、镂空、滚边、皱褶等装饰手法。衣身紧身合体，肩部缀饰立体叶子，其排列错落有序，立体舒展，具有量感与节奏感，形成本款式的亮点；背后的镂空设计，又增加了其性感与浪漫的韵味。

（三）造型技巧

1．衣身部分

为了形成自然的效果，左胸采用随意的褶皱。前衣身下部采用发散的单向褶，注意每个皱褶的间距。侧面形成交叉、自然的纹理，柔和随意。

2．装饰部分

剪20块15cm×15cm的布，熨上黏合衬布，然后两两缝合，在弯曲对折点用手缝针缝一下，固定出自己想要的形状。

3．镂空部分

后身腰部用线上下穿插、排列，似流苏兼有镂空之性感。

作品6

主　题：《海贝跳跃》

作　者：高乐芬（温州大学美术与设计学院）

作品解析（图3–6）：

图3–6

（一）设计思路

本款设计形成海贝的形状，呈现一种活泼的状态，故而起名叫“海贝跳跃”。上身不对称折叠的裁剪，给人一种形式美。下身以波浪褶的形式展现活泼的气氛，展现出浪漫、优雅的整体美感。

（二）装饰手法

本款主要采用折叠、编条、皱褶等装饰手法。衣身紧身合体，在胸部缀饰扇形立体褶皱，有点像海贝的感觉，其排列错落有序，立体舒展，形成本款式的亮点，具有量感与节奏感；右侧简洁的设计与左边层叠海贝形成繁与简的对比，对称的波浪裙摆增添了几分活力与浪漫，是对形式美法则的又一应用。

（三）造型技巧

1. 衣身部分

大小不同的斜向叠褶，分别由40cm×60cm（1片）、28cm×40cm（1片）、20cm×40cm（1片）组成，并通过对折再折叠形成层次变化。

2. 下摆部分

先裁成12cm×100cm（2片）条形布块，通过缝纫抽褶成立体褶饰，组装到下摆处。再重复以上动作依次叠加，这样就形成了波浪裙摆（两层）。

作品7

主　题：《花与藤的故事》

作　者：毛晓雪（温州大学美术与设计学院）

作品解析（图3–7）：

图3–7

（一）设计思路

作品围绕着大自然中的花与藤蔓进行设计，寓意着自然的魅力。花有大有小，彼此之间相互呼应。藤蔓紧邻花朵，长短不一围绕着花朵，表现出了韵律感。下摆不对称的设计让作品显得更加的灵动。

（二）装饰手法

本款整体为X廓型，主要采用镂空的手法及将花瓣、藤蔓作为装饰。抹胸式紧身衣与较宽大的裙下摆形成对比。花瓣的重复利用使作品的主题更加鲜明，非对称的裙摆显示了活力和变化；大花在右肩上与下摆不对称的设计，不但使结构上达到平衡，造型上也不失现代感。

（三）造型技巧

1. **衣身部分**

普通的抹胸及下摆。裙子裁剪为左右不等长的样式。在腰部加上一条腰带，突显腰身。

2. **花瓣部分**

大小不一的花瓣，分别由11cm × 11.5cm、9cm × 9.5cm、13cm × 14.5cm的布块制作而成。

3. **下摆花朵**

由两片花瓣组成造型，然后交错穿插，显示出较强的立体感。

作品8

主　题：《原自》

作　者：彭游游（温州大学美瓯江学院）

作品解析（图3-8）：

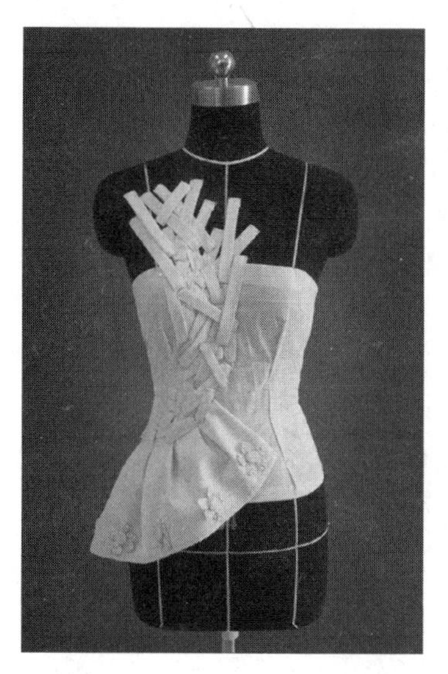

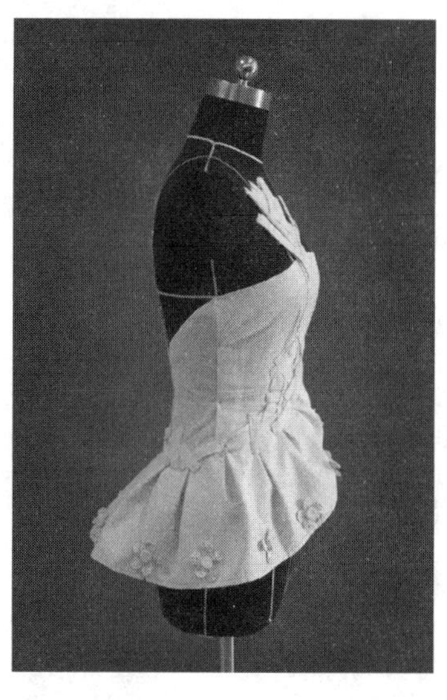

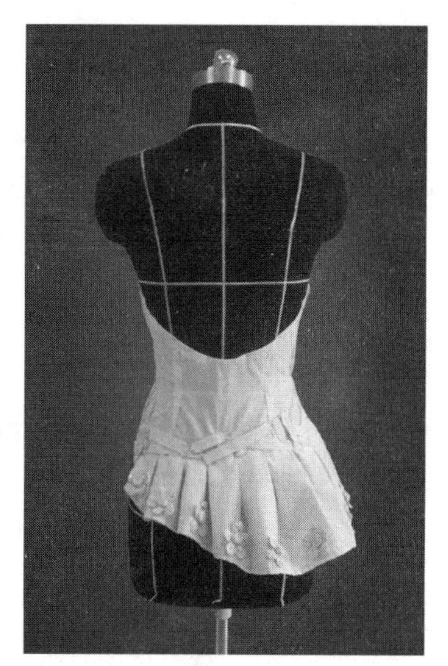

图3-8

（一）设计思路

灵感源自牛仔裤的串带，将牛仔裤的串带提炼出来，运用在衣身上，形成一种大树的枝杈纵横生长的感觉，同时下摆处的花朵也营造出自然清新的感觉。

（二）装饰手法

本款整体为一件不规则下摆的贴身上衣，主要采用镶嵌的设计手法。上身采用不规则镶嵌，显得性感别致。下摆不对称的褶纹裙摆为整体赋予了量感、层次感、律动感；多条不规则大小的布条以及一些小花镶嵌显示了浪漫和变化；巧妙地运用多种手法，不但使结构上达到平衡，造型上也不失现代感。

（三）造型技巧

1. 衣身部分

在人体模型上根据需要作出衣身的样式。

2. 下摆部分

先裁出多条大约3cm的布条，折叠后成为1cm，用缝纫机细致地缝好边缘，然后根据需要裁出布条的长度，并不规则地镶嵌到衣身上。

3. 摆饰部分

先量出人体模型的腰围，再估量出多余要用的松量，然后用竹针在下摆处慢慢均匀地分配出褶量，然后用条纹掩盖住两块布的接合处，再在褶皱下摆用针线将花朵一朵朵缝上去，使得整件上衣的浪漫感愈加浓郁。

作品9

主　题：《情迷巴洛克》

作　者：刘月欣（温州大学瓯江学院）

作品解析（图3-9）：

图3-9

（一）设计思路

本款设计灵感来源于巴洛克时代盛行一时的紧身胸衣和裙撑。紧身胸衣给人印象最深的就是整个上半身缝制得非常合体，丰胸束腰，一般多在背部开口系扎，如果开前襟，就使用挂钩扣合。紧身胸衣能反映女性对美的极致追求。本款作品胸部运用褶皱的装饰手法突出胸部，起到增大胸围的效果。胸部下方的镂空系带设计，也是利用了紧身胸衣系扎的元素。腰部束紧，是紧身胸衣最大的特征。上装下摆A字型设计类似裙撑，起到了扩大腰臀差的作用。丰胸束腰，以达到梦想中女性最完美的身材比例，同时也是对巴洛克时期审美文化的一种回顾。

（二）装饰手法

本款作品为修身抹胸上装。主要采用褶皱、镂空、扎系的装饰手法。胸部通过大量运用褶皱，起到增加胸围的效果。腰部贴身设计，达到了视觉上缩小腰围的目的。简洁的腰部设计与胸部复杂的褶皱设计形成繁与简的对比，是对形式美法则的应用实例。腰线下方双层褶皱A字型裙摆，与胸部褶皱手法相呼应，同时起到了增加腰臀差的作用，显得腰部更加纤细。胸部下方的镂空绑带设计与露背设计，使上装增添了几分性感。

（三）造型技巧

1. 胸部部分

两块长方形布片中点交错，一只手把同一块布两端拉紧，形成犹如夏奈尔标志般交错的双C形状。将交错的中心固定在胸部中心。展开布片，顺着胸部的弧度拉扯，形成自然的褶皱，用大头针在合适的位置稍加固定。再取一块长方形布片，做成褶皱效果，固定在背部，在左右两侧衔接处自然地与前胸褶皱相连接，尽量自然过渡，不要形成生硬的接线。要注意的是长方形布条越宽，胸部褶皱越多。

2. 腰部部分

取两块布分别服帖地固定在正面、背面的腰部。左右两侧衔接好。胸下方镂空成V型，用细布条作成带状交错固定，表现出系带效果。侧面延伸至背后镂空成V型。

3. 摆饰部分

截取一块扇形布条，上层宽度13cm，下层宽度16cm左右，沿着腰线按相同的量褶皱固定。固定好第一层，再以同样的方式固定下一层。

作品10

主　题：《释放》

作　者：李婷（温州大学美术与设计学院）

作品解析（图3–10）：

图3–10

（一）设计思路

本款从大三角立体造型起按递减的形式延伸出越来越小的三角造型，以一种过渡的手法从一点释放出来，故而起名为“释放”。腹部围绕的设计可以遮挡女性腹部的部分缺陷，三角的延伸围绕着身体缠绕，可以体现出女性的曲线美，前片右下角用鱼骨支撑向外延伸的立体造型，前片多种手法，后片露背贴合身体，简单大气、尽显女性魅力，大方而不失典雅。

（二）装饰手法

本款主要采用重复、堆褶、三角形、鱼骨造型等装饰手法。

（三）造型特点

1. 三角形制作

双层正方形布料，20cm×20cm，四周扣净，对折使用。

2. 胸部叠加

三角形布局是本款难点，可以尝试着一块一块地叠加，时而有序排列，时而翻卷变化，既有层叠效果，又灵活而不呆板，使简单的几何形体升华到空间立体形态。

3. 下摆部分

左侧下摆利用小三角形继续衍生变化，与胸饰呼应；右下摆恰到好处翻折，并用鱼骨穿于腰部，立体生动。

作品11

主　题：《迷宫》

作　者：喻燕（温州大学美术与设计学院）

作品解析（图3–11）：

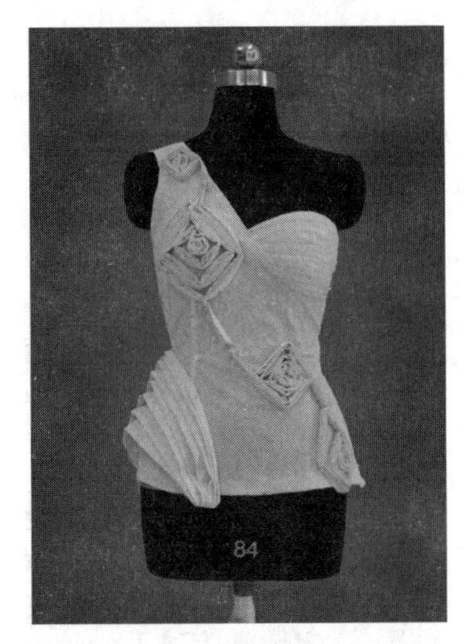
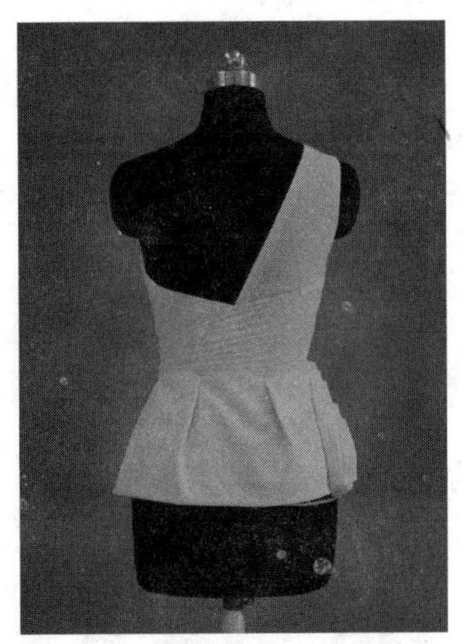

图3–11

（一）设计思路

本款设计灵感来源小时候玩的迷宫图和方形的立体盒子，曲折循环的迷宫拼图一个接着一个，大小不一，有错落的节奏感烘托出了一种荡气回肠的动人情怀。

（二）装饰手法

本款紧身合体并富有立体造型感，主要采用面料叠加的手法。在腰的右边用双层的斜裁面料堆积成三角立体造型，面料给的量有顺序的从少到多；胸部运用单层的斜裁面料丰富胸部的肌理效果；礼服从肩到臀部运用长条面料制作的迷宫拼图，其排列错落有序，立体舒展，形成亮点、量感与节奏感；衣身前后上缘的曲线造型无疑打破了裹胸的常见形式，增添了几分活力与创意。

（三）造型技巧

1. **胸部部分**

斜向叠加面料。长短不一的单层面料随着胸部的形状，分别：20cm×7cm（2块）、25cm×7cm（3块）、30cm×7cm（3块）组成。层层叠加，稍显立体感并绗缝而成。

2. **腰部部分**

服装的左边有双层的叠加，形状类似三角，富有立体感，右边是双层叠加成四方的迷宫拼图，从肩部到下摆前片全是四方的立体迷宫拼图，大小不一，很有层次感。

3. 背部

多层的叠加以及分割，凸显女人背部的优美。叠加时按着身体的曲线一层一层来，中间各层间距宽度大约为3cm。

作品12

主　题：《吻唇》

作　者：项文柔（温州大学瓯江学院）

作品解析（图3-12）：

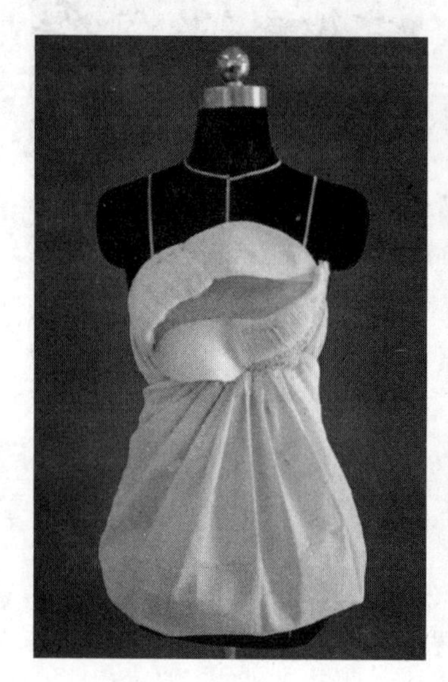

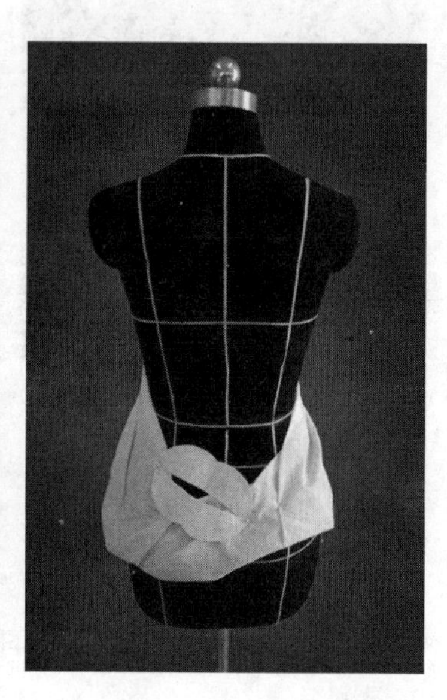

图3-12

（一）设计思路

吻唇来源于爱情，来源于爱的吻，想到吻自然而然想到唇，唇的造型夸张且立体，唇的造型性感又有趣味。别致的唇采用立体且错叠的形式产生空间上的层次，折叠的唇片设计既具象又抽象地将唇纹展现出来。既具象又抽象是此款吻唇最大的特点。

（二）装饰手法

本款整体为A廓型，主要采用了胸部夸张的立体唇造型。唇片的叠折精致而细腻，衣身的抽褶随意而自然，不抢眼，却和大唇造型很协调，更凸显胸部造型。

（三）造型技巧

1. 胸部造型

胸部的嘴唇造型采用硬挺的布料，以两片唇形做基础，然后用一条条布条叠加上去。

2. **组合方法**

上下唇片手法一样但是上唇片是压着下唇片的，这样既立体又有中间凹进去的空隙，产生了空间上的层次感。

3. **后身造型**

后腰部的嘴唇造型与胸部嘴唇造型相呼应。

作品13

主　题：《花盈》

作　者：张洋（温州大学美术与设计学院）

作品解析（图3-13）：

图3-13

（一）设计思路

作品用流畅的线条、不对称的廓型，欲给人带来轻盈、快乐的感觉。花朵的美丽与浪漫带来无限的感受与遐想。在制作礼服的过程中不断寻找新的突破，在传统礼服中融入了新的灵魂，让整体感觉新颖而不落入俗套。

（二）装饰手法

本款为上身礼服设计，主要采用褶皱、荷叶边的立体造型手法，其中前后衣身部分采用无省道的设计手法，利用袖子的多层褶皱将衣身的余量聚集在侧面，这样的设计既简单又巧妙。在领子和前襟的设计上则运用了荷叶边贯穿始终，不对称的设计手法令原本就具有流线特点的荷叶边看起来更有生气。两种手法的完美结合，让整件礼服感觉上更有韵律和节奏感。

（三）造型技巧

1. **衣身部分**

分别由60cm×80cm（2片）、80cm×100cm（2片）衣片利用堆褶手法缝制而成。

2. **荷叶边部分**

左侧一层荷叶边由长120cm×15cm（1片）衣片制成，最窄处1cm；右侧荷叶边由16cm×15cm（1片），最窄处1cm；80cm×15cm（1片）、90cm×15cm（1片）衣片制成。

作品14

图3-14是9款多种表现手法的习作效果（温州大学美术与设计学院）：其中图3-14（1）采用褶饰、缀饰、花饰的手法，作品大气、别致，富有创新性和立体性；习作图3-14（2）是胸、腰、臀叠褶的组合与叠加，并运用叠褶制作花卉，点缀在左胸肩处，活泼生动；习作图3-14（3）采用分割的手法，运用不对称的设计原理，并施加花边，典雅而别致；习作图3-14（4）整体衣身采用分割设计，腰部侧面边缘充填鱼骨的多层曲面，显得委婉而立体，衣身的中间部位用堆褶手法制作出蜿蜒起伏的曲线，是对动感效果的一种渲染；习作图3-14（5）是肌理变化的典型范例，采用不同宽窄的条布，按不同的疏密叠加与堆积，非常吸引人的眼球；习作图3-14（6）施加鱼骨强化衣身合体保型，腰部侧面立体褶纹增强了空间感；习作图3-14（7）是褶饰的组合设计，肩部夸张的叠褶花卉，胸部横向褶纹，腰部竖向叠褶排列，下摆采用单一的平面设计，并黏衬体现立体效果，同时与胸部形成对比；习作图3-14（8）按不同方向排列的叠褶，与腰部不对称的摆饰花边的装饰，清新、可爱；习作图3-14（9）后摆的层叠效果形成肌理装饰，具有较强的视觉冲击力。

（1）
作者：孙丽萍

（2）
作者：倪婷婷

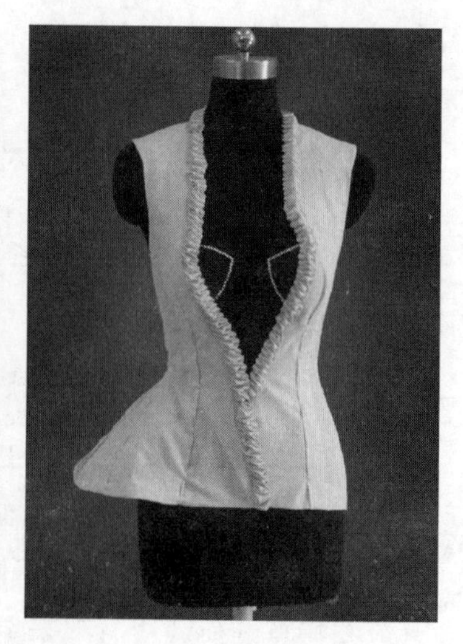

（3）
作者：孙安娜

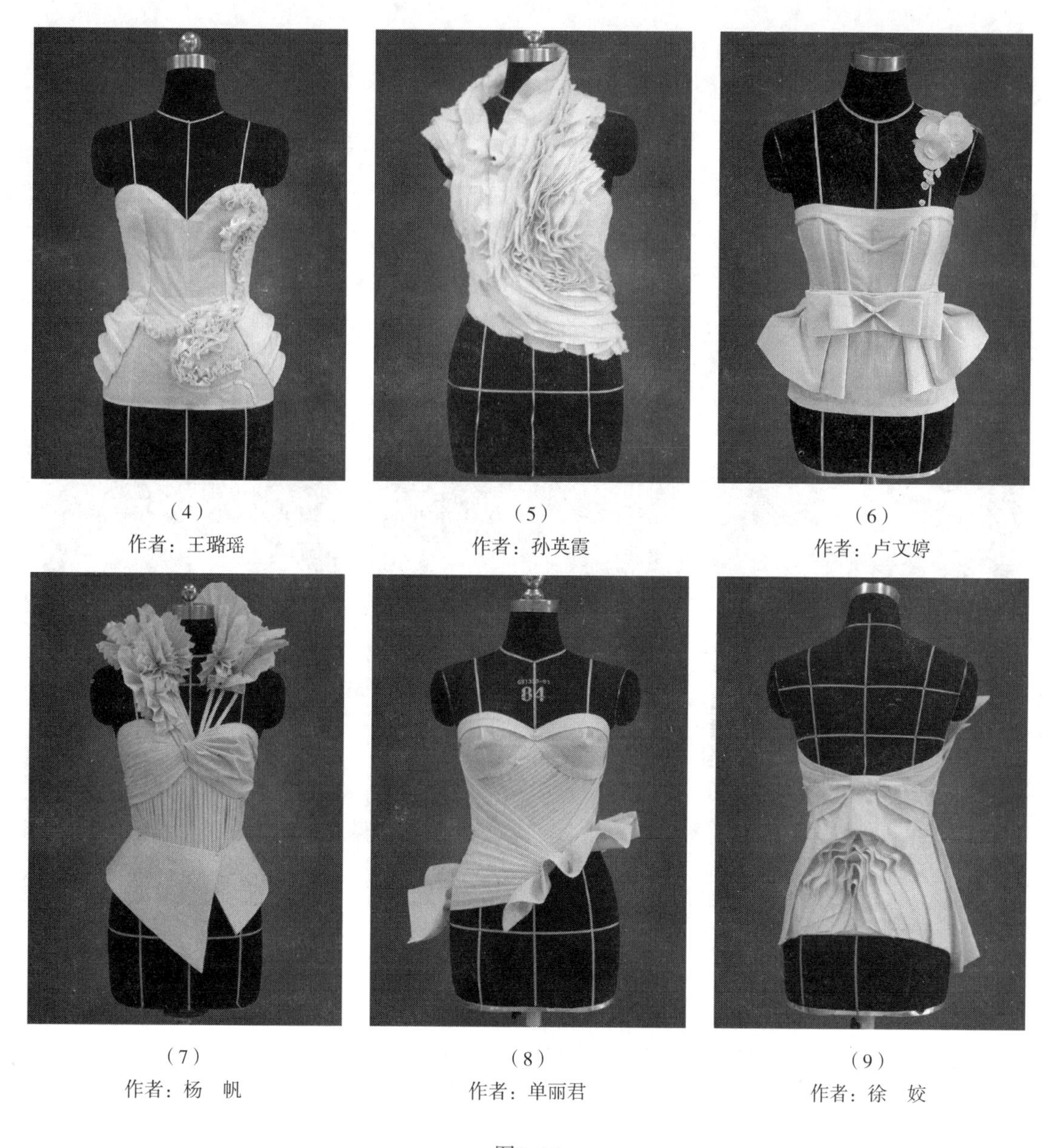

（4）
作者：王璐瑶

（5）
作者：孙英霞

（6）
作者：卢文婷

（7）
作者：杨　帆

（8）
作者：单丽君

（9）
作者：徐　姣

图3-14

第二节　上衣、大衣习作解析

Analysis on Upper Outer Garment and Overcoat Exercises

本节是成衣立体造型的专题实训（包括上衣与大衣两部分）。上装本身就是一个比较复杂、涵盖人体多种曲面与多部位结合的服装类别，也是难点比较集中的款式类型之一。为此，本节实训旨在帮助学习者深刻理解人体结构，并掌握人体与服装的立体性，立体造型的分割、褶皱、组合等综合造型手法，以及上装的板型调整与制作。通过对36款优秀学生上衣习作的范例解析，说明综合运用立体造型的方法与技巧，提高对上装整体平衡的设计能力与正确表达方法，以及领、袖、身各部位组合能力，为进行成衣的立体造型与设计制作抛砖引玉。

一、上衣习作解析

作品1

主　题：《飘雪》

作　者：王 悦（吉林工程技术师范学院）

作品解析（图3-15）：

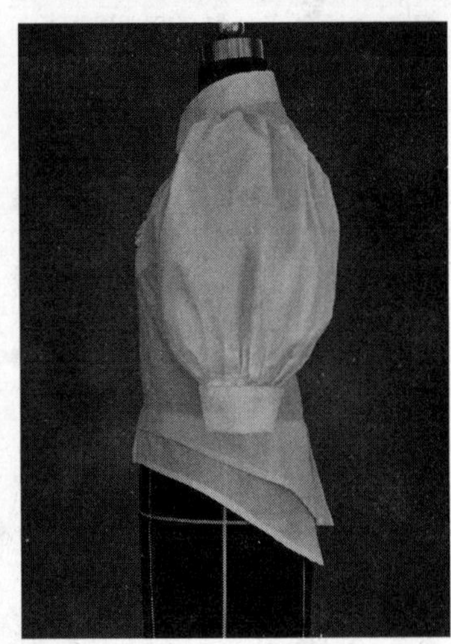
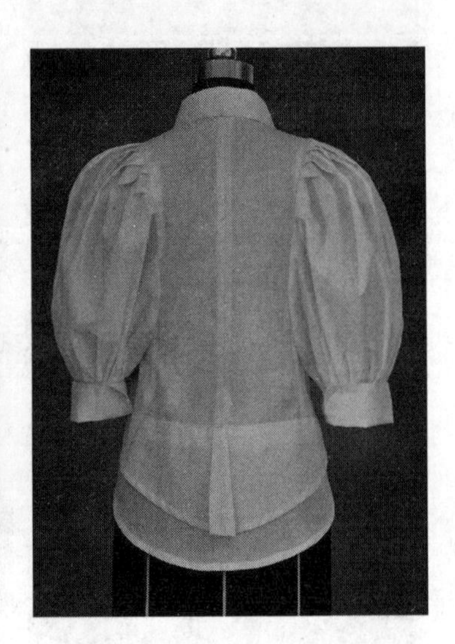

图3-15

（一）设计思路

本款灵感来源于空中飞雪，通过雪花的形状以及对雪花的联想而得名。其特点是蓬松、个性的泡泡袖，左右对称且曲线优美。前后身自由设计让欣赏者有种心境释放之感。

（二）装饰手法

本款整体为泡泡袖女上衣。主要采用抽缩的褶皱、滚边、分割等装饰手法。衣身部分通过公主线分割使其合体，衣袖立体感强，多层燕尾状衣摆设计形成亮点。

（三）造型技巧

1. *衣身部分*

前衣片60cm×35cm（2片）、后衣片55cm×30cm（1片）、衣摆分别由80cm×35cm（2片）、80cm×25cm（2片）组成。后身衣摆的处理需考虑前后造型间的比例关系，既保证衣摆轮廓美观，又要使衣摆上下层比例适当。

2. 衣袖部分

泡泡袖片50cm×80cm（1片），袖山及袖口处分别采用抽褶形式完成；袖头20cm×30cm（1片）向外翻转。

3. 衣领部分

衬衫领，翻领18cm×55cm（1片）、领座10cm×45cm（1片）。

作品2

主　题：《迷失香》

作　者：姜永莉（吉林工程技术师范学院）

作品解析（图3–16）：

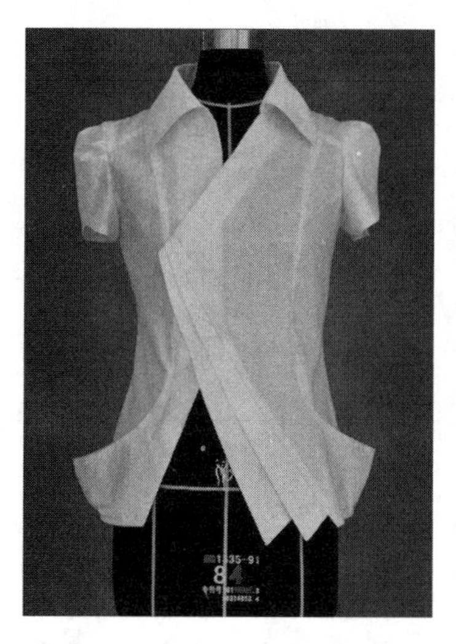

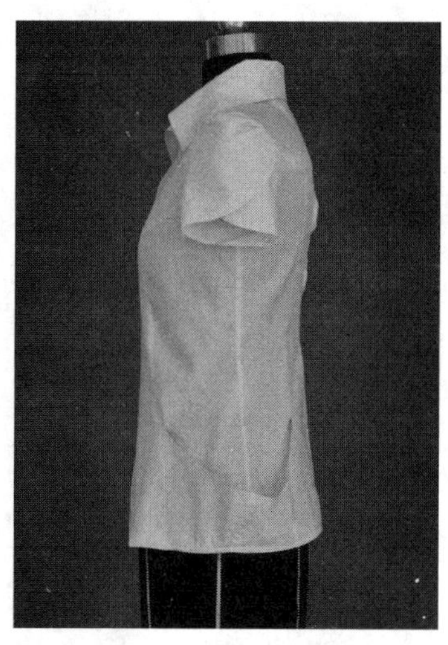

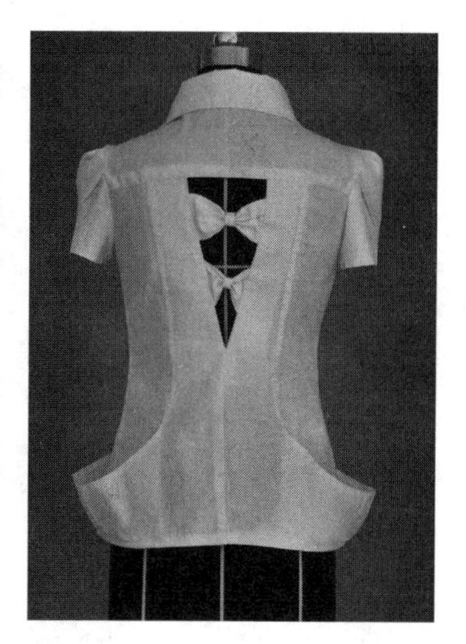

图3–16

（一）设计思路

迷迭香的花语是“回忆”，《哈姆雷特》里有这样的经典句子：“迷迭香，是为了帮助回想”。本款上装在经典的款式和剪裁中加以变化，衣身侧面利用立体口袋的结构来改变服装的轮廓，夸张的手法使其更显立体感和空间感。华丽但不铺张的装扮，以细节点缀凸显精致与魅力。

（二）装饰手法

本款整体为X廓型休闲装。主要采用镂空、分割、不对称等装饰手法。衣身合体，在衣身侧面缀饰立体的造型，形成亮点，凸显其立体感及空间感；非对称的前衣身无疑增添了几分活力与浪漫；右侧门襟长短不一的拼接是对形式美法则应用的一个典范。衣身与郁金香袖的搭配，体现了刚与柔的完美结合，表现出现代女性的独立自强。

(三)造型技巧

1. **衣身部分**

衣身用刀背分割线取代收省，而且能最大限度地显示出女性身体的曲线形态，具有装饰性与功能性。别样时要注意前、后身片应延伸至侧缝处，通过立体大口袋做外倾展放，造型别致。

2. **门襟部分**

双层排列，且非对称，给人以轻松、多变、时尚的感觉。

3. **衣领部分**

翻领结构，操作时注意衣领造型立体且均衡。

4. **衣袖部分**

郁金香袖，前后袖片相互交叠，在袖山处作倒褶处理，生成花苞形。

作品 3

主　题：《自定义》

作　者：郑丽萍（吉林工程技术师范学院）

作品解析（图3-17）：

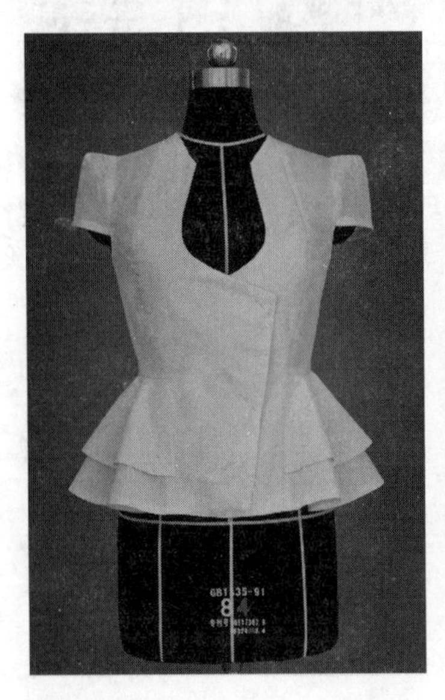
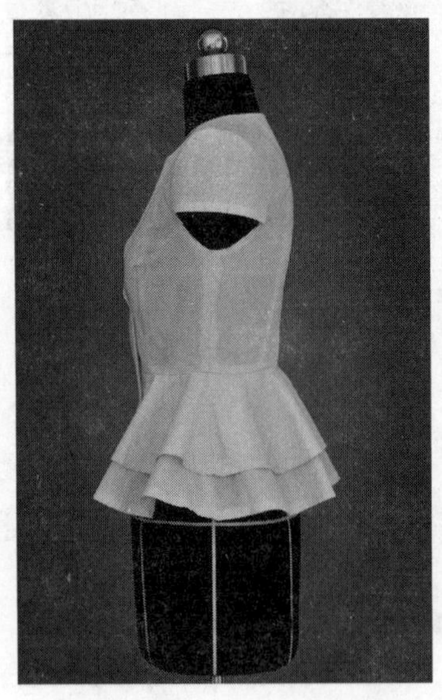
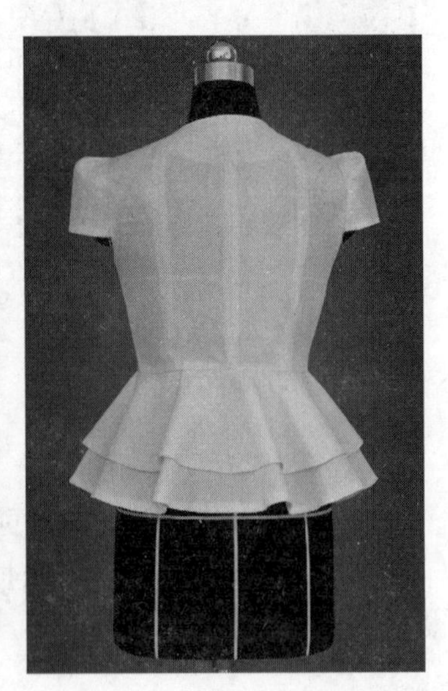

图3-17

(一)设计思路

本款用简洁的框架、线条描述出美丽的人体结构，在解构现代美学的基础上，以“自定义”为主题，形成了独具性格的美，以简洁优雅的生活方式体现现代人的心愿。

（二）装饰手法

本款上衣呈X廓型。运用波浪下摆，U领造型，起肩盖帽袖等形式塑造款式。衣身通过分割转换紧身合体，底摆处的荷叶层次分明，造型立体、舒展、大方。U领造型简单，不失韵律，与止口交相呼应，结合起肩盖帽袖尽显女性的优雅大方。

（三）造型技巧

1．衣身部分

因偏襟结构，故前衣片由75cm×40cm（1片）、55cm×25cm（1片）组成。前后衣片腰部收褶量，注意U型领口造型的确定。

2．衣摆部分

衣摆分别由50cm×55cm（2片）、40cm×50cm（2片）组成，采用波浪褶形式，修整衣摆曲线应注重比例关系。

3．衣袖部分

袖片由25cm×35cm（1片）、15cm×20cm（1片）组成，在袖山处通过分割转换形成翘势，绱袖圆顺。

作品4

主　题：《剪》

作　者：郑关峰（吉林工程技术师范学院）

作品解析（图3–18）：

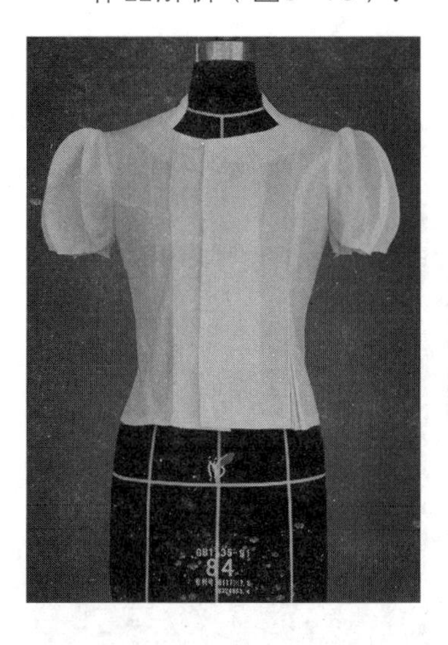
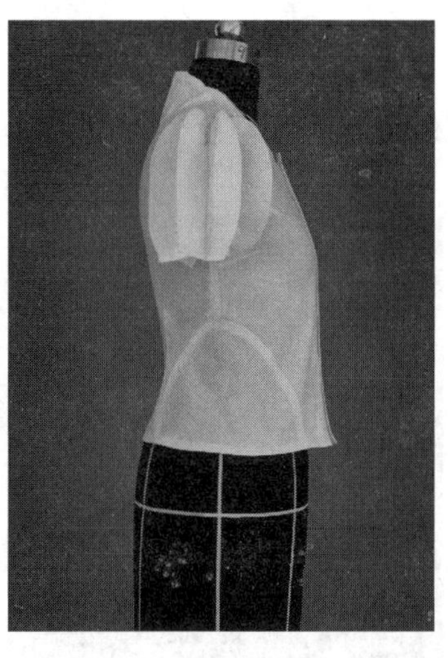
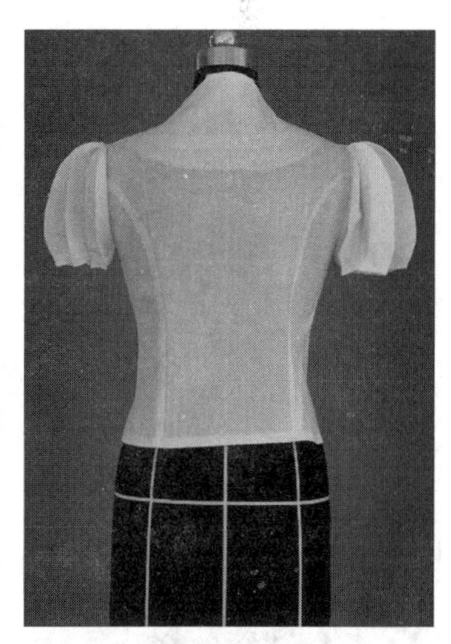

图3–18

（一）设计思路

本款用最简单、直观的手法，让观赏者直接感受到作品的表现形式，因“剪”而生动，以“剪”而塑型。作品简洁却不失创意，让你在不经意间发现它的与众不同，尽显创造的魅力，从而激发无限的想象力。

（二）装饰手法

本款上衣为T廓型。肩部以几何形状为元素，拼合出立体的灯笼造型；领部采用层叠拼接的手法，做出立领的造型；衣身的分割左右非对称，但多以曲线形式表现，达到修身、塑形的目的，整套服装廓型清晰，设计巧妙，简单且有创意。

（三）造型技巧

1. **衣身部分**

运用分割转省使服装更贴合、修身，其中一侧在分割基础上增加了小倒褶作装饰。由于前衣身左右非对称，需分别准备布料。

2. **衣袖部分**

以袖长为直径，修剪成半圆的形状，再把半圆拼缝，做出立体的灯笼造型。每只袖的袖片由25cm×17.5cm（10片）组成。

3. **衣领部分**

衣领采用连身立领形式，在领外口处作花瓣状处理。

作品5

主　题：《简约》

作　者：刘晨（吉林工程技术师范学院）

作品解析（图3–19）：

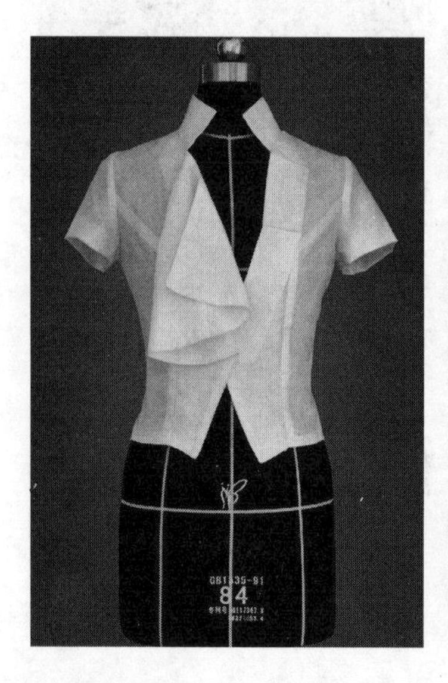

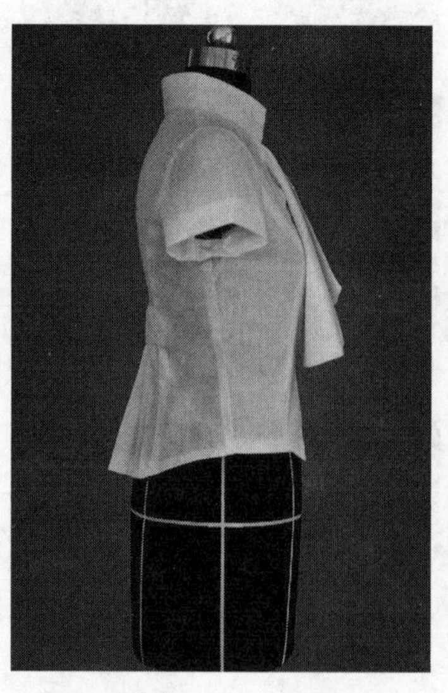

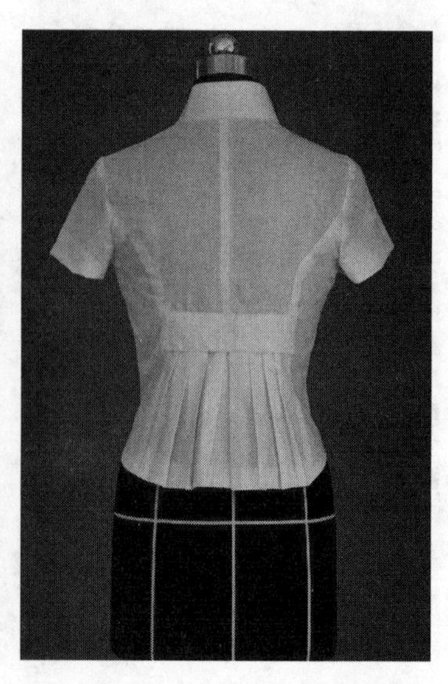

图3–19

（一）设计思路

灵感来源于作者对喧嚷世界作出的回应。与世界的喧嚣相比，这款服装简约，在门襟处采用混搭、非对称形式，体现了刚与柔的完美结合，表现出现代女性的独立自强。整套服装轮廓简约，高贵大方，给人清透感。

（二）装饰手法

本款主要采用门襟变化的设计手法，门襟多层的折叠赋予整体层次感和律动感；非对称设计显示了活力和变化；后片腰部倒褶的运用，不但使结构上达到平衡，造型上也不失现代感。

（三）造型技巧

1. **门襟部分**

多层折叠，与衣身一体，特殊的裁剪，门襟自由下垂，左右造型不同，需分别制作，用料为80cm×45cm（1片）、60cm×35cm（1片）。

2. **衣身部分**

前身侧片，需准备布料45cm×30cm（2片）；后身下摆准备布料30cm×50cm（1片），叠褶装饰。

3. **衣袖部分**

使用一片袖，袖长25cm左右。

4. **衣领部分**

内倾式宽立领，领宽10cm左右。

作品6

主　题：《空洞美》

作　者：杜美娇（吉林工程技术师范学院）

作品解析（图3-20）：

（一）设计思路

本款采用虚、实结合及镂空等手法，形成一种空洞效果，给人以朦胧感，若隐若现，展现了人体美，故名为“空洞美”。作品以夸张的手法，用不同造型来包覆人体，并且相互贯穿，相依相偎，似形影不离的恋人，给人带来极大的感染力。

（二）装饰手法

本款为H廓型。主要采用编饰、镂空、分割等手法贯穿整体造型。衣身略为宽松，造

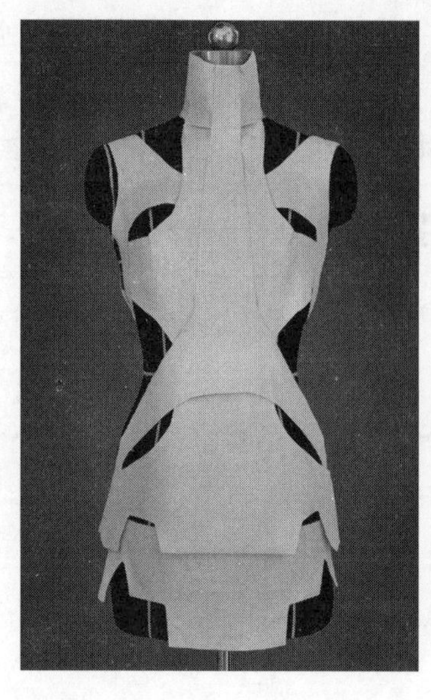

图3-20

型富有多元素、多层次，从而赋予了通透感、层次感。在肩部、胸部以及腰部都有着不同的造型，不但使结构上达到完美，造型上也不失混乱，层次分明。

（三）造型技巧

1. **前身部分**

由65cm×60cm（1片）、70cm×60cm（1片）、40cm×60cm（1片）、35cm×60cm（1片）组成，用指示线按设计稿完成造型设计，既要保持造型，又要体现人体的完美轮廓。

2. **后身部分**

由35cm×60cm（1片）、30cm×40cm（1片）、55cm×60cm（1片）、35cm×60cm（1片）组成。操作时可按照先上后下、先里后外的顺序完成。同时随时观察各部位造型，注意比例及协调性。

3. **衣领部分**

采用竖直式立领完成造型，领布25cm×50cm（1片）。

作品 7

主　题：《衣汇情》

作　者：于忠娇（吉林工程技术师范学院）

作品解析（图3-21）：

（一）设计思路

“如果夜太美，难免会想起谁”，这句话如同女人的心绪，含蓄与纷飞荡漾，故而引

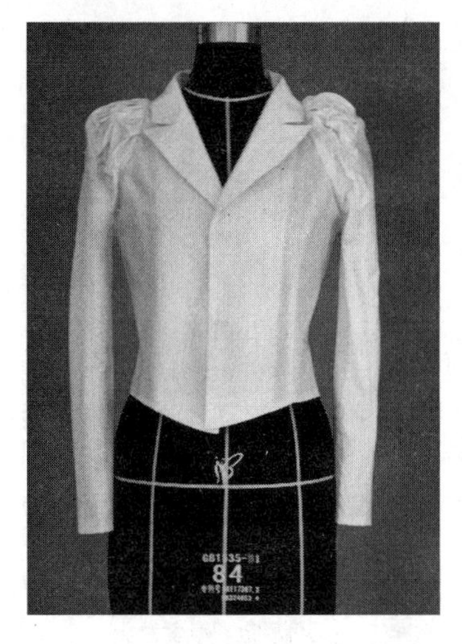

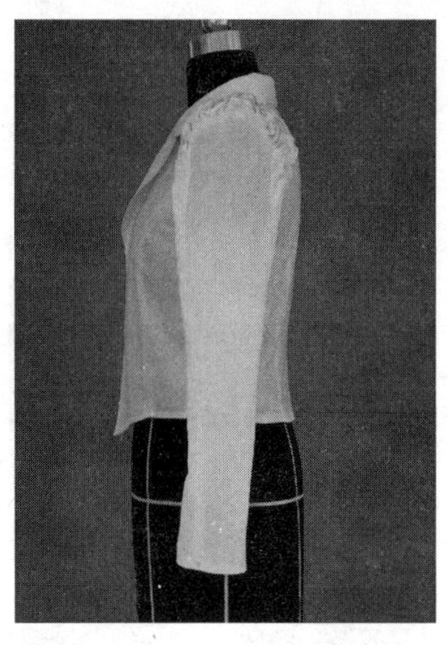

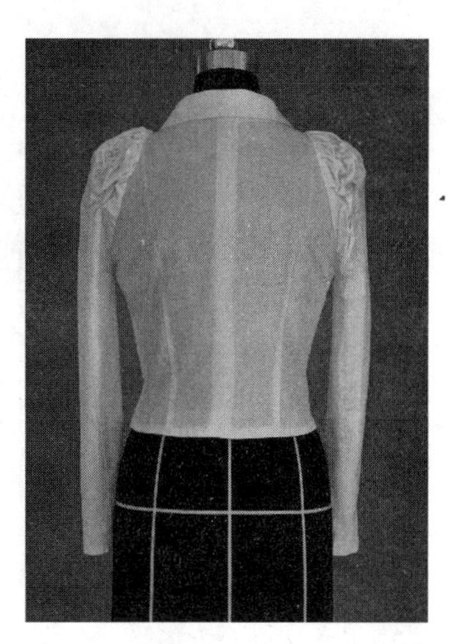

图3–21

发了灵感，以“衣”表达动人情怀。本款上衣采用经典款式和剪裁，融会折叠、抽褶等元素，有内涵、有主张、有灵性，使穿着者在举手投足和一颦一笑中，体现知性的一面，给人艺术的感染力。

（二）装饰手法

本款上衣为T廓型，主要采用分割与抽褶设计手法，通过传统的西服戗驳头和衣身肩部抽褶的处理，塑造了整件服装的亮点。多褶的起肩赋予整体量感和律动感，肩部与衣袖的连接构成了细节的多样化，不但使结构达到平衡，同时造型上也不失时尚感。

（三）造型技巧

1. **衣身部分**

前、后衣片分别设有分割线，由于袖借用肩结构，所以需要改变袖窿形状。

2. **衣袖部分**

由70cm × 30cm（1片）、85cm × 35cm（2片）组成。操作时前、后袖侧片和衣身相连；肩部的褶皱需仔细斟酌并反复调整后确定，同时准备针、线，随时固定；衣袖整体造型需通过平面二次处理后才可以完成。

3. **衣领部分**

为使西装领与人体颈部更加服帖，别样时可采取加领座的形式，完成西装领的造型结构。

作品 8

主　题：《蜕》

作　者：孙凯跃（吉林工程技术师范学院）

作品解析（图3–22）：

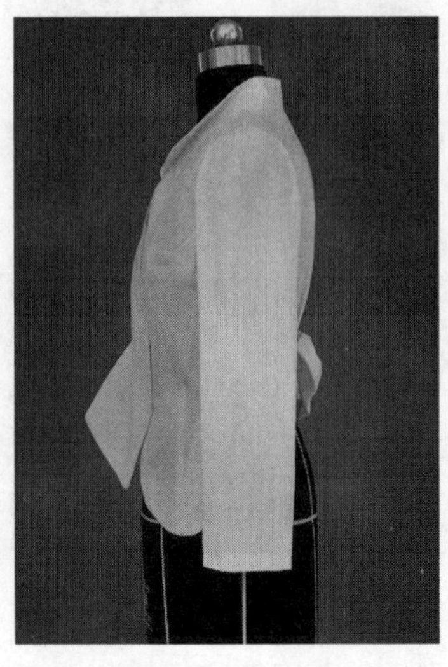

图3–22

（一）设计思路

本款灵感来源于大自然的美丽、动人的蜕变。飞舞的蝴蝶轻盈自若，灵动娇艳，给大自然增添了色彩。不规则的波浪褶装饰前身，配合蝴蝶结的点缀，诠释了女性的娇媚可人，体现了别具一格的美。

（二）装饰手法

本款上衣主要运用不规则的波浪褶和蝴蝶结作装饰。衣身为合体造型，不规则的衣摆及门襟所呈现的内外层曲线，独具匠心，形成亮点，尽显其委婉柔美之特色。后腰处加蝴蝶结作点缀，画龙点睛，耳目一新，使人赏心悦目。

（三）造型技巧

1. 衣身部分

由于前衣身左右不对称，故需准备布料：60cm × 55cm（1片）、75cm × 55cm（1片）、55ccm × 55cm（1片）；前、后衣片腰部收褶量，造型合体。前衣片波浪褶的造型及大小需仔细斟酌，考虑与衣身间的比例关系，调整确定。

2. 衣摆部分

由35cm × 50cm（1片）、25cm × 35cm（1片）组成，衣摆呈不规则的曲线，且分为内长外短两层，注意内外层比例应和谐。

3. 蝴蝶结部分

在25cm × 20cm（1片）布料中间抽褶做出蝴蝶结，附在后腰节处。

作品9

主　题：《飞鸟》

作　者：孙英默（吉林工程技术师范学院）

作品解析（图3–23）：

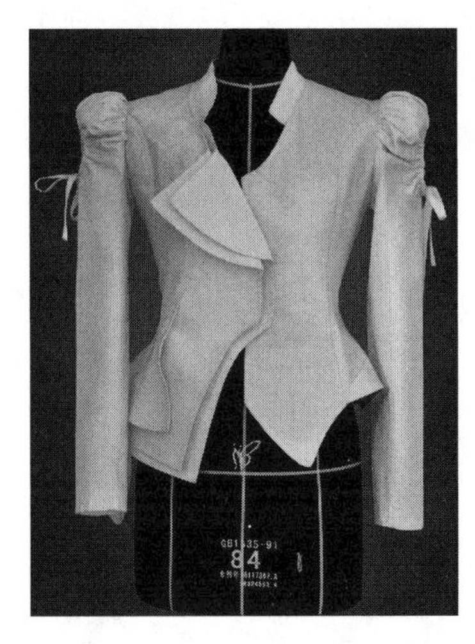
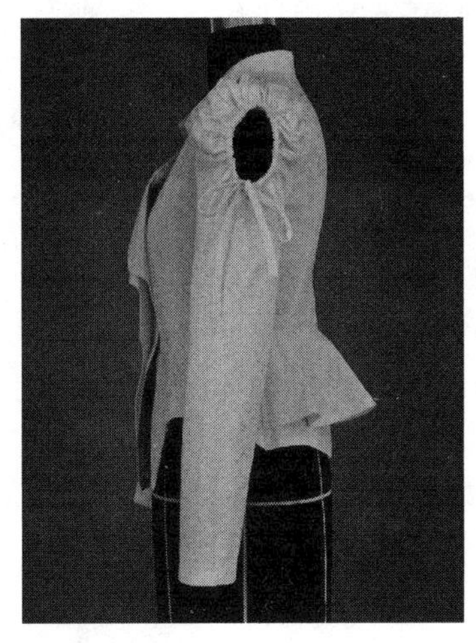
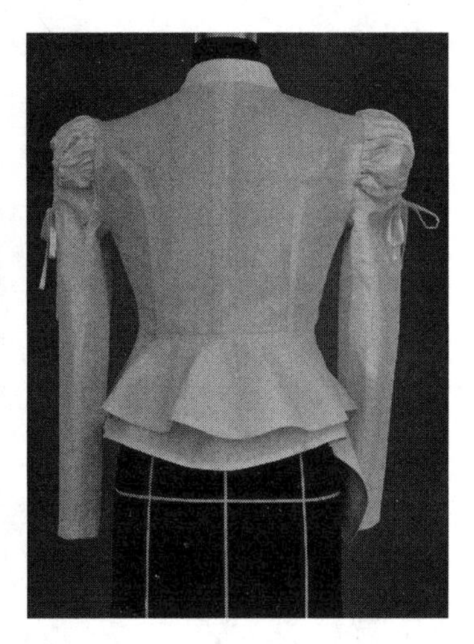

图3–23

（一）设计思路

本款灵感来源于泰戈尔的《飞鸟集》，其中有句话："生如夏花之绚烂，死如落叶之静美。"夏花，在充足的雨水滋润之后，在阳光灿烂的季节绽放，具有绚丽繁荣的生命力，诠释生命的多彩。设计以柔美的线条、丰富的结构、面料的重叠为设计灵感，整个设计自然而有层次，在赋予韵律的结构中添加肌理的点缀，别具一格。

（二）装饰手法

本款上衣为X廓型。主要采用了减法、层叠、抽褶等装饰手法，衣身腰部收紧，下摆通过波浪褶展放形成动感；袖山部位通过大量的抽褶塑造夸张的肩部。整体服装立体舒展，量感及节奏感突出，非对称的层叠增添了几分活力与浪漫，同时与另一侧的单一形式形成繁与简的对比，充分体现了形式美法则。

（三）造型技巧

1. 衣身部分

前片右侧采用了长短不同、造型一致的门襟，操作时需考虑外翻驳头的用布量，还应注意内外层门襟的服帖及比例，须仔细斟酌与反复调整完成。由于前身左右不对称，故需准备布料：75cm×50cm（2片）、70cm×50cm（1片）、55cm×25cm（2片）。

2. 后身衣摆

由50cm×50cm（1片）、40cm×35cm（1片）组成，外层衣摆呈自然下垂的波浪褶，里层衣摆较为服帖，操作时里、外层放量应不同。

3. 衣袖部分

款式为两片式泡泡袖，袖山部位做镂空处理，并通过抽缩碎褶形成变化而形成泡泡袖。因为袖山处剪掉的量，会直接影响抽褶的效果，因此需谨慎，应尝试着修剪，并用装饰带将其抽缩、调整，直至达到蓬起的最佳状态。大袖用料85cm×40cm（1片）；小袖用料55cm×25cm（1片）。

作品10

主　题：《律动》

作　者：徐影（吉林工程技术师范学院）

作品解析（图3–24）：

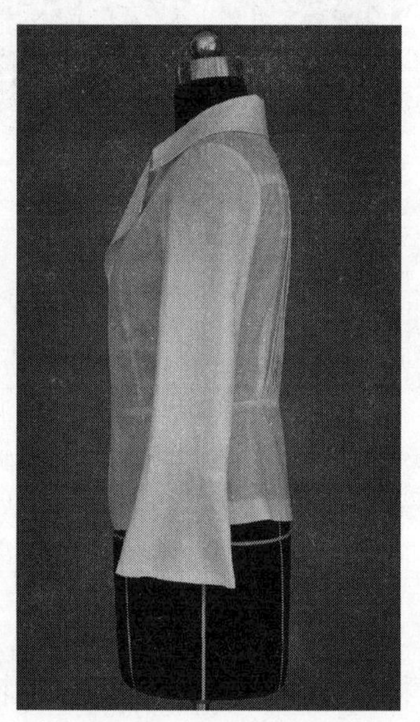

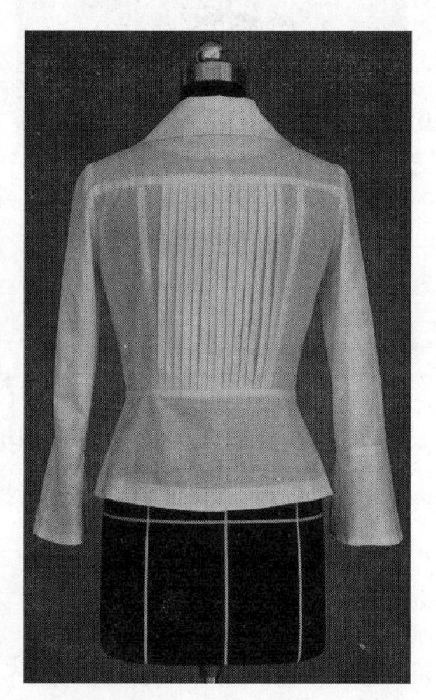

图3–24

（一）设计思路

律动的灵感来源于音符，在音符的跳跃和舞者的律动下脱离束缚，掀起层层热浪，通过后衣片有规律的叠褶方式，呈现经典、永恒、精致、细腻的风格。

（二）装饰手法

本款上衣主要采用叠褶的设计手法（衣身为纵向叠褶），叠褶的规律性赋予了服装动感；同时在结构上还采用分割、拼接等形式；衣身的下摆与袖口呈微喇叭状，以达到呼应的目的。

（三）造型技巧

1. **衣身部分**

依据分割部位，前身需准备6片布料：55cm×40cm（2片）、50cm×30cm（2片）、35cm×45cm（2片）；后身需准备5片布料：40cm×40cm（1片）、40×25cm（2片）、20cm×45cm（1片）、45cm×35cm（1片）；腰部收紧，下摆放出。

2. **衣袖部分**

款式为一片式衬衫袖，距袖口约12cm处作分割，拼接一喇叭状袖头。

3. **衣领部分**

准备45cm×20cm（1片），装领是难点部位，需掌握要领，反复实践。

作品11

主　题：《飘逸（衣）》

作　者：王东平（吉林工程技术师范学院）

作品解析（图3-25）：

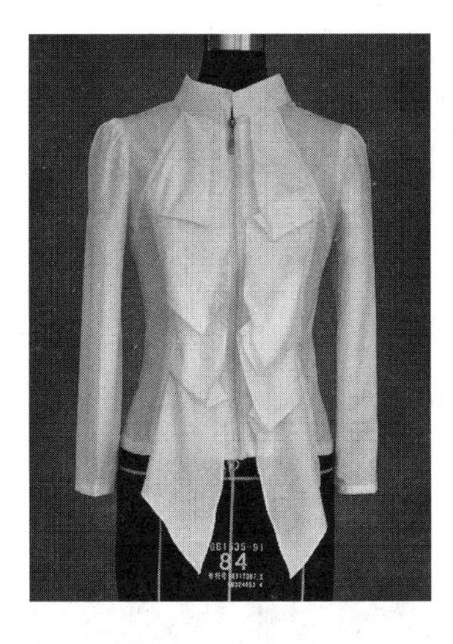
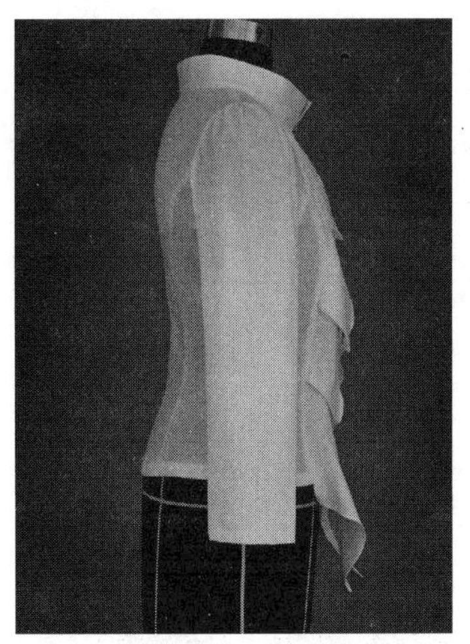
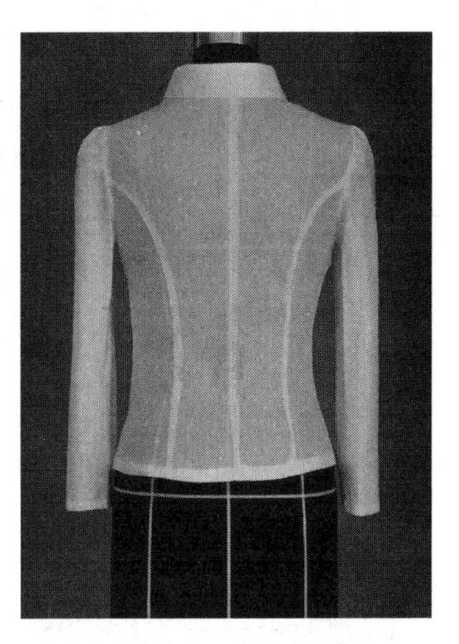

图3-25

（一）设计思路

本款灵感来源于风的灵动和叶的摇曳，沿袭了时尚、永恒、简约的风格。衣服的前片用叠褶、分割的方式，精致又不失大气。本款旨在诉说在繁忙的工作和生活压力下，热情奔放的白领女性将重新领悟生活和工作的意义，寻找另一片境地……

（二）装饰手法

本款为休闲式H廓型女上衣，主要采用叠褶、分割的设计手法，前身分割处增加叠褶，赋予了服装的飘逸感；衣身结构采用分割转省形式，将余量收尽，以达到合体的目的；领子采用竖直式立领，体现女性的干练，同时配有袖山抽碎褶袖，增添几分动感，显得活泼、朝气、可爱。

（三）造型技巧

1. **前身部分**

前身叠褶需准备布料100cm × 35cm（1片），考虑其层次的间距疏密，立体成型。

2. **后身部分**

采用刀背缝、背中缝结构。

3. **衣袖部分**

袖山处有少量碎褶，可在一片袖基础上适当增加袖山高度，加大袖山弧长即可。

作品12

主　题：《韧》

作　者：赵小娟（吉林工程技术师范学院）

作品解析（图3–26）：

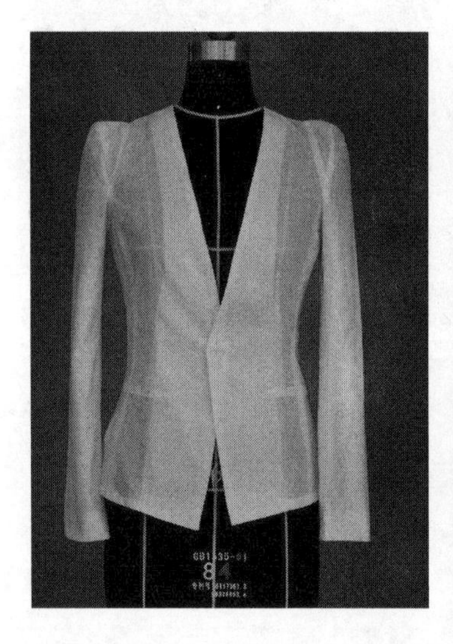

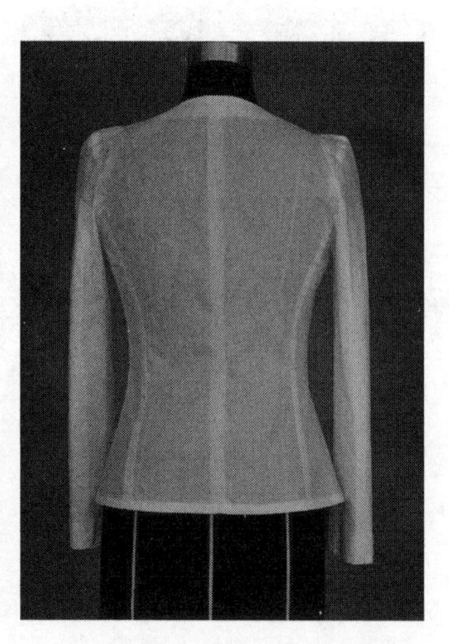

图3–26

（一）设计思路

款式外观简洁大方、精致细腻，与传统的西服不同，本款采用无领设计，衣身紧身合体，衣袖借肩并翘起，诠释着简单而又坚韧的性格，彰显了现代女性的飒爽、自强、坚韧、干练的品格。

（二）装饰手法

本款为无领小西服，衣身除采用纵向分割外，在肩端处作斜向分割并展放使肩端上翘，形成本款的亮点。衣袖在传统两片袖的基础上，增加袖山深度，缩短袖长至手腕，同时运用包边的装饰手法，使穿着者显露迷人的手腕，更具魅力色彩。

（三）造型技巧

1. **衣身部分**

前、后衣身有刀背线结构，前身V型领口并与衣摆倒V型呼应。

2. **翘肩部分**

布料25cm×15cm（2片），操作时可先将垫肩摆正别好，再调整翘肩高度，至满意为止。

3. **衣袖部分**

两片式圆装袖，坯布准备70cm×35cm（1片）、55cm×25cm（1片）。

作品13

主　题：《舞动》

作　者：胡亚乔（温州大学美术与设计学院）

作品解析（图3–27）：

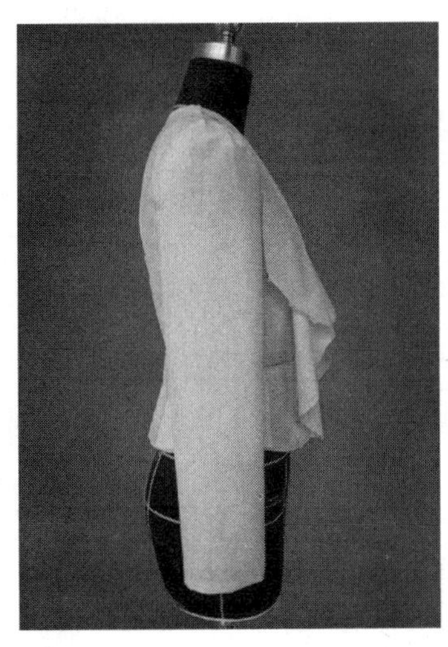
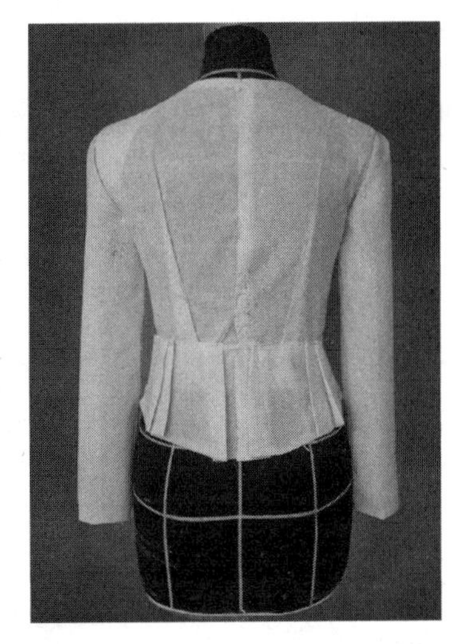

图3–27

（一）设计思路

舞动的灵感来自于蝴蝶飞舞的姿态，女人如蝴蝶一般游戏于都市，利落的剪裁象征女人的独立自强，而舞动的花边表现了女人内在的温柔及优雅。整件衣服通过刚与柔的对比，展现了都市女性的风采。

（二）装饰手法

本款为X廓型短上衣。主要采用分割、褶皱等装饰手法。利落的分割剪裁展现了都市快节奏的生活，体现了女性的自强自立；下摆的花边采用了规则的褶皱，少了几分随意，却增添几分严谨与稳重；整件作品的亮点在分割线处的花边装饰，夸张的波浪褶设计，表现了服装舞动的韵律感，让人倾心于它的妩媚，衬托女性的优雅和知性。整件作品的风格偏都市和淑女的感觉。

（三）造型技巧

1. 领口部分

波浪花边。因为花边的形态难以掌控，可以选择半圆形的布片披在人体模型上，然后进行微调，使其展现舞动的韵律感。

2. 分割部分

先将前中心的部分披上坯布，然后找到一个合适的位置进行分割，重点要看起来利落且美观。两边的布片可以采取对称的剪裁，这样可以保证整件衣服的对称及合理。

3. 下摆部分

在贴体的衣身片做好的基础上，在腰线位置开始进行褶皱的处理，由于整件衣服风格的局限及需要突出的重点，下摆不要做得太夸张，规律的褶皱，体现出严谨的姿态即可。

4. 衣袖部分

因为肩线部位做了适当的拓宽，所以袖身原型需要适当的改动，可以在肩端点左右两侧作一些皱褶，使得衣袖更加合理美观。

作品14

图3-28是9款上衣的设计与习作效果（温州大学美术与设计学院）：其中图3-28（1）是三层立领，陶瓶型褶皱收腰，肩部挂下流苏，整体表现出英姿飒爽、巾帼不让须眉的

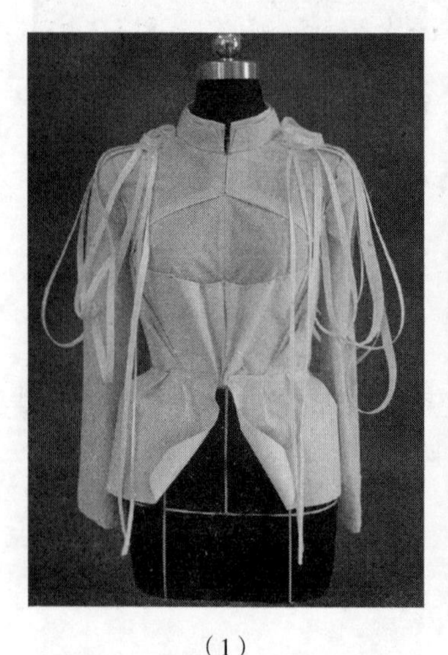

（1）
作者：叶聘聘

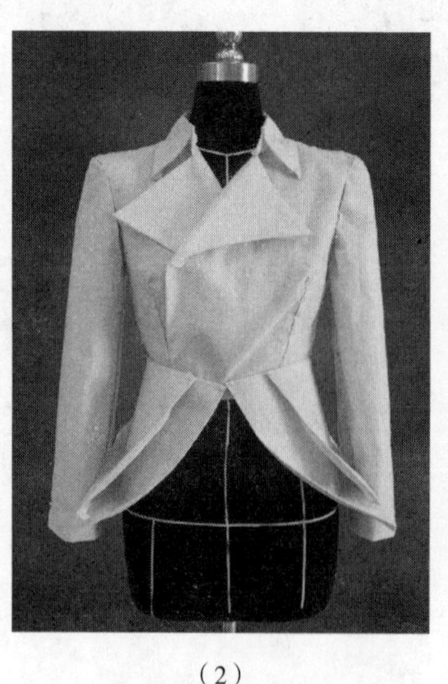

（2）
作者：张　琳

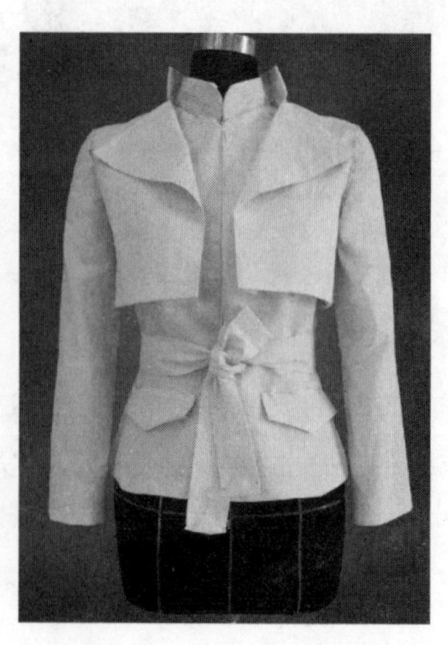

（3）
作者：李　章

（4）
作者：赵佳佳

（5）
作者：倪婷婷

（6）
作者：黄星星

（7）
作者：孙撒乐

（8）
作者：方月英

（9）
作者：徐瑜檠

图3–28

风格；图3–28（2）是男士堑壕式风衣领，腰部收腰并断开，两层立体的八字形下摆造型体现出女性的阳刚之美；图3–28（3）是风衣式夹克，翻立领，尖角形袋盖及腰带，具有明显的中性服装的特点；图3–28（4）重点是衣领设计，不对称多层驳领造型是本款的亮点；图3–28（5）是休闲短夹克，衣袖造型是一大特点，插肩分割加褶皱，随意洒脱，竞显时尚；图3–28（6）大大的灯笼袖给本款增添量感与新意；图3–28（7）短款短袖女上衣，腰带延续到左侧腰部呈自然散开状态，构成下摆的造型变化；图3–28（8）是可爱型女上衣，披肩波浪领与腰部蝴蝶结装饰，形成轻松浪漫的感觉；图3–28（9）淑女型女上衣，腰部断开并设计叠褶式下摆，使其清新典雅、简洁大方，卷起的衣领使驳领设计别出心裁。

二、大衣习作解析

作品15

主　题：《英·姿》

作　者：李贺（吉林工程技术师范学院）

作品解析（图3–29）：

图3–29

（一）设计思路

21世纪，现代女性在职场中创造自我，展示独特的魅力，有着与男性同样的创新拼搏精神。作品来源于职业女性的干练及独立，通过阔肩、立领展现出女性的飒爽英姿，同时运用波浪的衣摆来体现女性的柔美。

（二）装饰手法

本款整体为X廓型，肩部夸张、腰部收紧、衣摆展放，整体大气不失优雅。宽阔的披肩与干练的立领结合，既改变了传统的披肩样式，又显示出现代女性的干练；衣身的波浪裙摆则蕴含着女性的柔美与温和，从而弱化了干练的设计。

（三）造型技巧

1. 衣身部分

公主线分割与收腰设计。

2. 衣摆部分

注意调整波浪褶呈现的位置及褶量的大小。衣身布料准备：60cm×35cm（2片）、70cm×50cm（2片）、80cm×110cm（1片）。

3. 披肩部分

肩宽要比衣身的肩宽窄1.5～2cm，便于披肩的袖山收褶。披肩布料准备：40cm×35cm（2片）、40cm×80cm（1片）、35cm×40cm（2片）、10cm×45cm（1片）。

作品16

主　题：《简约范儿》

作　者：李明月（吉林工程技术师范学院）

作品解析（图3–30）：

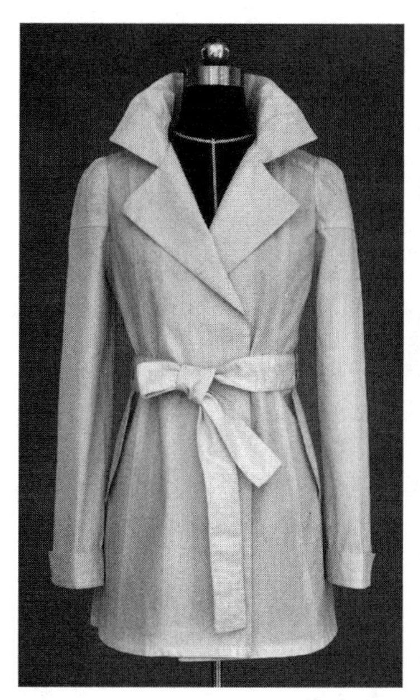

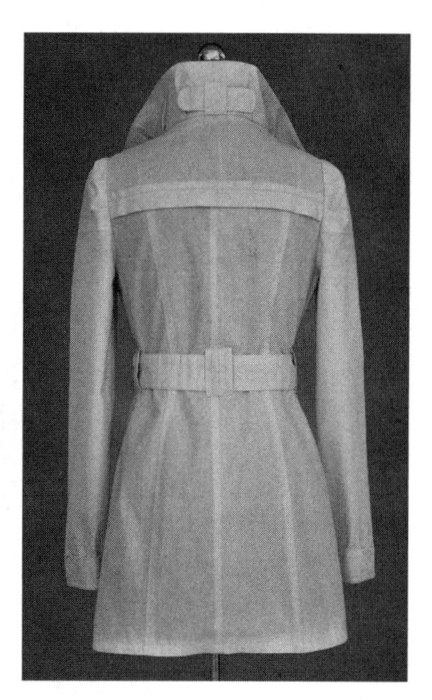

图3–30

（一）设计思路

在城市生活中，繁华、喧嚣的都市气息使人们心烦气躁；丰富的物质生活又会使人们眼花缭乱。设计者从中力求简单、安宁。因此，本作品以简约、大方为主，但简约并非简单，在简单廓型的基础上通过精致的细节设计，使之低调而不失张扬，时尚而不显庸俗，让细节成为点睛之笔。

（二）装饰手法

本款为双排扣复古风衣造型，通过纵横向分割、收腰、褶裥等装饰手法，体现简约廓型，再配以翘起的泡泡袖，加褶变化的立翻领，使本款风衣看上去既利落，又不失可爱俏皮，赋予女性另一种美，尽显时尚风范，优雅十足。

（三）造型技巧

1. 衣身部分

前身分割线的位置较重要，不宜太偏向门襟，需仔细斟酌。

2. 衣袖部分

分割比例应恰当，注意泡泡袖的褶量，外翻袖头的造型及松量，设置时需考虑仔细。

3. 衣领部分

创意翻领，在衣领底口处加入褶裥元素，别样时需反复调整，仔细观察，注意褶的位置，褶量大小及褶的倒向。

作品17

主　题：《肆放的青春》

作　者：王家爽（吉林工程技术师范学院）

作品解析（图3–31）：

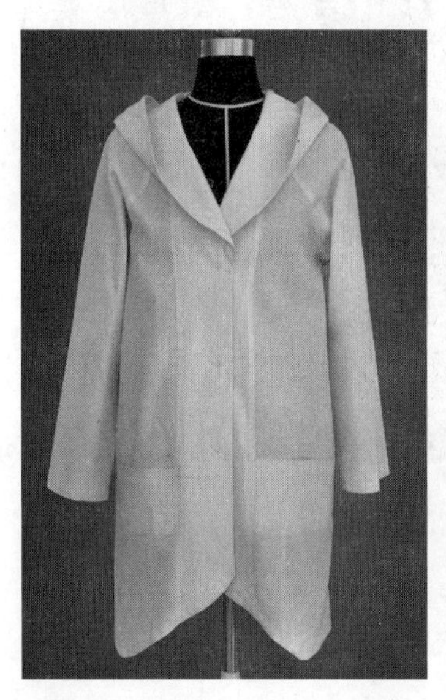

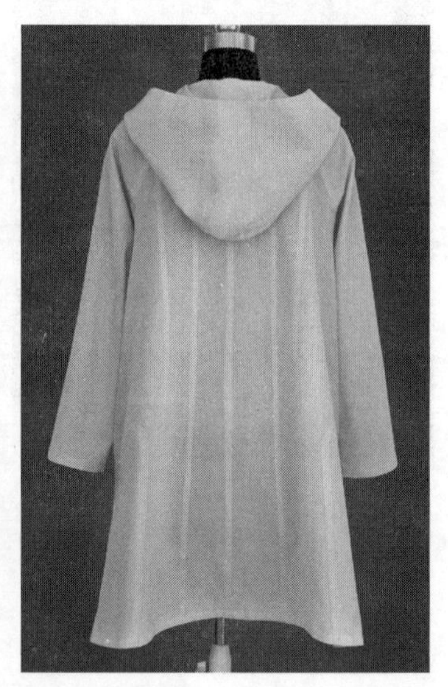

图3–31

（一）设计思路

本款设计源于无拘无束的释放，产生变化自如的韵律，一切始于大自然的气息，自由、奔放、轻松、洒脱是作者的追求。

（二）装饰手法

本款服装通过大量的分割、拼接、转换等装饰手法，使服装样片彼此之间相融、相依，体现出舒展的轮廓与整体的造型美；衣袖的插肩设计，则增添了更多的舒适性及空隙量。

（三）造型技巧

1. 衣身部分

分割部位较多，为提高准确性，可先用指示带做出标记。

2. 衣袖部分

为使腋下松量适当，可将插肩袖摆放呈45° 角来进行调整。

3. 帽子部分

与衣身领口相连，注意帽子与衣身的位置及翻转造型。布料准备：两侧7cm × 35cm（2片）、中间65cm × 20cm（1片）。

作品18

主　题：《楚宫腰》

作　者：李娜（吉林工程技术师范学院）

作品解析（图3–32）：

图3–32

（一）设计思路

本款设计出自"嬛嬛一袅楚宫腰"这句宋词。"楚宫腰"出自"楚王好细腰"这一典故，由于楚王喜欢腰细的人，因此他的妃嫔臣子就减肥勒腰来博得楚王的欢心，楚宫的女子腰都很细。设计者通过夸张肩部、展放衣摆、收缩腰部，使服装从视觉上令女性腰部变得更加纤细，尽显婀娜多姿的体态。

（二）装饰手法

本款整体为X廓型，前、后身对称的公主线设计，剪裁尺度考究，放量严谨，带来极佳的修身、显瘦效果。采用褶皱自然的耸肩设计，凸显时尚气息；无领设计简洁便于配饰的搭配；后腰部的蝴蝶结是亮点设计，与双层荷叶衣摆融合一体，令人无限惊喜，散发甜美气质，为整件服装增添了一份女性的温柔贤惠之美。

（三）造型技巧

1. **衣身部分**

为增加修身效果，可将腰线上提2.5～3cm。

2. **衣摆部分**

注意褶裥的位置及内外层底边造型。

3. **衣袖部分**

在一片式圆装袖基础上增加袖山高度，注意统一褶裥的倒向。

作品19

主　题：《非凡》

作　者：薛丽丽（吉林工程技术师范学院）

作品解析（图3–33）：

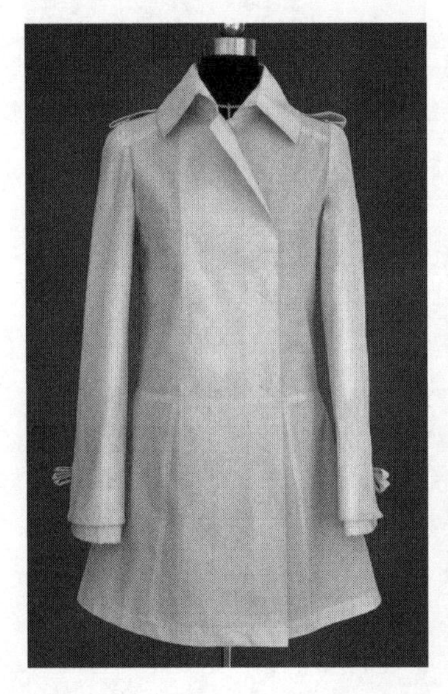
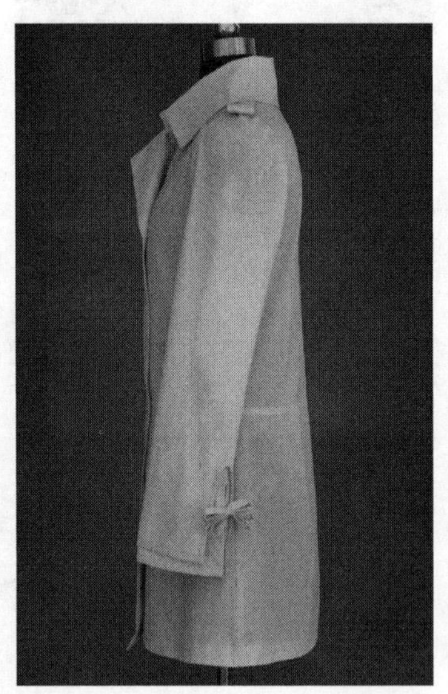
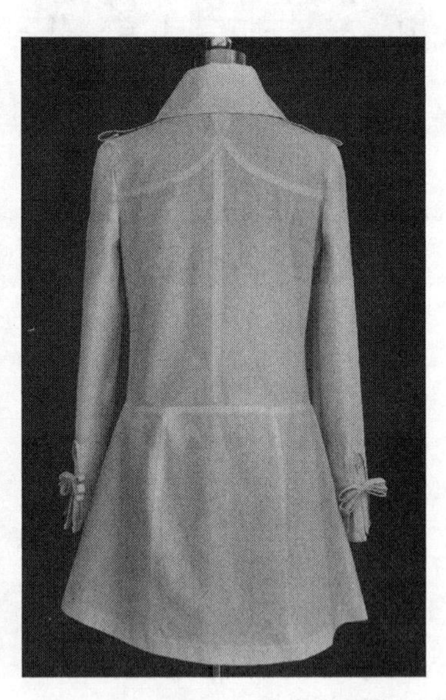

图3–33

（一）设计思路

设计者始终信奉平平淡淡才是真，在平凡中找寻自己的幸福……本款风衣初看时可能会感觉很平凡，但仔细观察则发现蕴含着许多内涵，细节中体现出它的不平凡，所以命名为《非凡》。整体服装的宽门襟、双排扣、大翻领以及飘逸展摆设计，体现了刚与柔的完美结合，表现出穿着者的独立、雅致。

（二）装饰手法

本款服装主要运用了分割、拼接、重叠等手法，使其更加符合人体造型，也增加了服装的量感、质感以及层次感。下摆的放量既充分又不多余，使其充满了活力与灵动；双层袖口的叠加、弧形袖衩以及盘花结、肩襻的装饰，丰富了此款风衣的内涵，让其更有韵味、非凡脱俗。

（三）造型技巧

1. **衣身部分**

用指示带将衣身分割线做出标记，侧缝处略有收腰，松量适当。

2. **衣摆部分**

放量从臀围线开始，向下延伸至底摆处，侧缝及分割线各展放3～4cm，同时观察整体造型，调整展放量。

3. **衣袖部分**

双层叠加袖口，带有拱形袖衩，注意开衩位置及长度。

4. **衣领部分**

领座高约为4.5cm左右，翻领外口需盖住领底口线，且与衣身服帖。

作品20

主　题：《舞魅》

作　者：刘静（吉林工程技术师范学院）

作品解析（图3-34）：

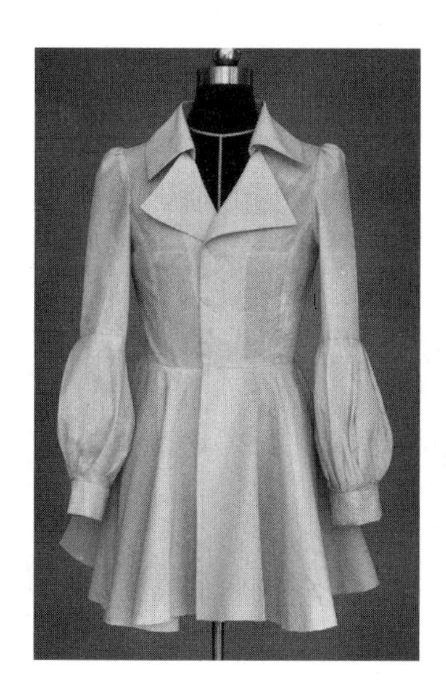
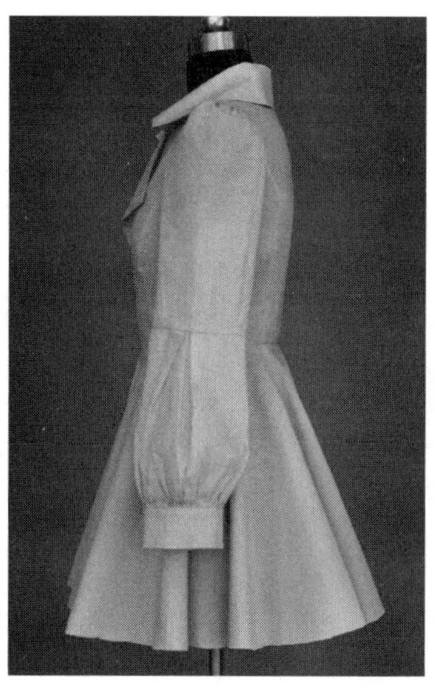
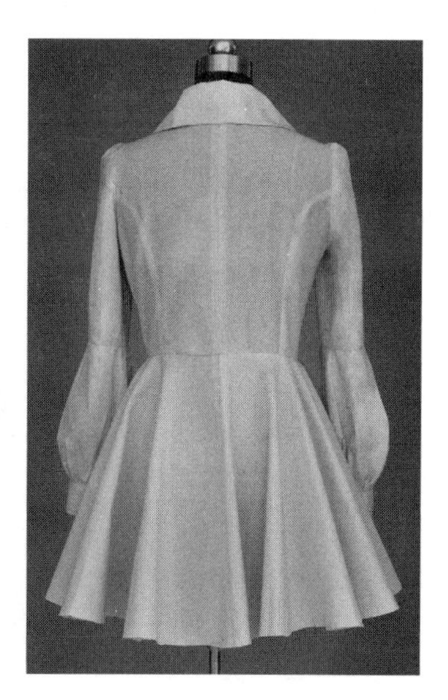

图3-34

（一）设计思路

灵感来源于舞台剧里19世纪宫廷女性的裙装。展放的裙摆、合体的衣身及夸张的灯笼袖，完美地诠释了女性的妩媚与高贵；同时配以叠驳领、小翘肩袖设计，使其又增加了时尚元素，穿着起来简约大方，优雅高贵，给人艺术感染力。

（二）装饰手法

本款整体为X廓型，主要采用分割、展放、抽褶等设计手法，使服装个性鲜明。自然悬垂的衣摆赋予了量感、层次感及律动感；夸张的灯笼袖既复古又时尚，给服装增添了一抹神秘的色彩。

（三）造型技巧

1. 衣身部分

用指示带标记出驳头造型、确定腰节线位置，别样时注意衣身松量。

2. 衣摆部分

衣摆的分割线应与衣身分割线相对，在分割线、侧缝处分别加入展放量，其中侧缝处的展放量最大。

3. 衣袖部分

衣袖上部分为两片合体袖，袖肘以下为一片灯笼袖，袖口抽褶后装袖头，注意灯笼袖褶皱的大小及走向。

4. 衣领部分

叠驳领造型，注意衣领与驳头搭叠量。

作品21

主　题：《童真》

作　者：柳璎倩（吉林工程技术师范学院）

作品解析（图3-35）：

（一）设计思路

本款服装源于孩子穿的娃娃服，造型随意、结构简洁；不受体型、年龄限制，穿着场合广泛，并能体现出几分童真情趣。在繁华、喧闹的社会中能够调节心情、释放压力，同时又不失魅力与优雅。

（二）装饰手法

本款服装主要采用提高腰线、分割、倒褶等手法确定款型。运用公主线分割收缩腰

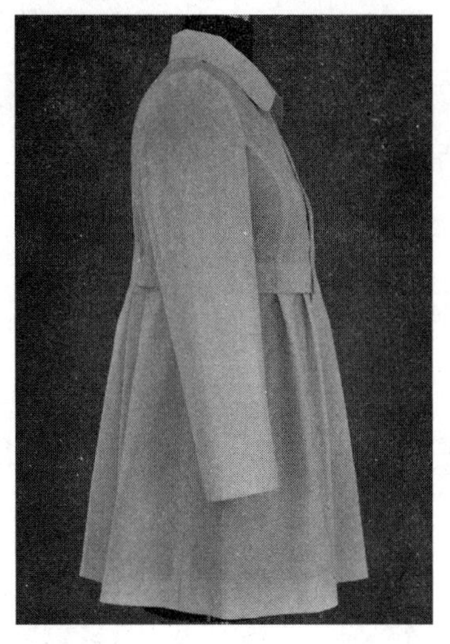

图3-35

身，对称的倒褶既富有活力又不失庄重，配上娃娃式翻领尽显其童趣，领角造型的改变及圆装袖的应用，在可爱的同时又增添了成熟、稳重。

（三）造型技巧

1. **衣身部分**

前、后公主线分割，针对女性的胸部凸起特征，要恰当处理胸部起伏量，操作时应仔细斟酌与实践，分割位置的设置要注重形式美。

2. **衣摆部分**

利用倒褶使衣摆展放，注意各个褶裥量的分配、褶裥的间距及褶裥消失的位置。

3. **衣袖部分**

注意后袖缝应与后片公主线对应。

作品22

主　题：《蝶翼》

作　者：孟琪琪（吉林工程技术师范学院）

作品解析（图3-36）：

（一）设计思路

本款设计灵感来源于大自然中的蝴蝶。根据蝴蝶的形态特征——轻盈自若的蝶翼，作者主张简洁实用的设计，在回归田园的同时更加注重时尚、简洁、和谐之美。

（二）装饰手法

本款大衣崇尚简洁，主要采用分割、捏褶的装饰手法。后背分割线造型别致，衣身

 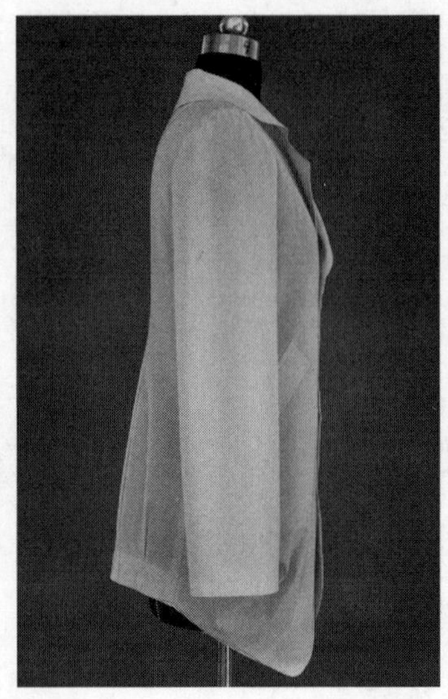 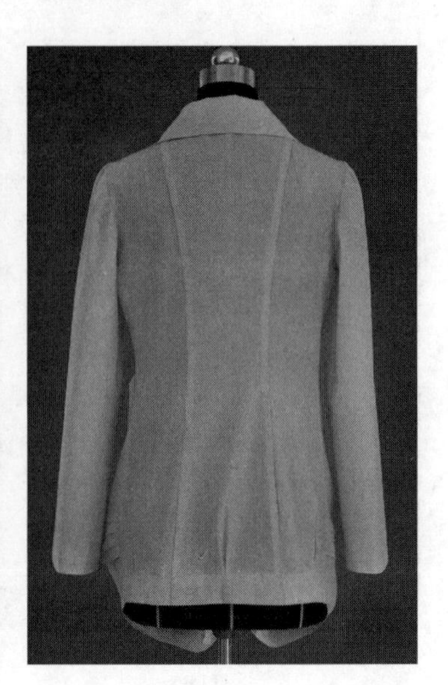

图3-36

底边侧缝处分别向下做叠褶，使前下摆形成弧形，似蝶翼形状，主题突出，视觉冲击力较强；门襟、领角、口袋采用弧线造型，与整体服装相互协调、统一，赋予了大衣别样的风采。

（三）造型技巧

1. **衣身部分**

侧缝做横向叠褶，因为横褶不易处理，要注意褶的距离和褶的长度。

2. **衣领部分**

可先将驳头及领型用指示带标记出来，造型中注意翻领与衣身帖服量。

3. **衣袖部分**

衣袖款式为一片式圆装袖。

作品23

主　题：《烂漫》

作　者：任梦（吉林工程技术师范学院）

作品解析（图3-37）：

（一）设计思路

本款设计源于对烂漫景象的联想，作者想要通过最简单、直观并且具象的手法让观赏者感受其中，所以命名为《烂漫》。风衣采用分割、展放使腰部两侧形成自然、飘逸的波浪衣摆，加上无领、圆装袖的简单设计更加突出了衣身的侧摆造型。整体服装体现了刚与

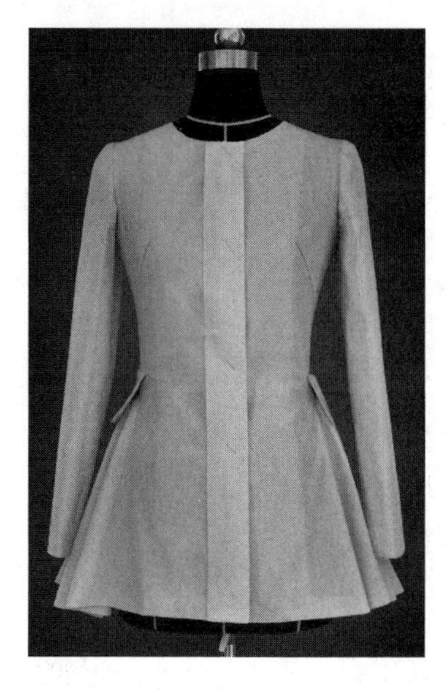
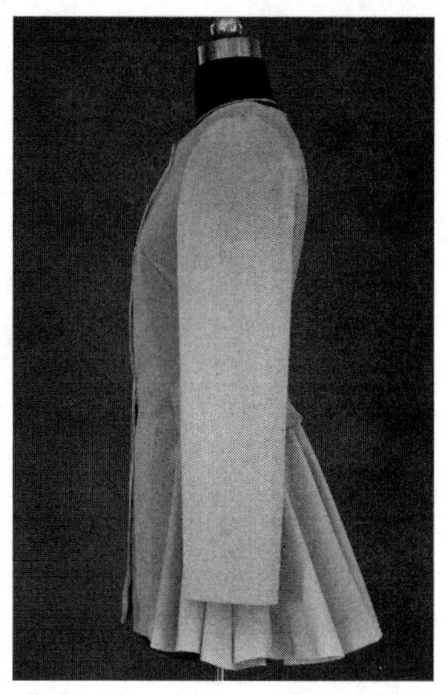

图3-37

柔的完美结合，表现出穿着者简单、烂漫的品格。

（二）装饰手法

本款整体为春秋季中长款风衣。主要采用分割、转换、展放等装饰手法，在衣身的对称分割中加入了腋下省设计，凸显女性体型特征；在腰部分割线以下，将下摆大量地展放，形成对称式波浪状衣摆，动感、飘逸、烂漫之感油然而生。

（三）造型技巧

1. **衣身部分**

前衣身在分割的同时还要进行腋下省设计，故分割位置需仔细斟酌。

2. **衣摆部分**

注意波浪褶大小及形成的位置。

3. **衣袖部分**

衣袖款式为两片式圆装袖。

作品24

主　题：《简・秋》

作　者：张瑜（吉林工程技术师范学院）

作品解析（图3-38）：

（一）设计灵感

本款设计灵感来源于都市人在紧张、重压的生活中寻求轻松、自然的心境及自我释

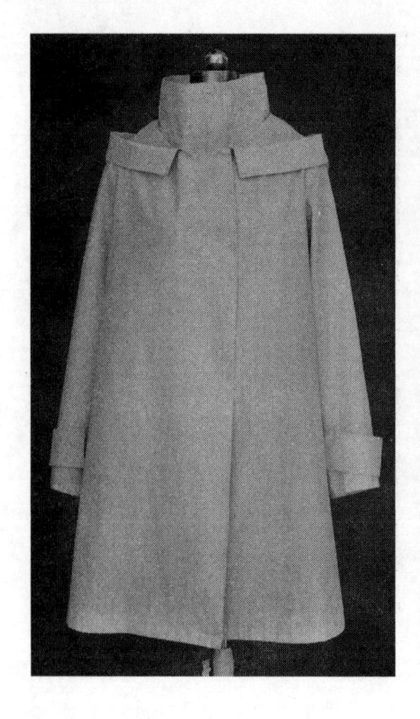

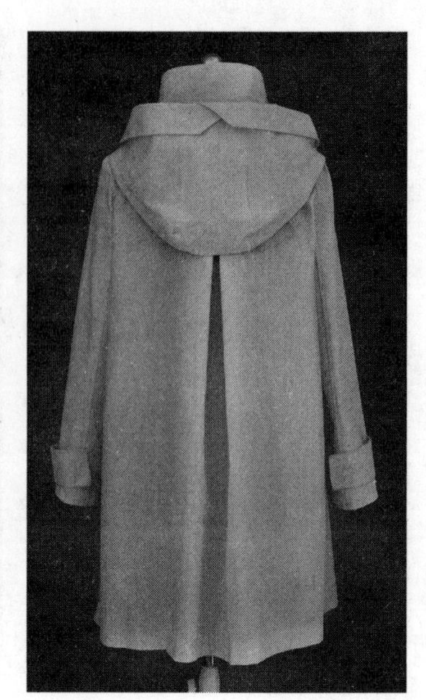

图3-38

放。设计者将积极乐观的心态与轻松自然相伴，简洁的线条、休闲的格调抒发着思绪情感。本款风衣实用、简约而不失时尚，超越流行的艺术感受，具有较强的感染力，表现出现代女性的独立自主和品位。

（二）装饰手法

本款整体为宽松直筒型，主要通过简洁的廓型展现女性的坚强及独立。衣身前片的拼接，给简洁的轮廓添加了活力，摆脱单调、乏味；配有装饰贴条的侧面拉链精致、细腻、独特；可翻转为衣领的大帽子，线条流畅，设计感强，不仅在结构上刚柔并济，在造型上更是达到统一，给人以时尚、独特之感。

（三）造型技巧

1. **衣身部分**

门襟装有拉链及贴条，需考虑贴条的比例及服帖，需要反复调整确定；注意后中线对裥的大小，裥的大小影响造型效果。

2. **帽子部分**

为操作方便，可在平面粗裁出帽型，然后在人体模型上进一步调整；注意帽子翻折边的形状和宽窄，需要反复进行调整和修改以达到最佳效果。布料准备：45cm × 35cm（2片）、65cm × 20cm（1片）、15cm × 45cm（2片）。

3. **衣袖部分**

两片式衣袖，可在一片袖基础上完善设计。

作品25

主　题：《衡》

作　者：李影（吉林工程技术师范学院）

作品解析（图3-39）：

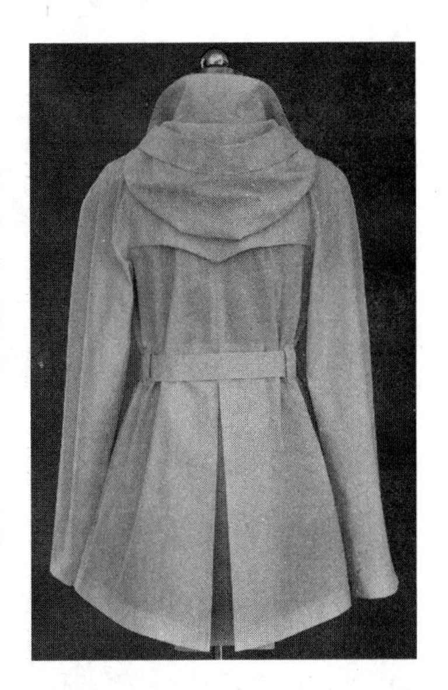

图3-39

（一）设计思路

设计灵感源于形式美法则中的“均衡”。设计者以此来解读当今社会人们心态的平衡、和谐。整体服装轮廓清晰，左右对称，造型简洁，强调均衡直观，给人以端庄、稳重、大方之感。

（二）装饰手法

本款时尚小风衣，整体为X廓型，主要采用褶裥的装饰手法。前身左右对称的覆肩、贴袋设计，既突出主题又增加了量感、层次感；后身中缝的对褶、可脱卸的帽子设计给服装增添了更多的实用功能。

（三）造型技巧

1. **衣身部分**

注意后背中缝对褶量的大小及长短。

2. **帽子部分**

布料准备：35cm×40cm（1片）、30cm×40cm（1片）、15cm×70cm（1片）。

3. **衣袖部分**

插肩袖结构，布料准备：95cm×35cm（2片）。

作品26

主　题：《交错》

作　者：吴丹（吉林工程技术师范学院）

作品解析（图3-40）：

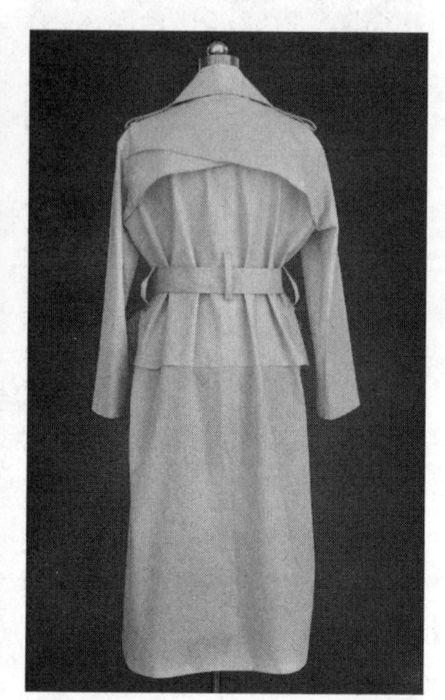

图3-40

（一）设计思路

本款风衣的设计灵感来源于繁华都市中纵横交错的桥梁、公路，来往的人群穿梭于大街小巷。设计者以此为元素，通过交错、搭叠与时尚个性的衣身结构相融合，低调而不失气质，时尚而不显庸俗，个性中包含淳朴。

（二）装饰手法

本款整体为H廓型，采用长短不一的叠加、交错的设计手法，使服装更具有层次感，轮廓清晰，简洁大方，给人艺术的感染力。注重了整体衣长与内部结构间的比例关系，充分体现协调、统一原则。

（三）造型技巧

1. 衣身部分

注意各层之间的层次变化；前、后衣片的叠加关系是操作的难点，需反复调整、仔细斟酌来完成。

2. **覆肩部分**

注意覆肩的造型，与整体间的比例关系，故要仔细斟酌与实践。布料准备：35cm×30cm（1片）、40cm×55cm（2片）。

3. **衣袖部分**

一片式衬衫袖，袖山不易过深。

作品27

主　题：《摩登》

作　者：陈露（吉林工程技术师范学院）

作品解析（图3–41）：

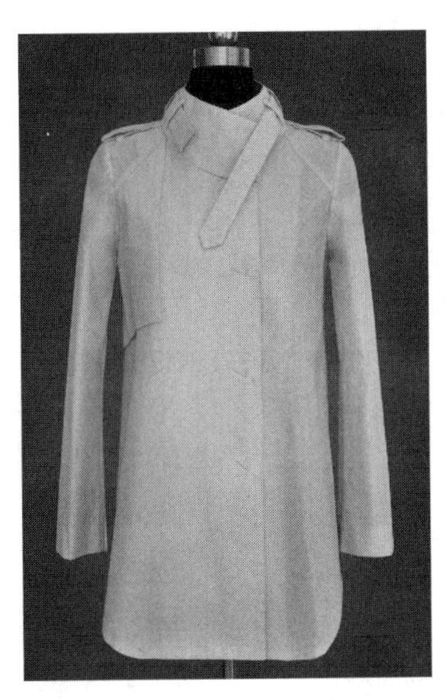
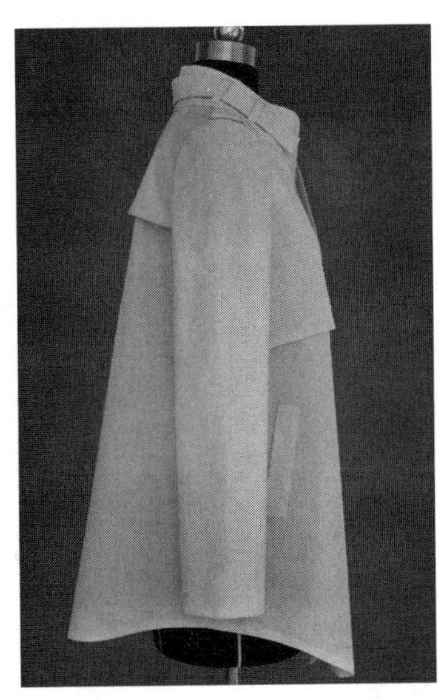
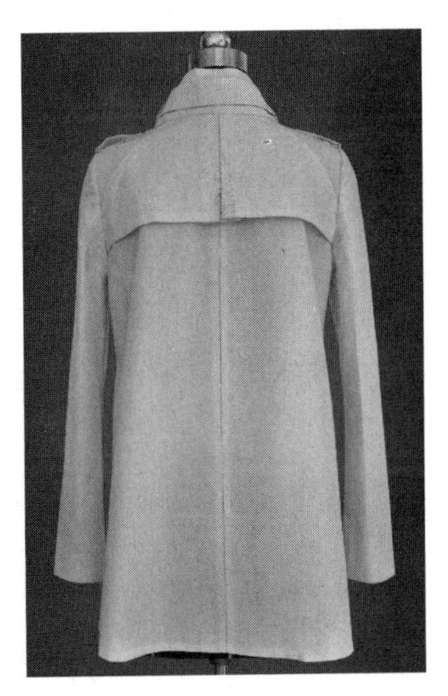

图3–41

（一）设计思路

摩登城市——现代化的城市给人以快节奏高效率之感，服装的整体造型以硬朗的轮廓为主，就像城市林立的高楼，给人摩登时尚现代的感觉，同时在细节处又彰显出柔和的一面，有些复古的味道。

（二）装饰手法

本款服装整体为A廓型，衣长距膝线约20cm，因衣身的整体拉长使穿着者显得修长。在衣领、门襟、底摆处以滚边为装饰，十分精致，立领外侧又以一圈带襻作装饰，使服装硬朗的特点展现出来，肩部的肩襻也与之辉映，而底摆的弧形造型又使硬朗的感觉柔和起来。

（三）造型技巧

1．衣身部分

前、后衣身肩部均有斜向分割，分割从衣领直至袖窿处，前身右侧有覆盖肩装饰，弧形宽摆，差值约为10cm。前身盖肩布：40cm × 30cm（1片），后肩浮水布亦称覆肩布：35cm × 65cm（1片），肩襻：35cm × 10cm（2片）。

2．衣袖部分

衣袖上半部分比较合体，从肘围线向下缓缓放出3 ~ 4cm的放量。

3．衣领部分

前衣身领口开得较深，立领形成前宽后窄造型。衣领串带：60cm × 15cm（1片）。

作品28

主　题：《裳》

作　者：侯百玲（吉林工程技术师范学院）

作品解析（图3-42）：

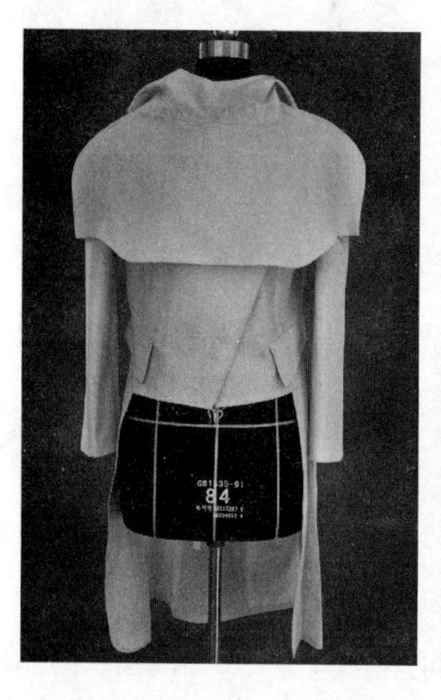

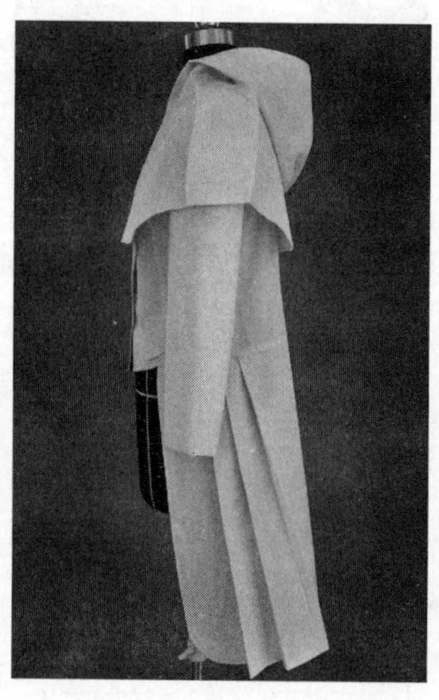

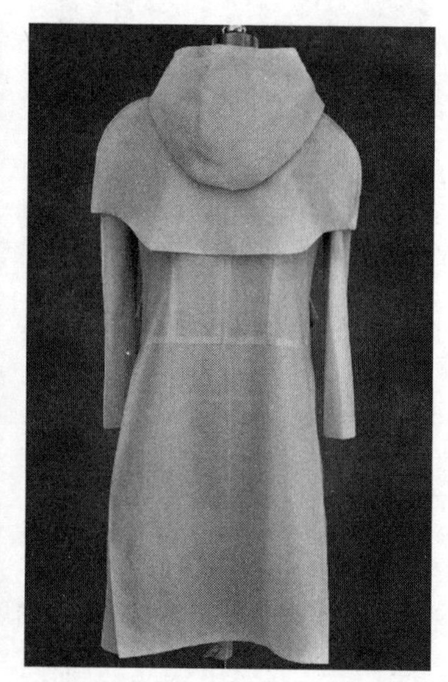

图3-42

（一）设计思路

十年华裳，千年之上。裳从古至今，如同对世界、对人类、对生活的记载或见证。裳源于殇。我殇，有裳，于商。此作品的创作背景是在极短暂、极严肃、极紧张的状态下进行的，此“裳”有过去的燕尾、现在的时尚，还有对未来的见解。

（二）装饰手法

本款服装为中性燕尾服，主要采用棱角弧度、分割、褶裥等装饰手法。衣身宽松却不肥大，腰部略有收腰；连帽披肩可卸、可装；除去披肩，上衣采用不对称、棱角明显的门襟；在腰部分割，另加燕尾式衣摆，且两侧面分别设有三个倒褶，倒褶使这款硬朗的服装具有了女性的柔美；连帽披肩的肩部虽较为夸张，但却以弧形呈现，与披肩前、后底边的弧线造型相呼应，增添了中性服装的柔美。

（三）造型技巧

1. 连帽披肩

披肩可脱卸，与衣身分离。布料准备：35cm×60cm（2片）、45cm×35cm（2片）、65cm×20cm（1片）。

2. 衣身部分

门襟采用不对称设计手法，前、后身公主线，口袋倾斜，注意造型协调。

3. 衣摆部分

衣摆似燕尾，却不完全相同。衣摆前门襟定位在上身公主线向侧缝移2cm处，类似燕尾服结构，而下摆造型与传统燕尾神似型不同。布料准备：65cm×125cm（1片）。

4. 衣袖部分

衣袖款式为两片式圆装袖。

第四章　礼服习作解析
Analysis on Full Dress Exercises

本章主要进行礼服立体造型的专题实训，分别对单款礼服、系列礼服及创意装习作进行了解析，其中既有用坯布制作的礼服，也有成品面料制作的作品。本章汇集了三所服装高校学生礼服立体造型的优秀习作90余款，并以这些习作为案例，从不同的角度分析了礼服立体造型的基本要求，探索各种形态具有的动势和空间美感的立体造型艺术手法及其应用。礼服的造型就像一个立体雕塑。在适合人体的前提下，巧妙地利用面料的立体构成技法进行不同的款式设计，使时尚与创新完美结合，形成独具特色的礼服风格。礼服的设计中，主要利用立体构成技法表现基本造型元素点、线、面的“意”和“形”，在整体廓型上或者在局部造型上进行面料的立体处理，来表现服装的空间立体造型。通过各种廓型礼服的造型艺术和技术手法的训练，在人体模型上进行演绎变换，实现设计者的构想和创作。从而展现一种文化，赞美一种品格，推崇一种生活方式。同时，对礼服的装饰技巧与完美表达的难点内容进行了实践、分析与验证，为学生全面掌握礼服的设计构思、造型方法、制作技术等提供可借鉴的参考。

第一节　礼服习作解析
Analysis on Full Dress Exercises

本节主要用白坯布及面料制作的礼服立体造型进行专题实训。使用白坯布制作礼服，没有色彩、图案、材料、质感等因素的变化，只能用单一的材质与色彩表达其设计与造型，无疑对设计者的实践能力与造型技术提出了挑战。为此，通过对60款优秀学生礼服立体造型习作的解析，说明廓型、设计、结构、制作等在礼服造型中的综合应用，尤其是褶饰、缝饰、编饰、缀饰、花饰、镂空、缠绕、扎系、叠加等多种方法、多种形态、多种廓型的演绎变换。面料制作礼服的环节，主要训练学生对色彩、材料、搭配、整体全方位的设计掌控能力，从而开发心智、相互为鉴，为毕业设计打下坚实的基础，同时提高对礼服设计、造型、创意与表达的综合实践能力。

一、白坯布礼服习作解析

作品1

主　题：《联想力》

作　者：陈璐璐（温州大学美术与设计学院）

作品解析（图4–1）：

图4–1

（一）设计思路

立体裁剪总是力求展现独特的手法和技巧，而这款作品则更注重意境跟节奏，这也是称之为《联想力》的原因，作品用最简单直观并且具象的手法让观赏者产生服装以外的联想。叶子以各种姿态包覆着人体，上身衣片不对称是由曲线构成，就像叶子丛中的花朵；前衣身的自然褶纹代表植物的脉络。

（二）装饰手法

本款整体为球型小礼服。主要采用填充、编饰、褶饰、镂空、滚边等装饰手法。衣身紧身合体，在腹、臀部缀饰立体的树叶，其错落排列，立体舒展，形成款式的亮点；非对称的前、后衣身无疑增添了几分活力与浪漫；右侧衔接处的带编镂空与层叠树叶形成繁与简的对比，是对形式美法则应用的一个典范。

（三）造型技巧

1. 叶子部分

大小不同的叶子，分别由30cm×30cm（2片）、31cm×22 cm（1片）、25cm×25 cm（1片）、26cm×17cm（5片）组成，内填蓬松棉，并绗缝而成。

2. **衣身部分**

前衣身右片腰腹部缝有自然褶纹，改变衣身的单调感；后衣身的左片背部设有单向褶。

3. **摆饰部分**

尺寸规格为长135cm、上宽20cm、下宽78cm，装到后腰处自然散落下来，底摆处呈圆形曲线。

作品2

主　题：《建衣思千》

作　者：胡瑞秀（温州大学瓯江学院）

作品解析（图4-2）：

图4-2

（一）设计思路

本款礼服设计灵感来源于悉尼歌剧院的建筑，将歌剧院轮廓以及一些现代建筑的元素融合在一起，以相对柔软的质感筑造整体服装。面料的“软”与造型的“硬”相结合，以“软建筑”形态呈现，表现出现代女性的独立自强。上身采用不对称的裁剪，曲线贴体修身。整套服装轮廓清晰，高贵大方，给人艺术的感染力，体现了刚与柔的完美结合。

（二）装饰手法

本款整体为球型廓型，主要采用褶饰（叠褶、堆褶）、填充、滚边、镂空等多种装饰手法。衣身紧身合体，多层、多褶的裙摆赋予整体层次感和律动感；巧妙地运用多种叠褶，不但使结构达到平衡，造型也不失现代感。在裙腹、臀部位加入软钢丝塑型，使裙身褶皱排列错落有序，立体舒展；非对称的前、后衣身无疑增添了几分活力与浪漫；左侧衣身与右侧衣身形成简与繁的对比，是对形式美法则的应用。简约贴体的剪裁设计，恰当地展示出女性的野性和性感。

（三）造型技巧

1. 衣身部分

左胸采用堆褶设计，右胸采用竖向褶纹，用堆褶处理胸高的起伏变化，仔细斟酌其堆积的高度与疏密程度。

2. 肩部装饰

为表达立体效果，在左肩的各层布片边缘加入钢丝支撑。

3. 裙身部分

先做好裙底布，在底布固定各层裙褶，注意各层裙摆的间距层次变化，相隔5～6.5cm近似平行线，加入软钢丝绗缝。

作品3

主　题：《绽放》

作　者：王亚运（温州大学瓯江学院）

作品解析（图4-3）：

图4-3

（一）设计思路

本款用折叠、不规则层叠的方法，将礼服裙摆设计成如花朵盛开一样的外形，故而起名“绽放”。上身采用重复折叠的手法打造纹理效果，使衣身更贴合人体。下摆形似花瓣的造型并塑造出绽放的形态，在前摆处做些小装饰。没有复杂的工艺和手法，用廓型来表达青春活力的气息与活力。

（二）装饰手法

本款整体为钟型小礼服。采用叠褶、层叠、滚边、花饰等多种装饰手法。衣身紧身合体，裙子下摆采用大小形状不一的梯形裙片，错落有致地一层层重叠，每块裙片的下摆边缘都卷边包鱼骨线用来塑造弧线造型，使整个下摆每片花瓣都呈绽开的形状，具有立体效果，更形象生动。随意的摆放使花朵的边缘形成了流线美，这种不对称的形式美使得小礼服具有可爱动人的效果。

（三）造型技巧

1. 装饰部分

长短不同的布条若干，宽度为18cm，对折各边包边1cm，内衬宽条鱼网带缝合而成。

2. 衣身部分

前身分左右两块长方形布片，在V形区做竖向小叠褶；后身做横向褶皱；注意前后衔接部分的合理过渡。

3. 裙身部分

大小不一的4块梯形裙片，下边穿入鱼骨线，并用4块裙片上下前后摆造出花瓣的造型。

作品4

主　题：《情迷巴斯尔》

作　者：彭游游（温州大学瓯江学院）

作品解析（图4–4）：

图4–4

（一）设计思路

巴斯尔时期的裙子是克里诺林时期的延续。特点是在裙子的后半部做出撑架，使臀部突出，腰部更为纤细。该款设计将原本夸张的裙撑改小，且将裙裾式的下摆改为中长款的宽松下摆，使裙子更加人性化。另外再加上一些花卉的缀饰以及纱的运用，赋予了本款的浪漫氛围。

（二）装饰手法

本款整体为X廓型小礼服。采用折叠、缀饰、滚边等装饰手法。衣身紧身合体，肩部肩带采用重复折叠的手法做夸张的效果，代替了原本礼服要么简单要么没有肩带的设计；在原本紧身的旗袍裙后加上不规则的后摆设计，且模仿巴斯尔时期的臀部设计，使礼服复古又大方；在衣身的面料上用相同颜色的线条做出不同形状的缀饰，使礼服更具浪漫气息。

（三）造型技巧

1．肩饰部分

将17cm×70cm大小相同的2块布片，重复地折叠，并在布片两侧加上铜丝以便造型。

2．衣身部分

前片衣身片采用缀饰，用同色的麻线钩出花纹。

3．裙身部分

在后身做一个不太夸张的裙撑，并在臀部用布来进行造型修饰，最后用大小不同的4块布片，在边缘加上铜丝来营造裙摆浪漫的效果。

作品5

主　题：《折扇舞曲》

作　者：陈素素（温州大学美术与设计学院）

作品解析（图4-5）：

（一）设计思路

折扇在中国拥有深厚的文化历史，很多设计师从东方获得灵感时，常会将折扇作为烘托服饰的配饰选择，充满中国风情又不失现代时尚感。不同的褶饰能很好地凸显服装的造型效果，使服装更具立体感。

（二）装饰手法

本款整体为半球型礼服。采用褶饰手法，褶饰中以叠褶、抽褶和堆褶对服装局部与整体加以装饰与点缀，突出服装的层次感和韵律感，打造精彩夺目的艺术效果。巧妙地运用

图4-5

多种叠褶，不但使结构上达到平衡，造型上也不失现代感。

（三）造型技巧

1. 衣身部分

先做简单的抹胸式紧身衣，与裙下摆形成较强的对比。多层、多褶的裙摆赋予整体量感、层次感和律动感。

2. 裙身部分

先将裙底抽褶，再将叠褶固定在抽褶上，注意各层裙摆的间距层次变化。

作品6

主　题：《桃夭》

作　者：徐玉萍（温州大学美术与设计学院）

作品解析（图4-6）：

（一）设计思路

“桃之夭夭，灼灼其华。”礼服取名自《诗经》，以少女对爱情的期盼为灵感，设计一款订婚礼服。少女的爱情芬芳热烈，如同娇艳的鲜花。所以礼服以植物的花、叶为元素，直接而象形地展示爱情的甜美。礼服上身采用不对称设计，用叶子的曲线来勾勒穿着者的身体曲线。后背用花朵堆积，使中间形成镂空进一步喻示爱情。花与叶的相辅相成正如沉浸在爱情中的恋人相互依存，相互支持，将爱情升华至婚姻。

（二）装饰手法

礼服整体造型为A字型。采用抽摺、皱褶、堆积、滚边等装饰手法。上身前片用紧身

图4-6

抹胸打底，装饰以大片的抽摺立体叶子，叶边缘滚边，使其具一定硬度，将边缘弯曲增加叶子立体感。上身后片由12片条形布组合拼接，每条布条根据其剩余长度夹杂网纱卷曲成花朵，增加层次感。下摆用两种不同造型的叶子层叠成球形，繁简结合，控制好视觉上的节奏感。

（三）造型技巧

1. **上身叶片**

100cm × 35cm（正反2片）椭圆形布片，中间用45cm长的绳抽摺，叶子边缘滚边穿细铁丝造型。

2. **后衣身花朵**

后衣身由10cm × 150cm（12条）布条拼接而成，中间空余，将剩余的布条夹杂网纱卷曲堆积成花朵状。

3. **裙身部分**

两种叶片，分别由25cm × 30cm（6片）、25cm × 40cm（6片）组成，第一种平面不加任何造型，第二种折叠出叶子造型。两种叶子边缘滚边穿细铁丝造型，间杂围绕成球状。

作品7

主　题：《绽放》

作　者：薛哈媚（温州大学瓯江学院）

作品解析（图4-7）：

（一）设计思路

绽，裂也，形容花开时由花蕾花瓣紧闭到展开的样子，仿佛笑容或是生命绽放那一刹

图4-7

那。这套礼服在外套的肩部、裙子的两侧设计出向外伸展的层层叠叠的褶边，仿佛是娇嫩的花瓣在绽放自己鲜活的生命力。外套领口和裙子中间用拉链作为装饰，铁齿与柔软的褶边形成强烈对比，赋予生命更加激情的力量。

（二）装饰手法

本款礼服整体廓型为陶瓶型，采用了抽褶、缀饰的设计手法。贴身的抹胸式内衣，多层多褶的外套和肩部两侧以及裙子下摆两侧呈现出自然、丰富的褶纹效果，强调礼服的立体感。在外套领口和裙子中间装饰了拉链，充满质感的铁齿让整套礼服在柔美中带有刚强的味道，具有更加特殊的美感。

（三）造型技巧

1. **抽褶部分**

外套肩部抽褶：宽度分别为10cm、15cm、20cm的白坯布条各两条（长度自己掌握）进行均匀地抽紧；裙子两侧抽褶：宽度统一为10cm的白坯布条10条（每侧各5条）进行均匀地抽紧。

2. **衣身部分**

先做服帖身体的抹胸。小外套属于翻领西装外套类型，较贴身。重点是处理好肩部抽褶部分和领口上的拉链缝制，要贴合领口边缘进行车缝。

3. **裙身部分**

先做裙撑，呈两头小中间大的形状；再做裙底布，在底布两侧固定各层裙褶，注意各层裙摆的间距层次变化；最后在裙子前后缝出如图4-7所示的曲线拉链。

作品8

主　题：《华丽的忧伤》

作　者：杨阳（温州大学美术与设计学院）

作品解析（图4–8）：

图4–8

（一）设计思路

作品灵感来源于现代女人在当今社会的状态下，为了将自己光鲜的一面展露给其他人，用华丽的服饰将自己的忧伤掩藏。作品主要突出女王般高贵的气质，立领的设计突出女性的坚强与柔美，下摆的设计演绎出女性性感的一面。

（二）装饰手法

本款整体为A廓型礼服。采用叠褶、抽褶等装饰手法。领子和上身部分采用压褶的方式突出女性美，下摆用抽褶的方式达到大气的感觉。领子以其参差不齐的缝合特点使服装具有韵律感。胸部处立体感与腰身处的曲线感结合，将女性上身夸张化。巧妙地运用多种压褶，不但使作品在结构上达到平衡，造型上也不失现代感。

（三）造型技巧

1. **领子部分**

将面料压褶，然后用剪刀剪出所需尺寸与形状。注意先测量好领围。

2. **胸部部分**

先做底布，在底布上固定各层再造后的面料（抽掉部分纬纱，形成毛绒的感觉），注意各层的间距层次变化。

3. **腰身部分**

先做底布，在底布上做交叉叠褶、斜向叠褶，打破横向叠褶的厚重感。在臀部处做不对称处理。

4. **下裙摆部分**

先裁剪出大小不同的面料做斜向抽褶，固定于身侧与身后，再另外裁剪出较大面料做斜向抽褶，将其固定后再剪出所需形状，最后将做好的花边缝制在边缘处。

作品9

主　题：《盘旋》

作　者：冯丹琪（温州大学瓯江学院）

作品解析（图4–9）：

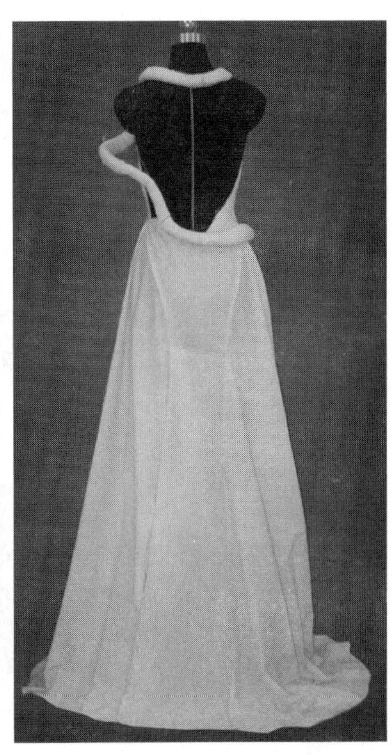

图4–9

（一）设计思路

本款采用具象的手法，填充出弯曲的布条，并将其缠绕于身上，故而起名为“盘旋”。上身斜条褶纹包覆着人体，上身不对称的曲线裁剪，似空中的云朵。一条填充棉的布条自由缠绕在身上，好似腾云驾雾的感觉。没有用任何手法，只要掌握好整体节奏，观赏者才能够放松身心去感受。

（二）装饰手法

本款整体为A型礼服。采用填充、分割、斜裁、皱褶等装饰手法。衣身紧身合体，在肩部及臀部缠绕着立体的布条，其走势立体舒展，形成款式的亮点；非对称的左右衣身无疑增添了几分活力与浪漫；下身采用分割形式，左右侧的自然褶纹与前后的无装饰形成繁与简的对比，是对形式美法则的一种应用。

（三）造型技巧

1. 条带部分

分别由80cm×6cm（2片）、60cm×6cm（2片）组成，内填蓬松棉，并绗缝而成。

2. 衣身部分

左侧衣身由40cm×50cm（4片）组成，制作管理。右侧衣身斜裁布条25cm×2.5cm（35片），每片对折后，依次排摆叠加在衣身上。

3. 裙身部分

40cm×90cm（2片）、（80cm×90cm）/2cm（2片），与前后片缝合，多余的量自然呈褶量下垂。

作品10

主　题：《复古小鱼尾》

作　者：冯凌萍（温州大学瓯江学院）

作品解析（图4-10）：

（一）设计思路

本款采用吊带、露腰、露背的设计，增添性感迷人的气息。鱼尾裙的包裹，更能体现女性的曲线，上下身的合理比例能很好地拉长人的视觉，使穿着者显得修长；裙摆在膝盖上端收紧，下面散开部分似鱼尾，自然、随意地摆动。

（二）装饰手法

本款是长裙礼服，上身是内衣的设计，胸部采用缝纫手法，再融合褶皱设计做成肌理

图4-10

变化效果。下身是长裙设计，下摆采用小鱼尾的设计来体现女性的曲线。裙身上采用编辫子的手法，将布条作为装饰缠绕在腰部及臀部。

（三）造型技巧

1. **衣身部分**

胸部剪两块布35cm×35cm，在上面画出1cm×1cm的小方格，用针线缝成想要的肌理，然后再放在人体模型上，按胸部曲线将余料剪掉。

2. **裙子部分**

裙子与人体模型的曲线极其贴合，下摆鱼尾部分是12片鱼尾。

3. **编绳部分**

将三条2cm宽布带，用编麻花的方式编成有肌理效果的带子，然后在裙身上缠绕成优美的曲线。

作品11

主　题：《战》

作　者：高慧慧（温州大学瓯江学院）

作品解析（图4–11）：

图4–11

（一）设计思路

作品用直观的手法，让观赏者感受到服装带来的立体冲撞感。上身用随意有型的圆锥形状来装饰身形，下身立体裙贯穿服装的整体造型，半圆形的裙撑加之裙摆的开衩，显得刚柔并济，犹如战神般的存在。

（二）装饰手法

本款整体为X廓型礼服。采用填充式、立体几何形体造型等装饰手法。前身采用立体拼接的方式，后背采用贴身的裁剪显出女性的线条；锥体的布局与装饰， 表现战士的高傲和不屈；在侧臀部装饰立体的半圆造型，衣身下摆采用高开衩的方式凸显造型立体，形成款式的亮点。

（三）造型技巧

1. 胸部装饰

分别由30cm×60cm（2片）、70cm×120 cm（1片）、25cm×25cm（1片）的平行四边形布块组成，布料反面粘纸板后，并进行绗缝，再卷成锥形形状。

2. **衣身部分**

前、后衣身采用省道裁剪自然平贴。

3. **裙身部分**

长150cm、宽80cm为底裙；裙撑长为200cm、宽80cm，裁成扇形形状，与之裙撑服帖形成半圆形的立体造型，下摆自然垂挂。

作品12

主　题：《浪》

作　者：孙安娜（温州大学瓯江学院）

作品解析（图4-12）：

图4-12

（一）设计思路

本款服装轮廓清晰，袖型左右不同，不对称的波浪裙摆高高低低，从不同视觉角度观看，展现出不一样的女性魅力。站在正面来看，整体的不对称廓型给人青春动力；站在左侧来看，仿佛可以看到少女刚进入社交舞会时目光中的渴望和激动；站在右侧来看，远远地就看见一位高贵大方的迷人夫人，所以本款服装从多个角度体现出服饰给人的艺术感染力。

（二）装饰手法

本款整体为X廓型，采用不同的鱼骨穿插在衣料中，形成体积感的视觉效果。塑型衣身与宽大的裙下摆形成较强的对比。多层的裙摆赋予了整体层次感和律动感；同时高低不一样的裙摆显示了活力和变化，不但使结构上达到平衡，造型上也不失现代感。

（三）造型技巧

1. **衣身部分**

用0.2cm圆形鱼骨支撑领口、肩部等部位。

2. **裙身部分**

先做裙底布，平均每8m布做一个造型，在布边处用1cm扁形鱼骨缝制固定弧度。然后一层一层地覆盖在下摆，使裙边形成波浪的流线型。

作品13

主　题：《碟变》

作　者：项文柔（温州大学瓯江学院）

作品解析（图4-13）：

（一）设计思路

作品灵感来源于蝶，蝶时常象征女性的美，通过蝶的抽象变化以及立体造型打造出此款硬挺中略带柔美的礼服。此款礼服腰部的造型是可以脱卸的，由此可以一衣两穿，既个性时尚又美丽优雅。

（二）装饰手法

本款礼服最大的装饰亮点在于腰部夸张的立体造型，以及胸部通过卷折、折叠和叠加手法处理的衣片造型，似花朵般美丽绽放。裙身采用了折叠和流苏的反复装饰手法，这些不同的手法融合在一起使此款礼服看上去层次感增强，造型感十足，变化有致，动感无限。

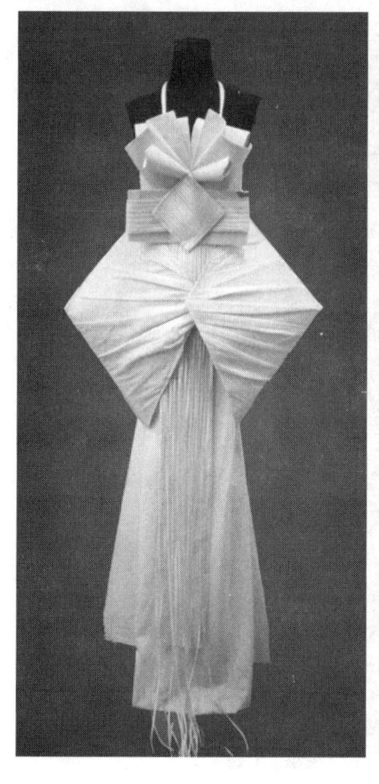

图4-13

（三）造型技巧

1. 腰部造型

由4片菱形和1片类似梯形的衣片组成腰部的几何造型，这5片衣片需要用硬挺的布料进行裁剪缝制。前片褶皱是通过布料自然随意抽褶形成的，再叠加在硬挺的面料上和后片菱形一起缝制。

2. 胸部造型

要用硬挺的面料经过折叠、卷折和叠加手法进行布局与装饰。

作品14

主　题：《拾忆》

作　者：杨凡（温州大学美术与设计学院）

作品解析（图4-14）：

（一）设计思路

作品根植于中国传统文化，但又不局限于固有的表现形式，将传统元素以新颖的手法表现出来（如运用绗缝工艺表达浮雕效果的青铜器纹样），同时将流行元素运用其中（如

图4-14

不对称设计，垂坠褶等手法的运用）。

（二）装饰手法

廓型上采用了不对称立体装饰设计。右胸装饰的主要材料是穿有软铜丝的兰叶状布带，通过交错的编排和疏密得当的卷曲和舒展，体现服装整体的自然与随性，大气而典雅；臀部单边运用垂坠褶做立体造型，使廓型打破常规，增添了设计的趣味性。

细节装饰，采用面料再造的手法。左胸运用堆花手法，将折叠好的多个小片依次叠加，使层次更丰富；腰部运用绗缝工艺，将青铜器纹样做成半立体的浮雕效果，使肌理效果多变。

（三）造型技巧

1. 兰叶状布带

布带的宽窄和长短依实际需要各不相同。为方便卷曲造型，布带两端较中间要窄。布带一边内穿铜丝，缝线固定，实践表明，铜丝较铁丝更易造型。

2. 腰部绗缝

青铜纹样应选取线条明确较简单的纹样，不然立体效果不明显。

3. **整体造型**

不要过分追求一体化造型，碰到复杂的造型可尝试拆成几个部分来实现。

作品15

主　题：《唯美》

作　者：李爽（河北科技大学纺织服装学院）

作品解析（图4-15）：

图4-15

（一）设计思路

本款设计灵感源于广西德天瀑布。江水从高耸的山崖上跌宕而下，撞在坚石上，水花四溅，远望似缟绢垂天。作品大胆地借鉴了瀑布自由垂落时的唯美之感，将简约顺畅的线条和领部大气的波浪造型有力结合，浪漫中更显活力十足，富有立体感、体积感的外观造型配以领、肩部的夸张效果使服装既严谨又不失活泼大气。

（二）装饰手法

本款整体为Y廓型礼服。主要运用规律叠褶的手法。款式特点为上身合体，领部与肩部有强烈的装饰效果，腰部曲线明显，并加腰带装饰，下身为折叠百褶裙。本款服装巧妙地运用规律叠褶，不但礼服结构上达到了平衡，更迎合了流行趋势，简约的廓型与丰富的叠褶形成简与繁的强烈对比，丰富了服装的层次，增强了服装的视觉冲击力，多层、多褶的领部与肩部装饰是本款服装的视觉中心，赋予了服装量感、层次感和律动感。

（三）造型技巧

1. 领部装饰

斜丝裁料，取至少为领围长度两倍的面料长度，领部做叠褶装饰衣身，每隔3～4cm均匀收褶，用同样方法做三层，完成之后，修剪得到理想的领型。

2. 衣身部分

将腰围线以上曲面余量转入叠褶中，上身制作时准备宽1.5cm的布条若干，先做裙底布，在底布上层层固定布条，注意各层布条的间距层次变化。

3. 裙身部分

裙身采用折叠法制作而成，将裙身分为三片，并在腰部有规律地均匀地叠褶，褶宽3cm，将叠褶部分进行熨烫定型后拉开，最终形成富有立体感、体积感的外观造型。

作品16

主　题：《巢》

作　者：郭海袖（河北科技大学纺织服装学院）

作品解析（图4–16）：

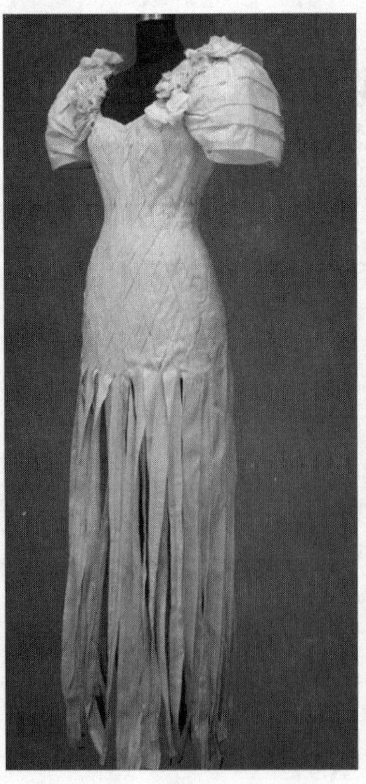
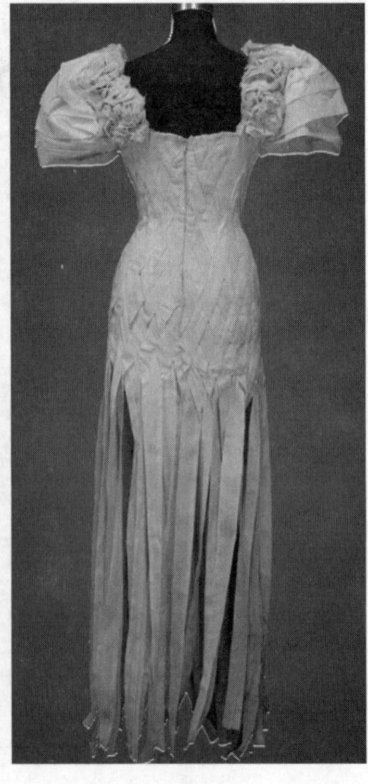

图4–16

（一）设计思路

本款设计灵感源于鸟儿筑巢。鸟儿是人类的朋友，春天的使者，也是大自然的建筑师。世上最精美的鸟巢当属织布鸟编织的瓶状巢了，它撕取长条的树状纤维，像织布工人那样用嘴和脚灵巧地穿针引线，并适时地打结，笼成坚固的编巢。作品借鉴鸟巢的结构，运用编织的工艺手法形成网络状的构架，它就像树枝编织的鸟巢，简洁而典雅，高高地伫立在树端，在微风的吹拂下摇曳多姿。

（二）装饰手法

本款整体为Y廓型礼服。主要采用编织手法，将面料分成条状并穿插交错编制起来，衣身形成有规律的菱形，使服装表面呈现凹凸交加的独特效果，立体感较强。衣身合体，体现女性柔美的曲线，肩部运用堆积法做小面积的装饰，形成不规则的褶皱，尾端自由下垂的线条形成流苏效果，更增强了服装的律动美感。

（三）造型技巧

1. **衣身部分**

在编织衣身的内部先制作贴体紧身衣。

2. **肩部装饰**

肩部运用堆积法做小面积的装饰，从不同方向对面料进行积压、堆积形成不规则的、自然的、立体感较强的褶皱装饰。

3. **编织部分**

准备两种编织的布条，一种为无褶布条，另一种为有褶布条，布条成型后宽度为4cm，有褶布条向同方向折褶三次、熨烫。将有褶与无褶布条相互交叉编织缝制并固定。

4. **摆饰部分**

编织到理想位置即可用针线将所编制的菱形固定，剩余布条由编织部位自然下垂。

作品17

主　题：《玉玲珑》

作　者：学生（西南大学纺织服装学院）

作品解析（图4–17）：

（一）设计思路

本款以不对称为基调作衣身分割，结合缝饰设计将胸部余量顺势处理，使服装整体的轻重、凹凸过渡柔和，显得清透玲珑。胸腰部抽象的纹理布局，模糊中有玉石雕刻般的联想，后身简单、直观的造型使整件礼服大气而轻松。

图4-17

（二）装饰手法

礼服为H廓型。采用立体花、缝饰（菱形纹）、褶饰等装饰手法。衣身紧身合体，在胸、腰部菱形纹和皱褶形成的凹凸肌理使服装平添情趣，再结合视线的流动和不对称的布局使着装者更显轻盈。

（三）造型技巧

1. **前胸部分**

准备缝制菱形纹的布料55cm × 90cm（1片），按菱形纹的图案进行缝制，将胸部缝饰消失处的多余布量集中在左胸部下方。

2. **前腰部分**

准备缝制菱形纹的布料50cm × 90cm（1片），腰部缝饰消失处的余量用皱褶方式灵活处理，并用花朵与编饰将其边缘遮盖。

3. **裙身部分**

采用随意抓缝的方式，产生肌理变化，以改变整个裙子布料的单调效果。注意整体平衡关系，即厚薄、轻重、凹凸的肌理感。

作品18

主　题：《点缀》

作　者：学生（西南大学纺织服装学院）

作品解析（图4-18）：

图4-18

（一）设计思路

作品在直身造型的基础上，将立体花作为点缀的元素，作用于裙身的疏密布局，使服装整体鲜活、立体。下摆处加入了斜向裙摆的细节设计，使服装平添了几分俏丽和别致。

（二）装饰手法

本款整体为球型小礼服。采用立体花、缝饰（菱形纹、席纹）、缀饰等装饰手法。衣身合体，在腰部以下点缀错落有序的立体花，形成量感与节奏感；裙摆的非对称设计使平庸的造型立刻产生变化。

（三）造型技巧

1. **裙身部分**

采取低腰分割设计，前后裙身利用公主线达到符合体型的目的。

2. **花饰制作**

因花朵大小不一，故采用宽窄不一的双层布料，一圈圈缠绕而成。

3. **缝饰部分**

抹胸处采用菱形纹横向使用，裙摆处使用席纹斜向装饰，要按实际面积大小的2倍准备布料。

作品19

主　题：《奔放》

作　者：学生（西南大学纺织服装学院）

作品解析（图4–19）：

图4–19

（一）设计思路

作品为婚礼服设计，表现新娘独一无二的美丽，仿佛让人感受到环绕身边的祝福与鸟语花香。特别是裙身层叠的造型和膨胀的廓型，把新娘曼妙的身形修饰得美丽动人，令人羡慕。

（二）装饰手法

本款整体为X廓型礼服。主要采用填充、缝饰（席纹）和褶饰的装饰手法。衣身紧身合体，胸腰部Y形区采用缝饰设计，胸部缝饰产生的余量作褶皱造型，其排列错落有序，立体舒展；裙身层叠的扇形褶饰使整个款型充盈起来。

（三）造型技巧

1. 衣身部分

前片席纹采用斜向布局，胸上部边缘采用编饰盖住毛边，并顺延到背部。

2. 裙身部分

前面用葵花纹，后面用大小不一的扇形褶层叠堆砌，整个裙廓型膨胀丰满。裙身内部采用填充法制做出膨起效果。

作品20

主　题：《交错》

作　者：学生（西南大学纺织服装学院）

作品解析（图4–20）：

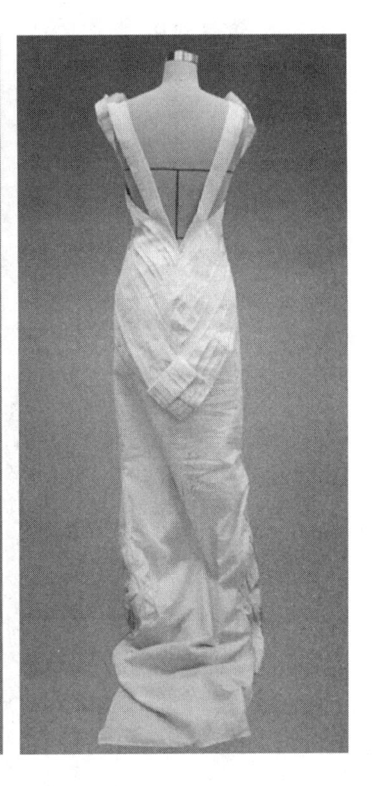

图4–20

（一）设计思路

作品采用编织的手法展现前后片在结构上的交错融合。为了丰富其内部结构层次，在前片中间位置用规律褶与之呼应，裙身两侧巧妙地嵌入缝饰设计，使服装的廓型和质感得到进一步的提升。

（二）装饰手法

本款整体为H廓型礼服。采用编饰、缝饰（花瓣纹、人字纹）、褶饰等装饰手法。在腰臀部前、后编结交错，并在后部形成包覆臀部的抽象仿生造型；裙摆两侧加入扇形裙摆量，并做缝饰设计，这样的细节设计使质感更加柔和、廓型更加丰满，整体呼应，相映成趣。

（三）造型技巧

1. 领形部分

采用人字纹的斜向使用，余量做褶皱处理并交错编结于身后，增添了后身的变化。

2. 胸腰部分

采用叠褶设计，并在前胸交叉，使之有层次变化。人字纹领型布与上层叠褶接合，交错编结于身后。前腰中心处设计了一个宽25cm的叠褶饰带，且直落地面，显示修长、大气之感。

3. 裙摆部分

在两侧裙摆的底边处缀花瓣纹的缝饰，这部分近似三角形，以此增添了下摆的变化。

作品21

主　题：《梦露》

作　者：学生（西南大学纺织服装学院）

作品解析（图4–21）：

图4–21

（一）设计思路

作品用经典的廓型与分割再现玛丽莲·梦露的性感服装造型。不同的是，本款结合缝饰设计再造法，在后裙身的装饰部分更细腻。

（二）装饰手法

本款整体为A廓型小礼服。采用水波纹、花瓣纹和皱褶的装饰手法。衣身紧身合体，腰部的分割和镂空使整体的比例更加协调；臀部的细节设计使侧面的曲线更显优雅和动人。

（三）造型技巧

1. 衣身胸部

利用水波纹装饰手法不仅满足胸部需要量，还呈现出肌理的变化。布料余量围绕脖颈。

2. 裙身部分

用3倍褶皱量的布料做褶裥，整理并做拉出处理，以达到蓬起的效果。

3. 后腰部分

采用横向叠褶与人字纹设计，在左侧臀部利用花瓣纹增添其变化。

作品22

主　题：《悦》

作　者：学生（西南大学纺织服装学院）

作品解析（图4-22）：

图4-22

（一）设计思路

作品正面肩部和裙侧四平八稳，衣身分割比例中庸，欢悦和灵动表现于背面的形态，在臀部加入活泼的扇形褶，并装饰有人字纹和蝴蝶结，仿佛使着装者突然从安静的状态跳跃起来。

（二）装饰手法

本款整体为X廓型礼服。采用堆砌、褶饰、缝饰（菱形纹、水波纹）等装饰手法。衣身紧身合体，裙子夸张呈球形。胸部应用斜向菱形纹；肩部和裙侧用堆砌的方式增加造型量，整体增添了几分活力与浪漫。

（三）造型技巧

1. 前身部分

胸部菱形纹为2cm×2cm，增加菱形对角线的长度，而在腰部则要减小菱形对角线的长度。

2. **衣袖部分**

肩部挂肩皱褶袖，增加肩部的夸张与装饰效果。

3. **裙子部分**

裙子后面比前面长，两侧比后面长。裙身皱褶设计（垂褶、堆褶、叠褶、人字纹缝饰设计等），臀部要填充一定的棉絮增加其量感。

4. **腰部部分**

采用充填手法，使其富于浮雕效果。

作品23

主　题：《妖娆》

作　者：学生（西南大学纺织服装学院）

作品解析（图4-23）：

图4-23

（一）设计思路

本款设计采用上身不对称裁剪，结合后片的轮廓形态，让着装者的曼妙身材和服装的流畅线条完美表露。掌握好整体节奏，让观赏者能够放松身心去感受。

（二）装饰手法

本款整体为H廓型礼服。采用缝饰（葵花纹、花瓣纹）和堆褶等装饰手法。腹臀部有缀饰、缝饰设计处理的装饰裁片，有落差较大的裙摆和加大褶量的夸张臀部造型；结合上身极简的分割和流畅的轮廓型成繁与简的对比，是对形式美法则应用的一个典范。

（三）造型技巧

1. 领子部分

领子依胸部皱褶顺势做宽为15cm的褶皱，最好做成V字形领口。

2. 腰臀部分

注意腰臀部的层叠、分割和褶皱量的调整。后臀部花饰部分的位置和比例需要调整。

作品24

主　题：《花蕾》

作　者：学生（西南大学纺织服装学院）

作品解析（图4–24）：

图4–24

（一）设计思路

本款设计以褶皱为主要表现形式，结合缝饰的组合设计，使整件服装有含苞待放的膨胀感。各个方向的褶皱充满身体的各部分，裙身的球型廓型与身形的完美结合，使整体的节奏明快、生动活泼。

（二）装饰手法

本款整体为球型礼服。采用褶饰与缝饰（菱形纹、葵花纹）的装饰手法。前裙有翅膀延展的造型，后裙有堆砌的大量褶皱，使整体的重心趋于裙身，造型丰满。

（三）造型技巧

1. 领子部分

领子造型为菱形纹缝饰，边缘形成自然的褶皱花边。

2. 衣身部分

前中心处纵向叠褶、胸部斜向的褶皱、腰部横向的褶皱布满上身。

3. 裙身部分

有形翅膀的添加部分和裙的结合，缝饰后形成的花边自然随意，栩栩如生。

作品25

主　题：《花·漾》

作　者：学生（西南大学纺织服装学院）

作品解析（图4–25）：

图4–25

（一）设计思路

本款设计以花型为表象，用多种形式展现对花和女性的诠释。整体造型的层次和节奏表达细腻，华丽而不啰唆，能感受到着装者的活泼灵动。

（二）装饰手法

本款整体为球型礼服。采用缝饰（人字纹、花瓣纹）、填充、剪纸等装饰手法。先把裙身的廓型填充好，再用大小不一的黏合衬剪成五瓣花错落有致地布于其上；衣身用双层布，且在布边缘用人字纹和铁丝巧妙合为一体，既有利于造型，又有本身的质感和量感；结合高腰线设计，使礼服上、下两种繁复都有了透气感。

（三）造型技巧

1. **裙身部分**

内层H型直身裙，外层从腰线到下摆打大褶裥，中间拉开褶裥，适当填充蓬松棉。

2. **大小不同的五瓣花**

分别由直径15cm、11cm和8cm的花瓣缝于裙身。

3. **衣身部分**

上身分为4片，前身3层，后身2层，每层都是由双层方形花瓣组成，每一层都要有立体感。

作品26

主　题：《卡吾拉凯斯的天鹅》（*Kaunakess Swan*）

设计者：李瑾（温州大学美术与设计学院）

作品解析（图4–26）：

图4–26

（一）设计思路

本款以卡吾拉凯斯的天鹅为灵感，设计的视觉中心点以立体叠加的效果，堆积出厚重的体积感和层叠感，层次的延伸又给人一种无尽的想象，形成像海浪一样很有动感和韵律的层叠。衣身的装饰效果融合统一又不缺乏对比的变化，具有较强的视觉冲击力。

（二）装饰手法

本款主要采用叠饰、编饰、滚边、皱褶等装饰手法。衣身紧身合体，在腹臀部缀饰立体裙摆，其多层、多褶的裙摆排列错落有序、立体舒展，形成量感与节奏感；非对称的前、后衣身为整体增添了几分活力与浪漫。

（三）造型技巧

1. 衣身部分

做合体衣身，分前、后两片，并在公主线位置做省道。

2. 裙身部分

先做裙底布，在底布上确定固定各层裙的位置，再将面料用硬挺的黏合衬熨烫好，长3m，宽分别为40cm、60cm、80cm，再运用铁丝的硬度，将裙子做成展开的裙摆造型，分别固定，注意各层裙的间距层次变化。

3. 领口部分

和裙摆的制作工艺一致，仔细地将其折叠，由于褶量较大，要体现其绽放的效果。

作品27

作品主题：《盛妆》

作　者：学生（西南大学纺织服装学院）

作品解析（图4–27）：

图4–27

（一）设计思路

本款设计表现繁复的宫廷礼服特色，着力夸张臀部的形态和收紧胸腰部是其主要特征。上身摒弃传统的胸省形式，采用拼接透漏的效果，从中可以窥见现代设计的因素；强调臀部造型贯穿于侧面的曲线造型也是本款的优势所在。

（二）装饰手法

本款整体为X廓型宫廷礼服。采用叠折、花瓣纹、填充和花边等装饰手法。臀侧部缀饰立体的橄榄叶纹样，立体舒展，形成亮点；整体的夸张造型是对形式美法则应用的一个典范。

（三）造型技巧

1. **上身部分**

采用分片结构，装饰花边，前后袒露，后身扇形折叠增添变化。

2. **衣领部分**

花瓣纹装饰立领。

3. **裙身部分**

前裙花瓣纹设计，后裙双层叠折，内层扇形填充廓型；侧裙立体橄榄叶型装饰，裙摆花边设计；裙身有三个层次，在比例上可适当调整。

作品28

主　题：《盛典》

作　者：学生（西南大学纺织服装学院）

作品解析（图4-28）：

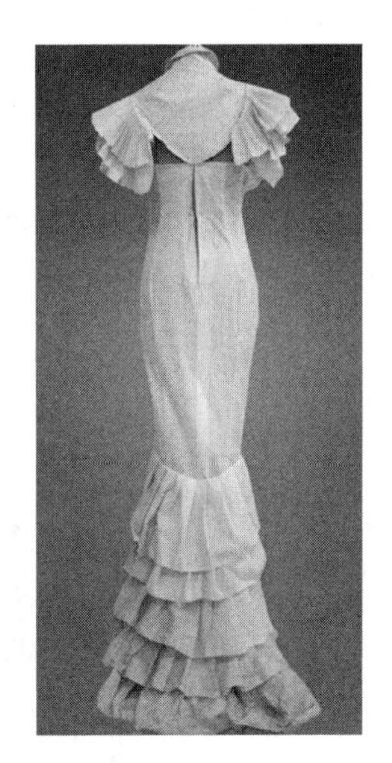

图4-28

（一）设计思路

本款设计采用鱼尾造型，在披肩形态的刻画处理中透露出浓浓的复古风格，使观赏者产生着装者在盛装出席宴会的联想。创新之处在于，胸衣采用花瓣纹凹凸效果，与富有层次感的裙身配合，使服装整体更显华贵。

（二）装饰手法

本款整体为H廓型礼服。采用花瓣纹缝饰、皱褶及分割的装饰手法。衣身紧身合体，披肩的肩部为多褶皱设计是本款服装的亮点；下摆处用褶皱夸张其鱼尾造型，与披肩完美呼应。

（三）造型技巧

1. **上身部分**

肩部采用2.5倍褶皱量的布设计层褶披肩，胸衣的花瓣纹缝饰采用反面纹路效果更恰当，单元大小为2cm × 2cm。

2. **裙身部分**

裙下摆的褶皱尺寸量为实际尺寸的两倍，并带有小拖尾。裙身采用6片鱼尾裙的分割形式，曲线流畅优美。

作品29

主　题：《线构成》

作　者：学生（西南大学纺织服装学院）

作品解析（图4-29）：

（一）设计思路

本款设计利用各种表现线条感的方法，使整件礼服清新流畅，既有极强的视觉冲击，又能达到着装的舒适。特别是胸部有律动感的硬线条装饰和下身草裙般的软线条组合，复古、别致。

（二）装饰手法

本款整体造型为H廓型。采用波浪纹、编饰、滚条、流苏等装饰手法。衣身紧身合体，在胸部缀饰长短不一的滚条，其排列错落有序，既有量感，同时赋予其节奏感；腰部的波浪纹、层叠花和层次不齐的布条裙无疑增添了几分活力与浪漫；该款整体给人线条感强烈，是线构成的一个应用典范。

图4-29

（三）造型技巧

1. **上身部分**

将8cm×7cm、10cm×7cm、12cm×7cm、14cm×7cm、20cm×7cm等不同长度的布条卷起来，有节奏地置于胸部作为装饰。

2. **裙身部分**

将20cm×20cm、30cm×20cm、40cm×20cm、50cm×20cm、60cm×20cm、70cm×20cm等不同长度的布条撕成0.5cm的布条，形成流苏状构成裙身。

作品30

主　题：《艳》

作　者：学生（西南大学纺织服装学院）

作品解析（图4-30）：

（一）设计思路

本款设计是对服装空间的极力尝试，用最简单的层叠手法，大尺度和大比例地展现衣片与人体之间略显夸张的空间形态，简洁挺括，高雅大气。

图4-30

（二）装饰手法

本款整体为X廓型礼服。采用波浪纹缝饰和黏合衬造型的装饰手法。衣身通过三层布带的层叠，形成胸部、肩部轮廓和后背立体空间；裙身采用A型长裙加长下身比例的手法使着装者备显高贵，是对形式美法则应用的一个典范。

（三）造型技巧

1. **上身部分**

采用宽度为8cm的6条长布带，随胸、肩、背部的形态，结合小垫肩和立体空间的造型需要，层叠布局。

2. **裙身部分**

黏合衬斜裁，裁剪成整圆裙。

3. **腰部衔接**

用较厚的波浪纹抽紧形成弧形腰带。依据裙腰部廓型，与上身和裙身部分衔接，并收于后中处。

作品31

主　题：《颜》

作　者：学生（西南大学纺织服装学院）

作品解析（图4–31）：

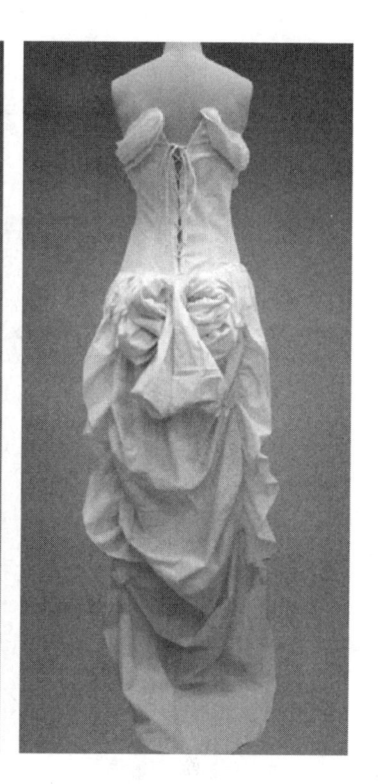

图4–31

（一）设计思路

本款的正面让观赏者产生很多联想。整个正面看上去像一张脸的布局：胸部是眼睛，中线像鼻子，肚脐镂空处又似嘴，低腰分割线上的流苏装饰带有胡须的影子。其中胸部的造型最考究，栩栩如生地表现了眼睛，也很细腻且自然地把胸部的造型融入到整体画面。

（二）装饰手法

本款整体为H廓型礼服。采用人字纹缝饰、层叠、褶饰、镂空、花边等装饰手法。衣身紧身合体，主要强调胸部和臀部，特别是胸部眼睛的层次感。

（三）造型技巧

1. **上身部分**

采用公主线分割，胸部轮廓线作为眼皮，层叠至后中线，形成具象的同时又完成上半身的造型。

2. **裙身部分**

低腰线的分割，本身就有强调臀部造型的作用。荷叶边装饰裙身，可根据设计需要调整褶皱的用量。

作品32

主　题：《布袋装》

作　者：学生（西南大学纺织服装学院）

作品解析（图4–32）：

图4–32

（一）设计思路

本款设计主要以布袋的元素布局整体衣身。依据身体形态，以斜向分割形成不对称的装饰效果，使服装在凌乱中又有视线取向和整体美感。

（二）装饰手法

本款整体为陶瓶形廓型礼服。采用缝饰（波浪纹、席纹、花瓣纹）和褶饰等装饰手法。衣身紧身合体，以缝饰设计的布袋作为装饰，上身以缠裹的形式结合褶皱，多个方向分割都尽量用各种缝饰设计过度，增加了肌理效果，在随意装饰中增添了几分情趣。

（三）造型技巧

1. **上身部分**

采用拉大比例的波浪纹斜向缠裹，底层是皱褶设计。

2. **裙身部分**

里层作紧身处理，前片中心抽褶处理省量，裙身上吊坠6个大小不一、分别由席纹和花瓣纹缝制的布袋装饰。

3. **上下结合处**

用人字形装饰的腰带上下衔接，后腰部缀饰蝴蝶结。

作品33

主　题：《可爱宝塔裙》

作　者：学生（西南大学纺织服装学院）

作品解析（图4–33）：

图4–33

（一）设计思路

本款用宝塔裙的分割方式，结合褶皱的强装饰效果，从上至下无不透露出其可爱且高雅的气息，是复古风格礼服的代表。在上下分割比例和造型肌理上，作者也是煞费苦心，对整体服装的可爱和质感，作了细致的表达。

（二）装饰手法

本款整体为X廓型礼服。采用葵花纹、波浪纹、滚边、皱褶等装饰手法。衣领处的装饰领和袖的长度比例要协调，但高腰线的分割和分割处的褶皱稍显臃肿，且裙身部分的分割、上下的肌理效果对比需要更明显些。

（三）造型技巧

1. **上身部分**

领口处用波浪纹收口，褶皱的量控制在领口长度的2.5倍，袖口采用喇叭袖，肩部不需要褶皱量。

2. **裙身部分**

上部分裙身用整圆裙结构，在分割线处取消褶皱量，下部分裙身在衔接处可采用少量碎褶；星点的立体小花点缀裙身。

作品34

主　题：《面构成》

作　者：学生（西南大学纺织服装学院）

作品解析（图4-34）：

图4-34

（一）设计思路

本款设计强调服装的构成形式。从花的形态到裙身的肌理处理，无疑都是要对面元素进行丰富的表现。花瓣的边缘用铁丝塑型，螺旋发散地向外展开，给人积极向上的精神，侧面及背面的造型把这种发散的形式平衡住，使作品更显成熟。

（二）装饰手法

本款整体为H廓型礼服。采用缝饰（菱形纹、波浪纹）、编饰、滚边、皱褶等装饰手法。衣身紧身合体，在胸部缀饰立体花卉，其造型立体舒展，形成亮点；后身强调臀部造型和面料的整体肌理处理，无疑使非对称的前、后衣身增添了几分活力与浪漫。

（三）造型技巧

1. **上身部分**

花瓣的形状和大小需要作细微的调整，在缝制时需要用铁丝辅助进行造型处理。

2. **裙身部分**

裙身全部进行肌理处理，采用拉大比例的波浪纹。

作品35

主　题：《向心力》

作　者：学生（西南大学美术与设计学院）

作品解析（图4–35）：

图4–35

（一）设计思路

本款设计给观赏者最大的视觉冲击是礼服的右侧，为了与之平衡，通过增加左侧裙摆长度与之平衡。

（二）装饰手法

本款整体为不对称礼服。主要采用人字纹缝饰、褶饰、叠加、镂空等装饰手法。衣身紧身合体，右侧为强调重心，大量的褶皱形成明显的块布局，左侧是平衡的线布局，配合衣身的斜向分割，是对形式美法则应用的一个范例。

（三）造型技巧

1. 衣身部分

上身合体要求，需要把左侧的省量进行转移融于腰部。右侧装饰人字纹缝饰，与左侧平面布料效果形成一种对比。后腰部的镂空形态和位置需要调整，使之与下面裙子协调。

2. 裙身部分

左侧裙身皱褶叠加，大大增加了量感，右侧裙身以其长度与波浪边设计达到整体平衡。斜向分割与左侧的线布局要协调。

作品36

主　题：*Saturday*

作　者：学生（西南大学纺织服装学院）

作品解析（图4-36）：

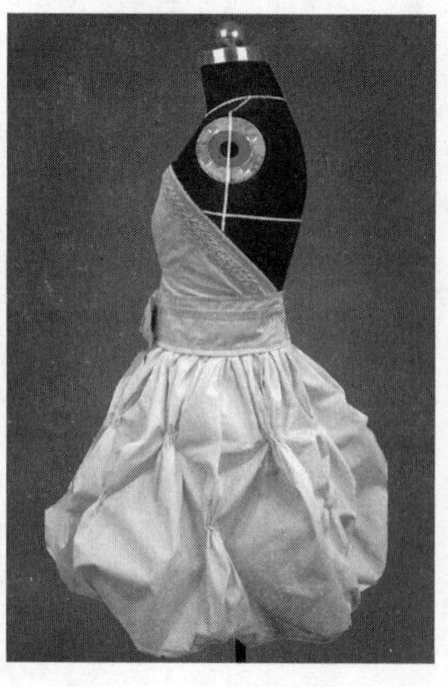

图4-36

（一）设计思路

本款设计用最简单、直观的手法展现礼服的俏皮与优雅，仿佛城市的年轻人周六去参加朋友的派对，其欢喜雀跃的身影跃然纸上。衣身边缘的细腻纹理和裙身经缝饰后形成立体布纹，使着装者心生愉悦。

（二）装饰手法

本款整体为X廓型礼服。采用缝饰设计和分割的装饰手法。衣身紧身合体，在轮廓边缘做细腻的立体纹样；前腰间利用蝴蝶结点缀，增加细节设计；裙身的水波纹自然使裙廓型产生丰满感；整体造型简练大方且做工精良。

（三）造型技巧

1. **衣身部分**

把胸省改为公主线更合体贴身。

2. **裙身部分**

扶桑纹的间距加大到20cm，也可以尝试渐变的扶桑纹形式，别有一番情趣。

作品37

主　题：《海·韵》

作　者：胡倩源（温州大学美术与设计学院）

作品解析（图4–37）：

图4–37

（一）设计思路

本款设计灵感来自大海，每个浪花都有独自的节奏与韵律，浪花来的时候总是会伴随着一些生物，譬如海贝……

（二）装饰手法

本款整体为金字塔廓型，采用大小变化的叠褶设计手法。大小不同的非对称裙摆赋予了裙身生动的变化，既有层次感又显律动感；巧妙地运用多种叠褶，不但使结构上达到平衡，造型上也不失现代感。

（三）造型技巧

1. 衣身部分

根据胸高的起伏变化来做贝壳式叠褶造型，腰部则以横向叠褶完成。

2. 裙身部分

先做裙底布，用牛皮纸做圆形裙固定在下腰位置使其自然撑起，底布大概宽为40cm。然后在底布上固定各层裙褶，注意各层裙摆的间距层次变化，通过褶裥的大小与疏密来展现女性的柔美与变化。

二、不同面料组合的礼服习作解析

面料的立体造型手法多种多样，抽褶、编织、缠绕等都已经广泛应用于现代礼服设计中，而以人字纹、席纹、花瓣纹等为代表的缝饰设计再造法也逐渐成为礼服创新的趋势。面料的缝饰设计工艺大大丰富了面料的肌理和外观，形成光与影的变化。同时，褶裥的抽缩凹凸作用于服装上能有效地衬托出女性身材的曲线美。通过创新的构想在材料选择、造型追求与剪裁方式等即兴表达中不断引发新的创意构思。

作品38

主　题：《踏雪寻芳》

作　者：徐姣（温州大学美术与设计学院）

作品解析（图4-38）：

（一）设计思路

作品将中国的传统国画与现代礼服融合，使得作品既有中国文化底蕴又有现代礼服的时尚感。礼服以梅花为图案，仿佛一阵风吹来，花瓣飘落在雪地上，空气中弥漫着梅花的香气，故起名为“踏雪寻芳”，意思是在雪天寻找芳香的源头，也寓意在艰难的时候，有目标就不会迷失自己。

图4-38

（二）装饰手法

本款整体为A廓型，采用了抽褶和缀饰的手法。梅花聚散随意，面料和纱不同材质的穿插、下摆流畅无规律的裁剪增加了服装的层次感和趣味。

（三）造型技巧

1. **图案部分**

上身图案根据梅花的生长特点以及国画的技法，使礼服显露出中国风。下摆随意散落的梅花与上身的梅花相呼应增加服装的趣味和整体感。

2. **上身部分**

礼服的上身紧裹，在蓬蓬裙身的对比下显得娇小。

3. **裙身部分**

礼服的裙身用裙撑打开，使整体成A字廓型，让礼服立刻活泼起来。把纱穿插在面料当中，用抽褶的手法作多层叠加，裙身的线条随意流畅，使造型基本对称的礼服有了层次和动感的视觉效果。

作品39

主　题：《蓝调》

作　者：朱香草（温州大学美术与设计学院）

作品解析（图4-39）：

（一）设计思路

灵感来源于道家思想，阴阳调和，相辅相生。将传统的中式旗袍面料与西装面料作组

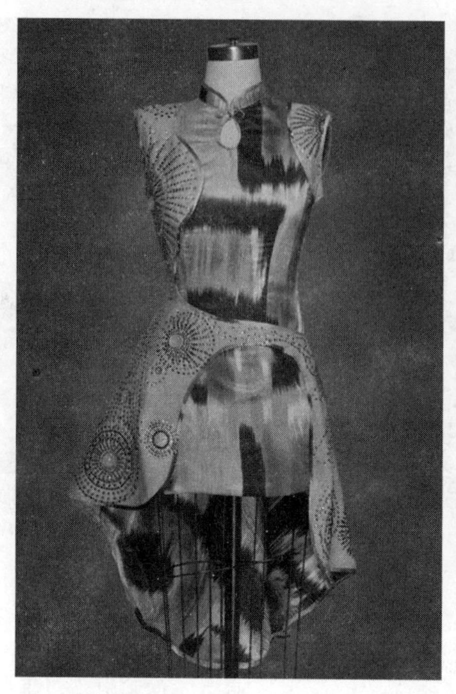

图4-39

合碰撞。利用烫钻装饰手法表现设计细节，来提升服装的品质感。曲线形设计柔美地阐述着阴阳调和的设计理念，旗袍如柔情似水的女人，西装如刚正不阿的男子。两种情怀，两种基调，碰撞着、融合着。旗袍领口采用水滴镂空设计的细节和整件作品大小不一流畅的弧线进行呼应，增添了几分女性的柔美。背后设计是整个设计的精髓所在，将柔美与刚毅完美融合，华丽、大气浑然一体。

（二）装饰手法

本款在面料的选择上，注重质感和花纹的碰撞。在设计手法上使传统旗袍对比特殊剪裁构造的西装裙。采用烫钻装饰手法来构成图案造型。前片为团花设计，后片是孔雀开屏的造型。为使两种面料更好地融合，也使设计更加精致，对西装面料部分采用了包边的处理手法。

（三）造型技巧

1. 旗袍部分

传统的小立领结合胸前的水滴镂空，裙长适当缩短，显得更加时尚性感。

2. 西装部分

为使西装部分更加挺括，需要对其做烫黏合衬处理。为使整体效果更加完整、精致，用旗袍面料给西装做了里布和包边。

3. 装饰部分

将烫钻摆出理想的图案效果，再用熨斗烫于衣身上，要注意巧妙地与衣身的形状和走向相协调。

作品40

主　题：《霓裳》

作　者：周蓓蕾（温州大学美术与设计学院）

作品解析（图4-40）：

图4-40

（一）设计思路

霓裳，词语解释为飘拂轻柔的舞衣，它的色彩形成的原因和虹相同，由于增加了一次光线在水珠中的反射，形成红色在内，紫色在外的色彩表现。这款礼服从颜色着手，通过紫红的缎以及粉色系的纱构成整套服装。重点在于胸部有由珍珠、水钻构成的装饰。珍珠通常给人洁白无瑕、温暖莹润、光彩夺目的感觉。以派对为背景下的礼服设计，想展现的是一种很单纯的小公主的感觉。露肩短裙的设计，可爱不失时尚，性感不失大方。

（二）装饰手法

此套礼服主要款型为合体型，多以堆褶的方式呈现。简单的下摆与上身繁复的堆褶形成了鲜明的对比，给人以视觉上的冲击。同时，上身的不对称性又不会显得整套礼服死板没有生趣。上身以立裁的手法，形成立体的造型，接着用大范围的堆褶作为装饰。腰部低腰，运用有规律的折叠方法在腰部做型，下摆部分采用不同面料的处理。使整件礼服显得繁复而又不杂乱。

（三）造型技巧

1. 竖向叠褶

由于竖向叠褶从胸部开始到臀部，会使腰部臃肿，所以在腰部，每个褶裥向内凹的地方要与内衬固定，显出腰身。

2. 胸饰部分

由于装饰物上镶了珍珠和水钻，显得比较重，所以，要反复固定于面料边缘，再通过侧边大范围的堆摺来掩盖装饰物在礼服上固定的痕迹。

3. 裙身部分

裙身完成后在臀部用堆摺的形式掩盖其下摆的车迹线。

作品41

主　题：《痒》

作　者：陈湘（温州大学美术与设计学院）

作品解析（图4–41）：

图4–41

（一）设计思路

作品的灵感受启于英国设计师亚历山大·麦昆（Alexander Mcqueen），他的设计风格独特、强劲、动人心魄而魅力无穷，充满了戏剧性。其中最著名的设计即是性感又晦暗的流浪主义服装，好像刻意向过分精致、华丽的高级定制服装宣战。本作品是借鉴了大师的设计元素，在廓型和材料上突破传统优雅女性的观念，并借助麦昆近年来常用的羽毛等元素用在设计里作为装饰要素，低调的奢华又不失张扬。

（二）装饰手法

本款整体为瓶型晚礼服；采用分割、粘贴、手工钉珠等装饰手法。衣身紧身合体，面料采用牛仔面料和蕾丝相拼接，进行材质的碰撞。在礼服的下身采用了厚重的毛料。整件礼服采用了不同的黑色面辅料，大气统一，又不乏层次丰富。

（三）造型技巧

1. **衣身部分**

在制作胸衣的过程中，为了达到更好的合体效果，采用了斜裁的方式，并在胸部以下的衣身进行分割裁剪。胸部的羽毛装饰用玻璃胶错落有致地粘贴好，再选用一个精致的饰边进行修饰。

2. **衣袖部分**

本款以手套形式作为衣袖部分，在手套部位采用的是与头上、胸部不同的羽毛，更好地体现整体的张力。

3. **裙身部分**

裙长至膝盖，对裙身的胯部廓型进行了填充，使整个廓型更显复古和霸气。

作品42

主　题：《花蝴蝶》

作　者：戴钗（温州大学美术与设计学院）

作品解析（图4-42）：

（一）设计思路

灵感来源于一个个蝴蝶破茧而出，来到这美丽的世界，但却要经历人间的喜怒哀乐。通过胸前灵动飞舞的蝴蝶造型来表现花蝴蝶柔美的一面，而下摆硬挺的纱质材料，恰恰又体现了花蝴蝶坚强的一面。

（二）装饰手法

本款整体为A廓型，采用剪艺、皱褶等装饰手法。紧身上衣与宽大的裙下摆形成较强

图4-42

的对比。多层、多褶的裙摆赋予整体层次感；非对称的裙摆显示了活力和变化，下摆前短后长，中间的腰封随着后半部分的下摆还可以取下。

（三）造型技巧

1. 衣身部分

先做抹胸，然后有两条带子挂在脖子上。胸前的蝴蝶分别由硬纱、缎加黏合衬，两层不同质地的面料叠加，并一个个剪出，固定在胸前的抹胸上。

2. 裙身部分

先做里层，注意各层裙摆的对称。外层固定在腰带上可以灵活取下，下摆最终为前短后长的效果。

作品43

主　题：《蓝羽之舞》

作　者：陈秀芳（温州大学美术与设计学院）

作品解析（图4-43）：

（一）设计思路

蓝羽之舞，灵感来源于空中飞扬的蓝色羽毛。服装整体采用三种不同材质、同种颜色的面辅料组合而成，让服装在充满整体色彩视觉中又有质感的变化。绸缎赋予高贵，薄纱隐约显露肤色略带性感，羽毛使人联想、梦幻。

图4-43

（二）装饰手法

本款整体为漏斗型，上身主要采用分割设计手法，依附女性的身体走势分割，并在其分割空隙间填充纱质面料，隐约显露女性肤色，使服装整体更加柔美、性感。裙身里层运用羽毛材质突出女性的柔美，与外层硬挺的裙摆形成对比。多层羽毛以及漩涡裙摆赋予整体量感与律动感；上身非对称的设计显示了活力和变化；巧妙地运用多种分割，不但使结构上达到平衡，造型上也不失现代感。

（三）造型技巧

1. 衣身部分

纵向分割，分割空隙运用纱质面料填充。

2. 裙内层部分

先做锥形裙，在裙表面固定羽毛，注意羽毛间距层次变化。

3. 裙外层部分

采用4个几何图形连接而成。

4. 腰带部分

手工镶嵌水钻以波浪图案完成。

作品44

主　题：《樱桃公主》

作　者：金敏佳（温州大学美术与设计学院）

作品解析（图4–44）：

图4–44

（一）设计思路

“从前有个小公主，大家都很喜欢她，她长得非常可爱，红红的脸蛋粉嘟嘟的小嘴，大家都喜欢叫她樱桃公主……”童话般的故事情节，让人联想到活泼可爱的公主形象，有了为她创造一件礼服的冲动。于是想到了芭蕾舞与和服，芭蕾舞服装的轻盈可爱与日本和服的端庄优雅，两者相结合，正好诠释了公主的可爱与她的高贵身份。礼服上半身的简洁与袖口、裙身的复杂相对应，不规则下摆打破常规，让人眼前一亮。

（二）装饰手法

礼服前身与腰封以和服为原型，并作了细微改良；后身采用大蝴蝶结，给人可爱的感觉；裙身用布料和网纱层层堆积，制造了蓬松感，加以不规则下摆，打破平庸；袖口为多层网纱，既呼应了裙身，又让整件衣服看上去平衡不失重心。

（三）造型技巧

1. 衣身部分

衣身为背心样式，后背开衩比较大，直至裙腰处；腰封为折叠好的布条，在两端钉上扣子方便扣紧，后背的蝴蝶结缝在腰封的一端，扣紧时把蝴蝶结放在后背正中；蝴蝶结是用同衣身布料做成长方形，内填蓬松棉，再用一宽布条中间扎紧，形成蝴蝶结状。

2. **裙身部分**

裙摆用与衣身红色相同的布料，剪成大小不一的正方形，再用同样方法剪同色的网纱，剪好待用；剪一块扇形布料，作为裙身里布，固定在衣身上，然后拿出一片前面剪好的正方形布，上面放2～3片大小不一的网纱，中心点用针缝上，形成一朵花状，然后固定在裙里布上，以此方法不断堆积，下摆要堆成倾斜状。在里布内穿上裙撑，观察整体有无漏洞。

3. **袖口部分**

把网纱剪成扇形，叠3～4层，捏褶缝在袖山及两边。

作品45

主　题：《人鱼仙子》

作　者：雷小芳（温州大学美术与设计学院）

作品解析（图4-45）：

图4-45

（一）设计思路

灵感来源于一部电影《美人鱼》，该款为球形廓型，以堆积的手法将网纱材质和缎料结合，营造朦胧的雾感，诠释俏丽的仙子形象。

（二）装饰手法

本款整体为球形廓型，采用圆形片堆积、布贴等设计手法（裙摆处的堆积）。抹胸式紧身衣与放射式的裙摆形成较强的对比。巧妙地运用多种叠褶使之更有量感、层次感，前片的鲤鱼图案，采用拼布的手法，使之更加生动，具有灵性。

（三）造型技巧

1. 衣身部分

采用衣身原型，塑造合体廓型，整体衣身从前至后以弧线过渡，前长后短，更显俏皮。

2. 裙身部分

用布剪成圆形的片，然后对折成扇形，一片一片缝到衣身上。

3. 图案部分

把鱼鳞片的板型打好，然后用布裁好，制作成一片精致的鱼鳞，然后再叠成鱼的形状缝到衣身上，注意色彩的搭配协调，图案色彩起到点睛效果。

作品46

主　题：《低调喧嚣》

作　者：林若心（温州大学美术与设计学院）

作品解析（图4–46）：

图4–46

（一）设计思路

以探寻“利用更为新颖的面料诠释礼服”这一思路作为设计载体，跳出固有的礼服材质及装饰手法，寻求一种新的礼服面料表达。采用复合牛仔面料，以及皮革切条编织的装饰手法，再配以夸张大胆的不规则廓型，使礼服颇为复古的色系营造未来感的气氛，让欣赏者在色彩中感受到喧嚣的浮华，体会到一种别样的礼服味道。

（二）装饰手法

本款设计重点表达胸、肩部造型。装饰手法以中国结中的“万字结”作为原型，再配合平编等手法，利用哑金色皮革面料的质感予以表达。衣身选取复合型牛仔面料进行紧身合体设计。在腰、腹部开始做裙摆造型，抛去固有的裙撑载体，借由皮革编织条内的铁丝做伸展造型，打造不规则的节奏感。外附于衣身同色系纱，使内层的面料及性感的腿型若隐若现，塑造野性美。

（三）造型技巧

1. **皮革编织条部分**

裁剪数十组2cm×100 cm的皮革条，对折缝合，采用“万字结”编织时嵌铁丝编织。

2. **衣身部分**

衣身为低胸露背合体剪裁，于公主线位置进行分割裁片。

3. **裙身部分**

纱质裙摆内缝皮筋线自然碎褶，在裙摆边缘与皮革编织条的玉米结形成的带状物手缝对接。在此之前，需要先将下摆处皮革编织条的不规则造型做好。

作品47

主　题：*Young Power*

作　者：王佳（温州大学美术与设计学院）

作品解析（图4–47）：

图4–47

（一）设计思路

随着社会的不断发展，高科技产品不断涌现，对太空的探索也逐步深入，服饰作为最直接反映社会发展的载体，未来主义风格服饰突出。同时，随着人们意识的不断解放，对服饰突出个性、表达自我的需求越来越高。*Young Power*用简洁的设计，利用银色闪耀的材质，夸张的胯部造型，多层次的叠加，衣身结构的分割等表现出一种未来主义的反传统，一种积极向上、年轻、力量和技术的表现，一种对未来的渴望与向往。

（二）装饰手法

本款整体为瓶型礼服。主要采用层叠的装饰手法。衣身紧身合体，在胯部采用了多层的裙摆设计，内加黏合衬，使其造型夸张突出。衣身与裙摆的对比增加了层次感、律动感，左肩及胸前缀饰了铆钉以增加其时尚摩登感，整体服装造型表现了简洁的未来主义。

（三）造型技巧

1. 衣身部分

利用部分结构线条分割来达到皮革料的紧身效果。

2. 裙身部分

用不同大小的扇形布料制作，每层添加黏合衬，以达到效果。从最小的一层开始缝制。

3. 左肩部分

裁制三片逐渐增大的弧形布料，内加黏合衬造型。调整好造型，缝制在一起，然后固定在衣身上面。

作品48

主　题：《军&姿》

作　者：谢壮壮（温州大学美术与设计学院）

作品解析（图4-48）：

（一）设计思路

本款作品的设计思路来源于改良的军装。现在的社会，家庭、工作给女性带来了烦劳与压力，于是，她们需要一种新的姿态来面对这一切。往往成功的女士总给人一种坚韧不拔的印象，不觉地联想到了军人的姿态，再结合蕾丝的点缀，同时展现女性柔美的一面。

（二）装饰手法

本款礼服造型是以上紧下松的形式来完成的，主要采用了褶皱、拼贴、填充、镶边等装饰手法。整体制作细致，上身合体修身，下身蓬松舒适，裙摆错落有序，能够很好地诠释出女性的刚柔之美。

图4-48

（三）造型技巧

1. **上身部分**

主要顺从人体的结构完成贴身的裁剪。设计点主要集中在镶边与门襟，还有蕾丝的拼贴。门襟上面要有纽扣的点缀，镶边要自然不生硬，蕾丝要贴身。

2. **腰身部分**

腰带收紧，并以蕾丝覆盖。

3. **裙身部分**

设计点是在两边不一样的裙摆上，给人耳目一新的感觉。右侧裙摆要半贴身，里面加以填充，下摆有蕾丝做边。左边下摆是由抽褶的纱一层层地堆叠而成，最后用剪刀修饰成想要的造型效果。

作品49

主　题：《恋香》

作　者：于文娟（温州大学美术与设计学院）

作品解析（图4-49）：

（一）设计思路

作品灵感来源于花朵，每一个女人都有花一样美丽而又温柔的一面。花代表着一种生命，象征热情与希望，积极向上的态度给生命带来精彩。服装在颜色上展现温柔的女性美。

图4-49

（二）装饰手法

本款礼服为A字廓型，采用了褶皱、堆叠的装饰手法，通过不同面料的褶皱产生不同层次感的效果，疏密结合。整体效果为上紧下松，下摆的荷叶边也有点随性的感觉，肩部花的夸张造型更是为女性增添一份自信。

（三）造型技巧

1. 衣身部分

采用合体型的剪裁，凸显女性身材，在胸部做荷叶边的装饰，后身使用纱来制作，腰部采用弧形造型，用钻装饰。下摆多用荷叶边做有层次感的造型。

2. 肩部造型

肩部做花的夸张造型，用纱一层一层地包裹起来，具有醒目的装饰效果。

作品50

主　题：《盛装骑士》

作　者：赵楚楚（温州大学美术与设计学院）

作品解析（图4-50）：

（一）设计思路

盛装骑士用最简单、最具象的手法，将时尚力、想象力表达得淋漓尽致。作品体现出女性率性的性格魅力，充满骑士精神。梦幻剧场的主角盛装骑士华丽登场。这种帅气闪亮

图4–50

的舞台造型是中世纪英伦贵族风格的完美演绎。

（二）装饰手法

本款整体为球型小礼服。主要采用填充、滚边等装饰手法。衣身修身合体，整个下身裙采用大小不同的长方形填充物，将其排列得错落有序和层次感，立体舒展，为款式整体增加了量感与节奏感；不对称的手法使设计更具灵动感；五金纽扣的运用，使整体更加呼应主题。

（三）造型技巧

1. 衣身部分

因为横褶不易处理胸高的起伏变化，所以采取收省处理，故要仔细斟酌处理。

2. 长方形填充物部分

从里到外的摆放规则为以长方形从大到小分布。大小不同的长方形，分别由50cm×40cm（2片），40cm×30cm（2片），30cm×20cm（2片），20cm×10cm（2片）组成，内填蓬松棉，并绗缝而成。

3. 项链部分

同长方形填充物原理，分别由7cm×3cm（2片），5cm×3cm（2片），4cm×2.5cm（2片）组成，内填蓬松棉，最后用织带将这些小方形缝合在一起。

4. 裙身部分

先做裙底布，在底布固定各层裙褶，注意各层裙摆的间距层次变化。

作品51

主　题：《雀灵》

作　者：郑曼曼（温州大学美术与设计学院）

作品解析（图4–51）：

图4–51

（一）设计思路

灵感来源于孔雀开屏时那一抹令人惊艳的美丽。这种美丽的瞬间令每个人都无法忘记。深浅不同的尾羽，刹那绽放光，糅合起顾盼间回眸的灵动，勾画着绚烂的雀之灵，几分灵动洒脱的美感，激起了心里对美丽的至高追求，这一刹那的永恒美丽，是所有女性的追求，也是令人心动的伊始。雀之灵，鸢尾清音，灵动轻盈。

（二）装饰手法

本款整体为A廓型，主要采用多层堆积、重复的皱褶设计手法。领子上的皱褶和裙摆的皱褶相互呼应，使衣服看起来更有整体感。腰身的不对称设计打破了衣服中规中矩的印象。前短后长的裙摆设计，不仅可以使衣服看起来层次感更加的丰富，还能凸显后裙摆的大而多的感觉。裙摆相近色面料的运用，让裙摆的色彩变得更加丰富多彩，富有变化感。

（三）造型技巧

1. 领子部分

可拆卸褶皱立领，方便各种不同环境穿着。

2. **衣身部分**

合体紧身设计，腰线为不对称分割设计，侧拉链在长侧边。

3. **裙身部分**

前短后长的设计。裙摆底布用大的半圆形缝制而成。底布上运用多层褶皱，不断地重复堆积而成。两种相近紫色的间隔运用，增加裙摆的变化感和层次感。

作品52

主　题：《火引冰薪》

作　者：王丹云（温州大学美术与设计学院）

作品解析（图4–52、图4–53）：

图4–52

（一）设计思路

灵感来源于荷花造型，把面料折成荷花状在胸部进行堆积，选用玫红色调，给人一种热情温暖的感觉，故取名为“火引冰薪”。花朵大小不一地包裹于上身。以荷叶造型来设计裙身，表现收放的感觉。其间用淡紫色轻纱做些许点缀，使作品不显单调。

（二）装饰手法

本款整体为金字塔型小礼服。采用面料再造，用褶皱、缀饰等装饰手法。衣身紧身合体，在胸部缀饰立体的花朵，裙身部分扇形展开，其排列错落有序，立体舒展，形成亮点；非对称的左右衣身无疑增添了几分活力与浪漫；右侧衔接以轻纱的堆褶为装饰，与立体的花朵形成刚柔的对比，是对形式美法则应用的一个典范。

（三）造型技巧

1. **花朵部分**

小型花朵单层：由5cm×10cm的长方形雪纺布（5片）烫上黏合衬，再包上同色系的轻纱一起进行折叠。中型花朵单层：由7cm×14cm（5片）烫上黏合衬，再包上同色系的轻纱一起进行折叠。大型花朵：由10cm×20cm（10片）烫上黏合衬，再包上同色系的轻纱一起进行折叠。制作过程见图4-53。

图4-53

2. **衣身右半部分**

采用基本的轻纱堆褶方法，后衣身用中分和刀背缝分割手法。

3. **裙身部分**

根据自己所需要的大小做扇形折叠后与衣身进行拼接，在中间层缀轻纱装饰。

作品53

主　题：《浮生未歇》

作　者：孙亦然（温州大学美术与设计学院）

作品解析（图4-54）：

图4-54

（一）设计思路

灵感来自于一首改编日本歌曲《浮生未歇》，“今昔一别，几度流连”。浮生未歇的意思是：人生如梦，韶华白首，不过转瞬。分别以后，时间全停止了，没有目的地活着，思想就像结冰了，但当物是人非的时候，才明白时间原来没有停止。黑色的皮质与裸色的纱质面料，两者象征黑夜白天，虚实的人生也在这一天天中消失。

（二）装饰手法

第一款是基本的A型裙，单肩的设计打破了双肩的沉闷。裸色纱质面料主要采用大小统一叠褶的设计手法。抹胸式紧身衣与宽大的裙下摆形成较强的对比。皮质面料像腰带一般围在腰部，显示女人的柔美身段。第二款则将皮质面料用在肩颈部，巧妙地运用多种叠褶，不但使结构上达到平衡，造型上也不失现代感。

（三）造型技巧

1. 衣身部分

斜向叠褶。因为横褶不易处理胸高的起伏变化，要多试几次，确定好叠褶大小宽度，确保效果为最佳。

2. 裙身部分

先做裙底布，底布颜色要与纱质面料相和谐，先固定底布，再在上面做变化，注意各层裙摆的间距层次变化，不要一成不变，不然会没有层次感。

3. 皮质面料

先在人台上确定皮质的大小以及形状，用手工在上面缝上各式珠子与皮质绳，要赋予变化，领肩及胸上部的漩涡图案在缝制前要先设计好。

作品54

主 题：《夜莺》

作 者：周蓓蕾（温州大学美术与设计学院）

作品解析（图4-55）：

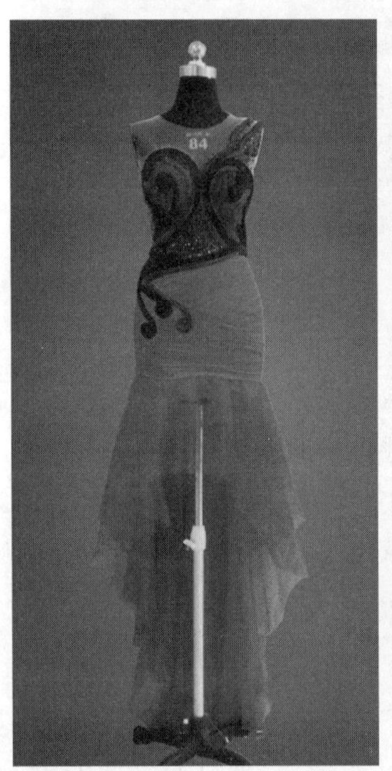

图4-55

（一）设计思路

本款采用红色与宝蓝色对比产生强烈的视觉冲击。同时，运用不同面料的对比，即将厚重的金丝绒同轻薄的纱料一起运用在礼服上，使礼服不会单调无味。其中大量运用了海浪的元素，以海浪作为面料再造的基本灵感来源，对其进行突破改变，并装饰于胸、腹、部位。

（二）装饰手法

本款整体为紧身H廓型礼服。采用编饰、镂空、堆褶等装饰手法。衣身紧身合体，在胸、腹、臀部装饰有海浪效果的面料再造，通过不同的拼接、排放，形成衣身的主体；同时上身，肩部的不对称感，无疑增添了几分活力。

（三）造型技巧

1. **上身海浪**

左部小于右部，以逗号形状做成装饰点缀在腰部，由金丝绒编织成小条，组合排列。

2. **衣身部分**

透明网纱，加以蓝色宝石点缀。

3. **臀部**

横向叠褶，紧密排列。

作品55

主　题：《花楹》

作　者：张洋（温州大学美术与设计学院）

作品解析（图4–56）：

图4–56

（一）设计思路

本款礼服以花卉元素作为主体，引领观赏者走入浪漫的世界。该款主要以当下流行的蕾丝面料作为主体来展开一系列设计。颜色以白色为主，因为白色会给人一种纯洁浪漫的感觉，再以金色加以点缀，从而将浪漫发挥到极致。这款礼服采用不对称的设计方法，令整套礼服看起来更加生动，不老套，因而更具观赏力。

（二）装饰手法

本款整体为X型礼服，采用褶皱、编饰、镂空、滚边等装饰手法。衣身紧身合体，肩部采用单肩的设计手法，将原本完全对称的X型立体造型打破。在胸前采用的左右两条装饰肩带，贯穿前后，衣身采用蕾丝，令整体更具时尚度。裙身采用双层的设计理念，外部蓬蓬裙可以拆卸，为礼服增添了更多的适应性。里面的裙身采用蕾丝不对称的装饰手法，同时又有立体花卉的装饰，令整个裙身“活泼”感十足。

（三）造型技巧

1. **衣身部分**

前衣身50cm×50cm（2片），围绕胸部缝自然褶纹。

2. **肩带部分**

肩带由150cm×8cm（2条）组成，随前后造型进行调整位置。

3. **袖子部分**

袖子100cm×5cm（1片）。围绕胸前及肩部的造型进行调整，上面是由若干根纱带拼接组合而成。

4. **裙身部分**

里裙身150cm×5cm（1片），外裙身300cm×80cm（1片），分别由堆褶而成。

5. **下摆部分**

200cm×300cm椭圆，做成较大波浪边。

作品56

主　题：《风车》

作　者：喻燕（温州大学美术与设计学院）

作品解析（图4–57）：

（一）设计思路

本款礼服设计灵感来源于迪奥的以纸作为灵感的时装展。作者由此联想到年少时玩的风车，用纸制作再用图钉按住各个角。本设计采用了白色的毛呢及铆钉，表现了女性除了柔美还有帅气的一面，尖锐的边及向上的状态表达了哥特式风格。

（二）装饰手法

本款采用白色的毛呢面料，运用金属铆钉按住方形的各个角于一点，制作方形装饰，

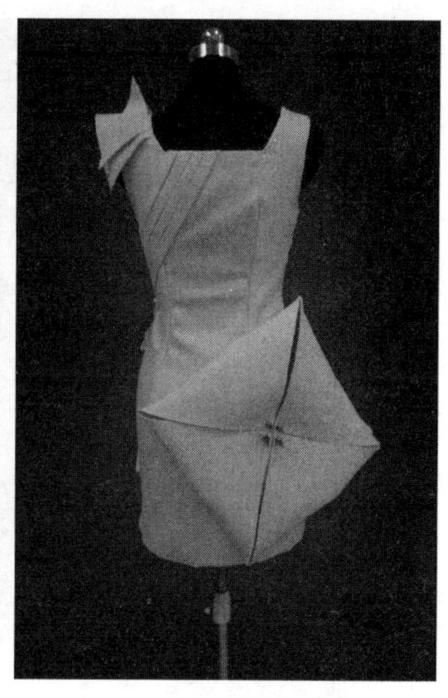

图4-57

让整件礼服富有立体造型感。从点、线、面三个方面去考虑布局，面中有线、很多个点（小三角）组成一个大的面（正方形）。在腰部有横条的叠加让衣服不会感觉单一，并且前、后形成曲线连贯。礼服的腰部到下摆运用毛呢面料制作的方形装饰物，其排列错落有序，立体舒展，形成本款式的亮点。后身大片的四方风车成为后身的一大亮点，形成前后呼应。

（三）造型技巧

1. **肩部部分**

简单的立体三角型在肩部凸显点缀作用，不会显得那么平板。

2. **腰部部分**

长条的双层面料拼接，面料准备：6cm×25cm。

3. **摆饰部分**

很多个小三角拼凑成一个方形的面，三角形形状各不相同、大小不一，富于层次感。

作品57

主　题：《似水流年》

作　者：徐玉萍（温州大学美术与设计学院）

作品解析（图4-58）：

（一）设计思路

本款礼服采用解构手法，按黄金分割比例将上身分割成若干块，形成流水曲线，配合

图4-58

轻盈灵动的裙摆，展现流觞曲水的意境美。

（二）装饰手法

本款礼服为修身婉约型，PU与透明薄膜相结合，通过镂空的手法处理，加以小亮片由密及疏的点缀，形成里、中、外三层来丰富视觉层次感。“S”的线性分割，完美展露女性的线条美，同时又能很好地修饰身材，女人味呼之欲出。而裙摆的垂坠自然而然地流露出优雅、婉约感，多层次的叠加为裙摆增加厚重感，与上身的硬挺材质相平衡。裙摆前侧的开衩静立时隐而不现，走动时若隐若现，使得礼服在展现弱柳扶风的飘逸感时不乏性感。

（三）造型技巧

1. **衣身部分**

PU与透明薄膜穿插使用，共分成11块大小曲形，尽可能地将省道转移至分割处，保持分割块面的完整感。透明薄膜双层叠加，内层以正六边形为基本单位，进行镂空。

2. **点缀部分**

以透明薄膜镂空后所得正六边形为基形，以黄金分割点为基准，由密至疏地点缀，呈散射状。

3. **裙身设计**

长150cm、宽150cm的正方形薄纱，从中心开口取腰围宽度，自然垂坠，三层叠加，形成自然垂坠的下摆。

作品58

主　题：《爱丽丝密》

作　者：金彬瑞（温州大学美术与设计学院）

作品解析（图4-59）：

图4-59

（一）设计思路

本款礼服灵感来源于欧洲的哥特风格，以黑色为主体色、金色为搭配色表现出女性的神秘和性感，以芭蕾裙为原型融入哥特礼服的要素，俏皮又神秘。

（二）装饰手法

本款整体为A廓型礼服。采用钉珠，镶边装饰手法。衣身采用塑身衣的形式制作更能体现女性的曲线之美，在腰部装饰金色花朵，形成亮点。裙摆夸张蓬松增添了几分活力与俏皮。

（三）造型技巧

1. **前胸部分**

大小不同的钉珠按照不规则几何形状，有序地排列。

2. **衣身部分**

前、后衣身分成十片裁剪，以更好贴合身体曲线。后衣身系带设计，胸下围和衣身分割处都用鱼骨巩固造型。

作品59

主　题：《西西里的歌剧》

作　者：孙亦然（温州大学美术与设计学院）

作品解析（图4–60）：

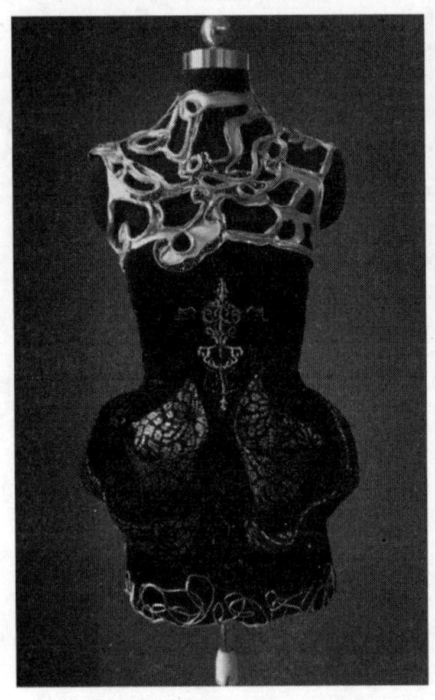

图4–60

（一）设计思路

本款礼服灵感来自繁复华丽的西西里的建筑，触摸着礼服中的丝绒、刺绣、宝石，像进入了一间富丽堂皇的歌剧院。运用巴洛克时期的地毯刺绣工艺，将其融入礼服中，显得更加华丽雍容。还加上立体的富有建筑感的廓型，彰显帅气感。

（二）装饰手法

本款礼服主要运用了金色皮质、深蓝呢料与蕾丝三种面料，为了使作品更加丰富，采用上半部镂空的手法，礼服边缘缝制金色皮条，使得更加有层次感。加之手工刺绣纹样与珠子的点缀，符合富丽堂皇的主题。

（三）造型技巧

1. 领胸部分

领口至胸前采用金色的皮质面料，为了使作品更丰富，使用镂空的手法，图案并无具体的形状，每一个边缘处都用金色皮条缝制，层次分明，再配上深色珠子，使得这部分效果更加华丽。

2. **裙身部分**

衣身至裙子为深蓝呢料，简单的直身裙，上半身融入巴洛克时期地毯刺绣的纹样，进行手工刺绣加之珠宝点缀；下半身两侧为一个富有建筑感的立体造型，用蕾丝包金皮的面料，在其内部烫里衬，使得造型更加立体，金皮的使用也与胸部的面料相呼应。裙摆缝制金皮条，没有固定的图案，是礼服上半部风格的延续，使得元素更加统一，礼服整体感加强。

第二节　系列礼服习作解析
Analysis on Full Dress Series Exercises

本节是系列礼服立体造型的实训专题，一般是在课外实践（参加设计大赛）和毕业设计等环节中完成的。本节以温州大学“嫁衣工坊杯”立体造型设计大赛的11个系列的获奖作品和河北科技大学3个系列毕业设计作品共30套礼服为范例，指导学生如何捕捉主题灵感并与各项元素融合，如何将共性特点和个性因素结合，统一中有变化，变化中有统一，如何运用同一种设计要素，进行具有某种相同特征的礼服设计，并在材料选择、造型追求与剪裁方式等即兴表达中不断引发新的创意构思，最终能完整地表现出来，为更好地把握系列礼服的主题设计、风格确立、造型等作以借鉴。

系列作品1

主　题：《折子戏》

作　者：李婉、王冬梅（温州大学瓯江学院）

系列作品解析（图4-61）：

款式一解析

（一）设计思路

折子戏，灵感来源于《折子戏》这首歌曲，它借用京剧唱腔为引子把流行音乐与中国的国粹京剧结合在一起，通过黄阅完美的演唱，烘托出了一种荡气回肠的动人情怀。这套礼服采用折纸元素，体现了刚与柔的完美结合，表现出现代女性的独立自强。整套服装轮廓清晰，高贵大方，给人艺术的感染力。

（二）装饰手法

本款整体为X廓型礼服。主要采用叠褶、大花卉、花边的装饰手法，重点在领部、衣摆等部位应用折纸元素，尤其用折纸元素制作的大花卉形成本款式的设计亮点。裙摆前短后长，并巧妙地过渡，将含蓄和浪漫风格齐聚一身。

款式一

款式二

图4-61

（三）造型技巧

1. 领部造型

采用披肩领造型，前后领子饰加一层花边，整体大气、舒展。

2. 衣身部分

衣身合体，前身腰部饰加叠折花边，后身腰部缀大花卉装饰。

3. 裙摆部分

裙摆外形前短后长，前裙叠折装饰，后裙长至拖地，飘逸浪漫。

款式二解析

（一）设计思路

设计思路同款式一。

（二）装饰手法

本款整体为X廓型礼服。主要采用大小变化的叠褶设计手法（衣身、披肩为横向叠褶，裙摆为竖向叠褶）。抹胸式紧身衣与宽大的裙下摆形成较强的对比。多层、多褶的裙摆赋予了整体量感、层次感和律动感；非对称的裙摆显示了活力和变化；外搭质感轻盈、线条流畅的披肩，形成多样化的搭配形式；巧妙地运用多种叠褶，不但使结构上达到平衡，造型上也不失现代感。

（三）造型技巧

1. 衣身部分

横向叠褶，因为横褶不易处理胸高的起伏变化，故要仔细斟酌与实践。

2. 裙身部分

先做裙底布，在底布固定各层裙褶，注意各层裙摆的间距层次变化。

3. 披肩部分

先做披肩底布，在底布上再放一层布料，相隔1～1.5cm近似平行辑线，使其上层松些，然后沿两线之间剪开上层布料，抽掉部分纬纱，形成毛绒的感觉。披肩的领口处装饰一个叠褶状的装饰带，既可起固定作用，又有装饰效果。

系列作品2

主　题：《梦卧花园》

作　者：陈江南、罗丽佳（温州大学美术与设计学院）

系列作品解析（图4–62）：

款式一

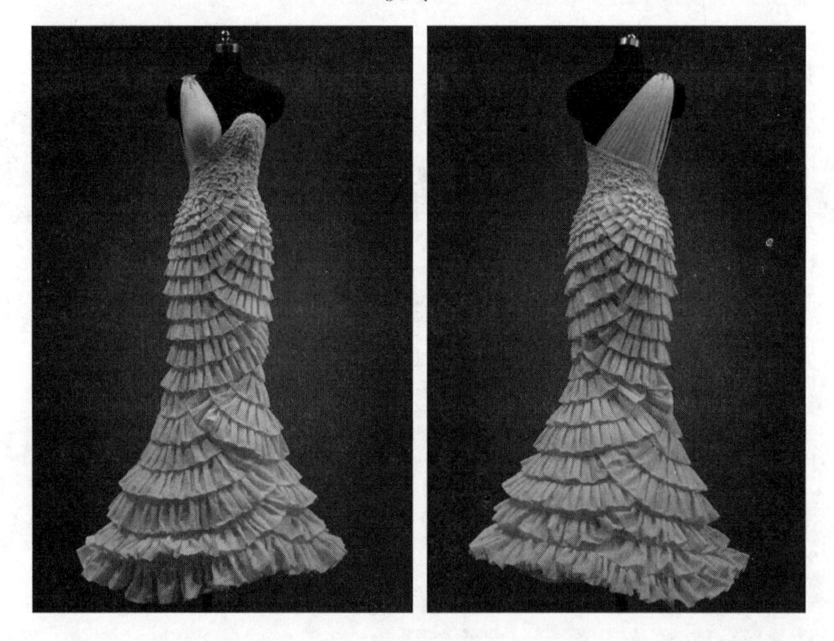

款式二

图4-62

款式一解析

（一）设计思路

梦卧花园，这一系列灵感来源于班得瑞的曲子《追梦人》，梦花园，如幻如诗的地方。梦醒后，梦中的美好依然在记忆中袅绕。这套礼服采用折叠和扇子元素，通过巧妙地摆设来塑造整体形象，如同美丽的花朵在迷雾中，在烟绕中盛开，有娇艳欲滴的，有朴实无华的，有迷幻多彩的。整套服装轮廓清晰，高贵优雅，给人以艺术的感染力。

（二）装饰手法

本款整体为A廓型礼服。主要采用大小变化的叠褶设计手法，抹胸式紧身衣的独特折叠起到收腰的效果，层层叠叠的裙摆由众多大小渐变的精致扇子构成，给人一种有层次的律动感；超长拖尾落落大方。

（三）造型技巧

1. **衣身部分**

衣身采用斜向叠褶，因为叠褶不易处理胸高的起伏变化，故要仔细斟酌与实践。

2. **裙身部分**

先做裙底布，由上到下用铁丝固定，注意铁丝之间距离要恰到好处，使叠褶处更自然。

款式二解析

（一）设计思路

设计思路同款式一。

（二）装饰手法

本款整体为X廓型礼服。以折叠为主要设计手法，衣身右肩为斜向叠褶，左胸从上到下则是大大小小的扇子有序地摆放着；裙摆为斜向交错的叠褶，鱼尾廓型裙凸现女性的优雅线条，就像是童话故事中的人鱼公主一样，是富有幻想女性的最爱。单肩式的设计新颖独特；多层、多褶、非对称的裙摆显示了活力和变化。

（三）造型技巧

1. **衣身部分**

运用叠褶以及小扇子点缀。因为叠褶不易处理胸高的起伏变化，故要仔细斟酌与实践。

2. **裙身部分**

先做裙底布，用铁丝固定，裙摆由上到下用铁丝支撑，其距离与收放下摆要恰到好处，使层叠效果更加自然、大气。

系列作品3

主　题：《神思陌路》

作　者：冯丹琪、徐小琴（温州大学瓯江学院）

系列作品解析（图4-63）：

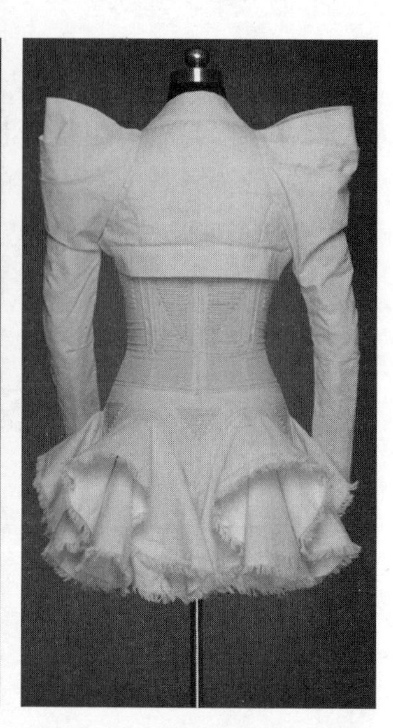

款式一

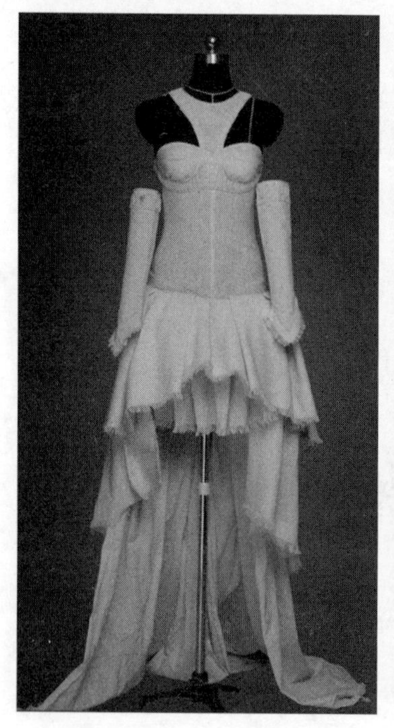

款式二

图4-63

款式一解析

（一）设计思路

神思陌路，设计风格以大胆、前卫的廓型与独特的印第安花样编饰为主，个性十足。服装整体造型对称，肩部的耸起体现哥特式风格，超短裙的运用使裙摆在依附人体运动时而产生有节奏的律动感。只有掌握好整体节奏，才能让观赏者用心去体会作品的意义。

（二）装饰手法

本款整体为X廓型小礼服。采用编饰、皱褶、斜裁、毛边等装饰手法。衣身紧身合体，在胸、腹部缀饰绳编的图形，其排列错落有序，立体凸显，形成亮点；肩部夸张的褶皱立体效果是服装最大的特点。

（三）造型技巧

1. **外套部分**

分别由50cm×80cm（2片）、55cm×55 cm（1片）组成，内衬黏合衬，并绗缝而成。

2. **衣身部分**

用50cm×40cm（2片）布料，在前、后公主线位置做省道，使其合体。并以线的形式装饰成三角的图案。

3. **裙身部分**

在长40cm、上宽80cm、下宽145cm的布料上，以线的形式装饰成三角的图案，下摆呈圆形曲线。

4. **裙摆部分**

用60cm×15cm的布料按裙摆弧度缝制，每个弧度都一样并做出毛边。

款式二解析

（一）设计思路

设计思路同款式一。

（二）装饰手法

本款整体为A廓型礼服。主要采用编织、缀饰设计手法（衣身细节部分）。紧身衣与宽大的裙下摆形成较强的对比。内衣外穿的造型突出作品的别出心裁。采用毛边的手法与上一件作品形成系列感；手套的运用也增添了一份活力。上轻下重的造型使结构上达到平衡，风格上也不失摩登感。

（三）造型技巧

1. 衣身部分

绳子编织，其排列错落有序，立体凸显，形成肌理效果。

2. 裙身部分

先做裙底布，在底布固定各层裙褶，共三层；裙摆为斜裁。

系列作品4

主 题：《宫》

作　者：廖佳、王丽婷（温州大学美术与设计学院）

系列作品解析（图4-64）：

款式一解析

（一）设计思路

随着中西文化的不断交流与碰撞，将东方的祥云图案与西方宫廷的裙撑和胸衣相互结合，打破了传统的设计，融入现代的感觉。整套服装轮廓清晰，高贵大方，细节处透露着中国韵味，就像身在异乡的游子思乡的情，让人产生联想。

款式一

款式二

图4-64

（二）装饰手法

主要采用褶饰（叠褶、皱褶）、流苏、镂空、填充等装饰手法。中式衣领、盘扣，以及祥云的图案、镂空等都突出了中国韵味，西式的泡泡袖与流苏的搭配不仅可以起到遮饰作用，也增添了几分浪漫，紧身的胸衣，在腹、臀部多层叠褶花边，由密到疏，排列有序，形成节奏感的同时将衣身自然过渡到裙身；跳跃的裙摆打破了整套衣服给人拘谨的感觉，无疑增添了几分活力。

（三）造型技巧

1. **衣身部分**

公主线紧身胸衣。用剪好祥云纹样的小披肩与衣身结合，在背部沿衣身之间弧线剪开，镂空露出后背。

2. **裙身部分**

先做好两层裙摆，再加入细铁丝用于对裙摆底部的造型做出变化并固定，在裙身腰部固定各层裙褶，注意各层裙摆的间距层次变化。

3. **衣袖部分**

泡泡袖，袖口用松紧带收紧，再在袖口内侧用流苏装饰，既强调了中国韵味也掩饰了手臂赘肉。

款式二解析

（一）设计思路

设计思路同款式一。

（二）装饰手法

可爱的灯笼袖使服装更加俏皮可爱，用布条贴身交错排列增添几分节奏感，用骨架撑起的裙撑，夸张的廓型使裙子更具有立体感，裙摆的镂空花纹不仅使服装多了典雅的韵味，也与前一套礼服相互呼应。

（三）造型技巧

1. 衣身部分

正面长条状布条交叉叠褶，胸口处用褶皱花边来遮布条厚度，起装饰作用。

2. 裙身部分

先用铁架做好裙子立体造型，然后再根据裙撑造型做好裙子，再在裙摆底边上修改，剪出镂空的祥云图案。

3. 衣袖部分

灯笼袖造型，袖山与袖口收紧处理。

系列作品5

主　题：*OCEAN MEMORY*

作　者：彭游游、高慧慧（温州大学瓯江学院）

系列作品解析（图4–65）：

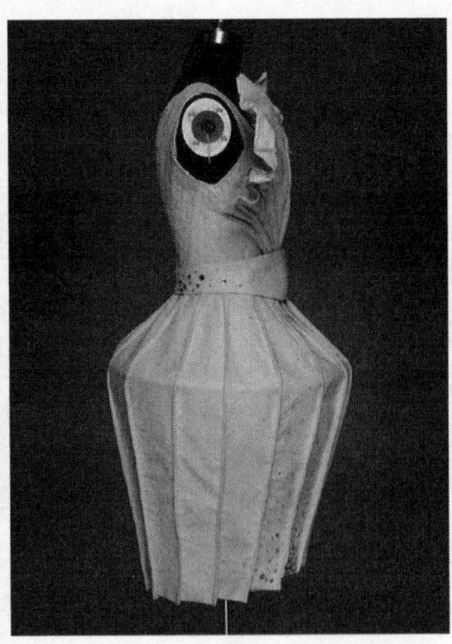

款式一

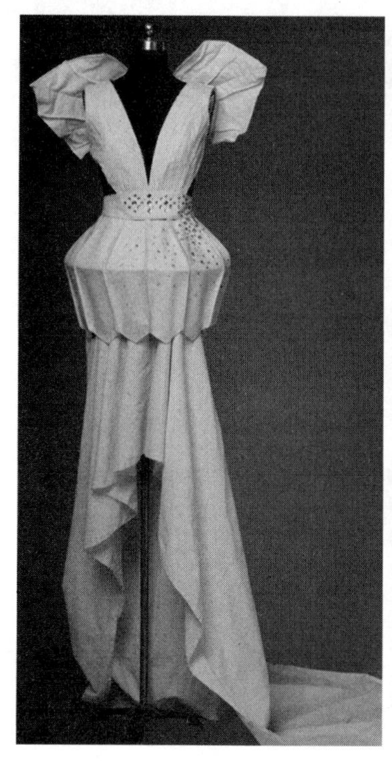

款式二

图4-65

款式一解析

（一）设计思路

犹如作品名字*OCEAN MEMORY*，翅膀像贝壳般姿态包覆着人体，衣身简约的裁剪，似高贵的公主婷婷而立。前、后身的相同褶纹增添了上衣的完整性。下身夸大的立体裙，很好地掌握了整体的节奏，抓住人们的眼球，使服装夸张的同时又带有柔美感，体现了刚与柔的完美结合。后身腰间不规则的点缀，提升了整套服装的档次与品位。

（二）装饰手法

本款整体为X廓型礼服。主要采用皱褶、镶边、镶钻等装饰手法。衣身廓型立体又不失设计感，在低胸装的基础上，在两侧胸前用类似翅膀的廓型进行装饰，使上身不至于太过简单，胸前的造型立体舒展，形成亮点；对称的设计使得服装看上去更加大方，由底端开始向上延伸的大小钻错落有致地排列在裙摆上，让礼服在大方利落中又不失别致与浪漫。

（三）造型技巧

1. 翅膀造型

分别由40cm×65cm（4片）布料组成，由2片布片将钢丝夹缝在里面，凸起的钢丝棱线形成翅膀的支撑骨架。

2. 衣身部分

在前、后衣身片上由相同宽度的单向褶手法，每条褶线都用缝线固定。

3. 摆饰部分

裙布长约60cm、上宽约60cm、中宽约90cm、下宽约70cm，下摆呈不规则圆形曲线。

款式二解析

（一）设计思路

设计思路同款式一。

（二）装饰手法

本款整体为立体礼服。采用皱褶、镶边、镶钻等装饰手法。衣身廓型立体感强，在低胸装的基础上，在背部用类似翅膀的廓型进行装饰，使上身不至于太过简单。在立体的小裙摆下添加了一条长长的不规则的裙裾。不对称的下摆、夸张的臀部造型，使得服装看上去更加的新颖而富有想法，这款镶钻由上端开始向下小范围地延伸，在灯光的映射下熠熠生辉，为礼服增添了亮点。

（三）造型技巧

1. 翅膀造型

分别由40cm×40cm（4片）布料组成，由2片布片和钢丝缝合，再通过钢丝的硬度与布料凸显镶嵌起缝合。

2. 衣身部分

在前、后衣身片上由相同宽度的单向褶手法，每条褶线都用缝线固定。

3. 摆饰部分

裙布长约35cm、上宽约60cm、中宽约80cm、下宽约70cm，下摆呈不规则圆形曲线。

系列作品6

主　题：*Trouble*

作　者：邵圆圆、孙安娜（温州大学瓯江学院）

系列作品解析（图4-66）：

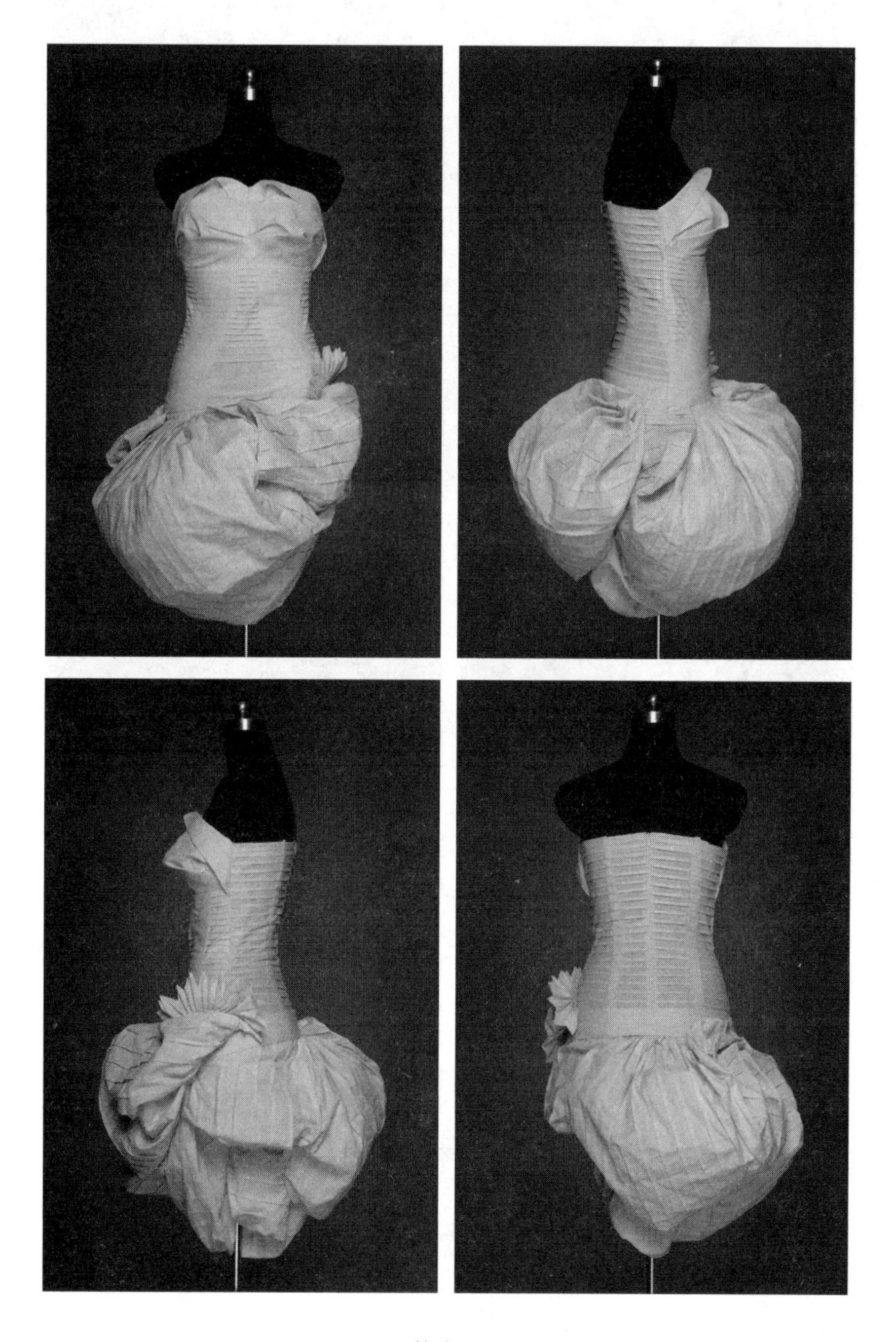

款式一

图4-66

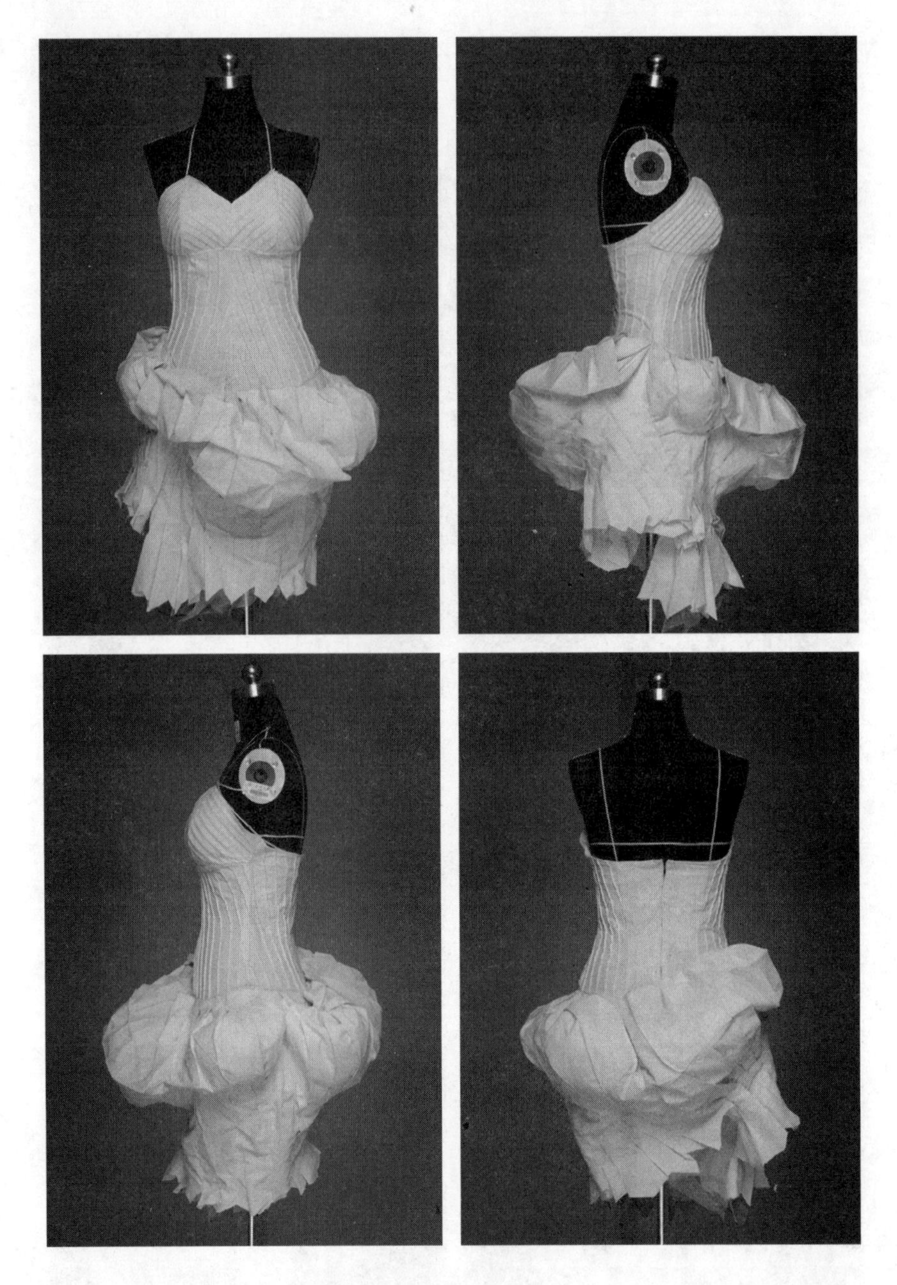

款式二

图4–66

款式一解析

（一）设计思路

《Trouble》没有用任何手法去壮大声势，只有掌握好整体节奏，让观赏者能够放松身心去感受。这套礼服采用折纸元素，以线条为装饰点，平面线条、立体线条摇摆于整件服饰上，显露放荡不羁的轻松感。贴身的衣身片，与胯部膨胀的夸张物形成鲜明对比。在展示女性身材的同时，也散发出俏皮可爱的女孩气息。

（二）装饰手法

本款整体为球型礼服。采用填充、滚边、皱褶等装饰手法。衣身紧身合体，在腹部和臀部采用布料贴身处理，裙摆用多片折叠布料将其排列错落有序，立体舒展，形成亮点、量感与节奏感；非对称的前、后衣身无疑增添了几分活力与浪漫；左侧衔接处的腰带部分剪裁成花瓣样式，是对形式美法则的应用。

（三）造型技巧

1. **胸部造型**

抹胸衣身采用折纸的方式将布料衬上纸衬，折叠出立体锥形。

2. **衣身部分**

缝制横向褶纹，体现肌理变化。

3. **裙身部分**

缝制竖向褶纹，内塞填充物，下摆呈圆形曲线。

款式二解析

（一）设计思路

设计思路同款式一。

（二）装饰手法

本款的轮廓为A型轮廓。主要采用填充、立体线条、皱褶等装饰手法。衣身片紧致合体，胯部采用规律褶皱达到立体效果，立体舒展，形成亮点；非对称的裙摆无疑增添了几分俏皮。

（三）造型技巧

1. **衣身部分**

缝制斜向立体线条褶纹，体现腰身造型。

2. **裙身部分**

利用布料的平面线条折褶皱，并放置硬网填充内部，使其达到上松下紧的效果。

系列作品7

主　题：《纤回》

作　者：杨凡、王松丽（温州大学美术与设计学院）

系列作品解析（图4–67）：

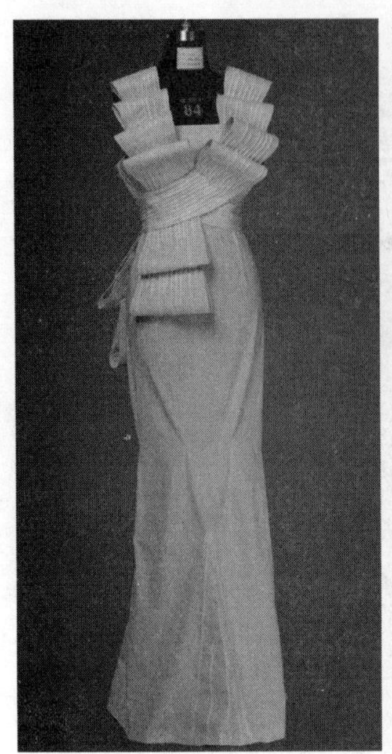

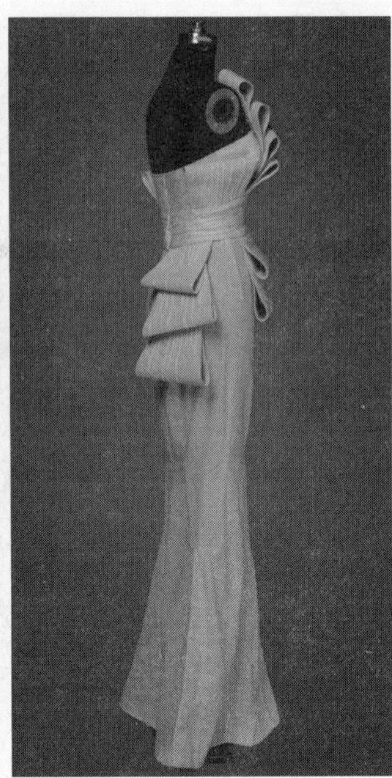

款式一

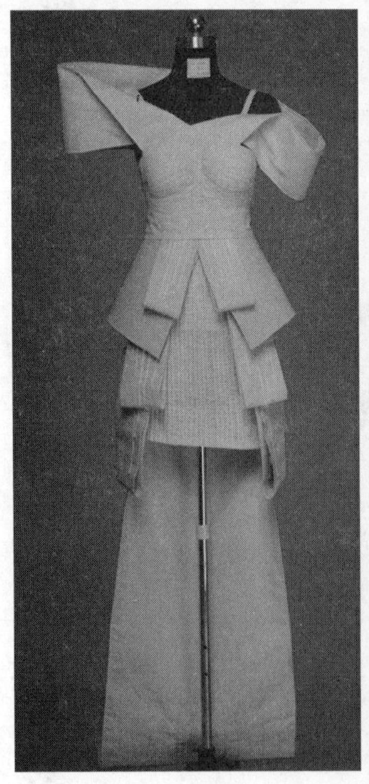

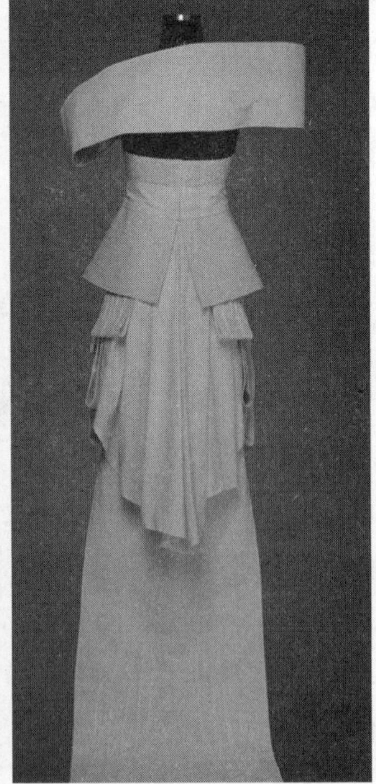

款式二

图4–67

款式一解析

（一）设计思路

作品灵感源于中国传统贵族服饰中的缎带，设计以此为元素，将大小不同，宽窄不一的带子运用在不同位置，整体造型在规整中带有不对称性。多片条带的叠加也使衣服的层次感拉开。

（二）装饰手法

主要采用在宽带子上面缝制疏密错落的白色粗毛线，然后折叠、再叠加的综合设计手法。叠加后的宽带子增加装饰分量与夸张感，缝制蓬松粗毛线改变布料的肌理，使面料材质与造型效果从普通变得与众不同。

（三）造型技巧

1. 布带制作

为体现条带的硬挺感，在缝制的过程中需要加烫厚的黏合衬，缝制白色毛线的时候，可以适当将缝纫机调松，以避免布料因收缩而变皱。

2. 前身造型

在前身右侧缀四层宽带子，左侧缀六层宽带子，左右两侧宽带子在腰部交叉，形成一种编饰的效果。

3. 后身造型

在后身右侧腰部缀三层宽带子作为一种呼应，宽带子层次与位置要协调。

4. 裙子造型

鱼尾形长裙，膝部收紧，下摆利用三角形裆布放出。

款式二解析

（一）设计思路

设计思路同款式一。

（二）装饰手法

礼服廓型上，看似对称的造型中隐藏有不对称的元素，如肩部立体造型，两肩部分的宽窄和高低都有不同。细节装饰上，主要采用宽带子上面缝制疏密错落的白色粗毛线，再逐一叠加的设计手法。

（三）造型技巧

1. 肩部造型

采用不同宽度的宽带子围绕肩部至胸前，然后翻折形成折叠效果，并留出左手臂的需要量。

2. 胸部造型

采取叠褶的方式，与平面腰部形成对比。后腰部采取夸张、硬挺的摆饰造型。

3. 前裙部分

裙身用白色毛线缝制成细密的竖向线条，腰部两侧宽带叠加予以装饰，且宽窄不一，富于层次变化。

4. 后裙部分

拖地长裙外加形如燕尾形状的波浪裙摆，长裙底摆边也装饰白色毛线缝制的竖向线条，与裙身部分相呼应。

系列作品8

主　题：《街吻》

作　者：张洋（温州大学美术与设计学院）

系列作品解析（图4-68）：

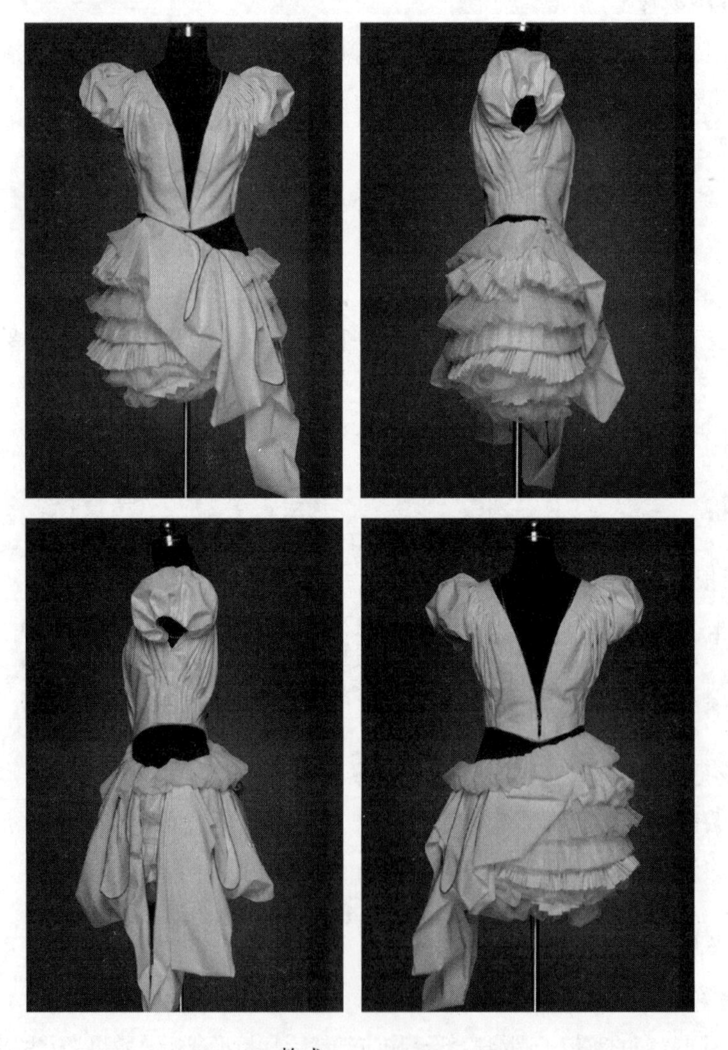

款式一

款式二

图4-68

款式一解析

（一）设计思路

街吻，源于对现代服装流行趋势的理解，着力打破礼服通常理解中的高贵、典雅的特质，融入新的“灵魂”那就是街头元素。第一款中大量巧妙地运用拉链，无疑是这个作品最出彩的地方，但只有这些还不够完美地诠释出“街头”的特质，所以在不违背礼服应有的特点外，在下身自由堆放一块布料，来体现随意、不受约束的性格，同时颇具时尚感。第二款的廓型和细节更具大胆和趣味性，让人一眼就被它华丽的“气质”所吸引，同时又被细节的独特造型所折服。无论是流动的荷叶领，还是立体的裙身，抑或是胸前“搞怪”的拉链背带，总有一样会使你爱上它。

（二）装饰手法

这款属于球型礼服，主要采用堆褶、垂坠褶、镂空、叠加等装饰手法。前后都采用大V字领，典雅又不失时尚感，嵌入拉链的领间更具特色。裙身主要采用不同质感面料进行堆加来增添层次感，使整件礼服看起来节奏感十足；外面垂挂的布饰是整个礼服的最大亮点，它的加入打破古板的对称，为整件礼服赋予了新的意义，看起来更加随意，穿起来也会更加有动感。

（三）造型技巧

1. **衣身部分**

衣身分为左右各两片共四片组成，采用左右完全对称的形式，前身是由100cm × 50cm

（2片）、后身100cm×40cm（2片）组成，在前侧及腋下堆褶，再塑造衣袖形状。

2. 裙身部分

用三种不同质感的面料，并在面料上做不同肌理，规格约300cm×40cm（6片），有层次地叠加而成。

3. 摆饰部分

运用约200cm×30cm（2片）拼接而成，自由堆放，侧面接口处用拉链衔接，目的是为了增添细节，富有趣味。

款式二解析

（一）设计思路

设计思路同款式一。

（二）装饰手法

本款礼服整体呈现X廓型，领子运用立体不对称造型来表现线条的流动感，衣身运用不对称裁剪而成，衣领和衣身进行了完美结合，使整个上半身看起来更有动感，把女性的曲线美表达得淋漓尽致。前裙身是以表达肌理效果为主，采用线形分割及完全对称。后裙身采用布的堆积和扭曲而成，同时也体现整个后裙的流动性。拉链背带是整个礼服的点睛之笔，看似格格不入的元素组合在一起，却能完美地表达出街头风格的多样性和混搭的设计理念，使礼服看起来更时尚、前卫。

（三）造型技巧

1. 衣领部分

要想达到立体的效果，要借助细铁丝等可以造型的材料完成。

2. 衣身部分

以合体为主，注意省道的处理，它的方向位置都能影响到礼服的美感，其中与衣领衔接要自然、流畅。

3. 裙身部分

裙身是整件礼服最复杂的地方，采用300cm×200cm的布料。首先把裙身上半部分的竖褶效果做出来，然后计划好抽褶的大小及距离，并用铁丝进行造型。最后，把剩余的布料有规律、有层次地堆放在后面。

4. 拉链部分

在前身的胸、肩部分进行了分割并嵌入拉链，是为了把实用性和装饰性完美地结合在一起。

系列作品9

主　题：《女王的秘密》

作　者：朱香草、郑淑惠（温州大学美术与设计学院）

系列作品解析（图4-69）：

款式一

款式二

图4-69

款式一解析

（一）设计思路

女王的秘密，以当代职场女性所必备的两大性格特征“一刚一柔”来表现。当代女性在职场打拼更多的是在展现自身的刚毅和果敢。但谁都不能忽视女性天生的柔美、感性的性格特质。巧妙地将这两种特征融合到一款礼服当中是设计思想的中心点。灵感来源于欧洲中世纪的礼服，通过露背设计和大量荷叶边的运用来体现女性的柔美，而分割和衬衫领设计则体现出女性刚毅的一面。

（二）装饰手法

本款肩部是双层大褶荷叶边，通过领部的设计体现女性的干练和帅气，而肩部的荷叶边设计使刚性领部有了女性柔美的特质。摆饰部分摒弃了传统欧式礼服庞大下摆的繁琐复杂，采用了夸张胯部的梯形裙，用多层荷叶边的堆叠来达到丰满夸张的裙型效果，夸张的裙造型与注重分割的腰部造型形成了鲜明的对比，整体效果大气而精美。

（三）造型技巧

1. **衣领部分**

采用衬衫领设计，衣袖和衣领边缘的褶皱以荷叶边连接。

2. **衣身部分**

根据腰部曲线做双层分割设计，腰际线略带弧度，以两边高、中间低的箭头式走势表现。

3. **裙身部分**

利用鱼骨制造夸张的胯部效果，再用层叠荷叶边的手法制作出夸张华丽的造型。

款式二解析

（一）设计思路

设计思路同款式一。

（二）装饰手法

本款绕脖的抽褶衣身设计是采用比基尼的设计手法。深V和露背可以说是性感的代名词，而抽褶的设计更能体现出女性的胸部曲线，腰身部分是分割拼接的育克，使衣身和裙身部分可以更好地过渡、融合。裙身部分依然采用夸张的倒梯形轮廓设计，采用反复缠绕的手法来达到夸张的效果。裙摆部分采用了与款式一相呼应的层叠荷叶边设计。而背部除了露背设计还增加了绑带设计，交错的绑带与裙身形成了巧妙的呼应。

（三）造型技巧

1. **衣身部分**

前片采用抽褶并设计深V字领，腰部曲线做双层分割设计，两边各10cm，中间13～15cm。背部是露背设计结合交错的绑带设计与裙身无序的缠绕呼应且有变化。

2. **裙身部分**

利用鱼骨制造夸张的胯部效果，再用反复无序的缠绕方法创造出夸张华丽的造型。

3. **裙摆部分**

裙摆部分采用层叠荷叶边设计，精致优美。

系列作品10

主　题：《东方祥云》

作　者：张洪敏、屠情妮（温州大学美术与设计学院）

系列作品解析（图4–70）：

款式一

款式二

图4–70

款式一解析

（一）设计思路

东方祥云，以中国传统文化的底蕴结合西方文化的精神，中西合璧设计出的礼服，设计元素古典、东方，取名叫《东方祥云》。通过“祥云”面料再呼应主题。以白色作为此款礼服的主色调，带给观赏者神圣、纯洁的视觉效果。普通面料外层又搭配了一层蕾丝网纱，提高了此款礼服的精致度，显得更加与众不同。整体衣身的廓型是东方陶瓶的形状，既散发出东方的神秘气息又诱发西方性感之美。

（二）装饰手法

本款整体为紧身鱼尾裙礼服。主要采用镂空、缀饰、抽褶等装饰手法。衣身紧身合体，裙摆加大拖地，与衣身形成了对比。衣身上缀有大小不同排列错落有序的花朵，整体以“S”形排列在衣身上，整体和谐、节奏感明显；对称的前后衣身，稳重大方，与花朵的不对称摆放形成了对比，再一次体现了形式美法则，典雅当中充满着浪漫气息。

（三）造型技巧

1. **花朵部分**

分别由直径12cm、8cm、5.5cm、4.5cm大小不同的花朵组成，由主面料和白纱两层面料抽褶制作而成。

2. **衣身部分**

由前、后两片衣身组成，并附有蕾丝网纱。在公主线位置做省道，使之合体。

3. **裙摆部分**

裙摆由扇形组成，外层附有白纱，内有裙撑，缝制而成。

款式二解析

（一）设计思路

设计思路同款式一。

（二）装饰手法

本款以中国旗袍样式为上衣的样式，充分体现女性的曲线美。外层白色的蕾丝网纱在细节上体现东方女性的柔美端庄。用褶饰、镂空等装饰手法，将服装上衣紧身曲线与下摆的大花朵夸张造型形成强烈对比。让整件礼服更添俏丽，体现现代东方女性的明媚、亲切、俏丽，令整体造型具有现代感、时尚感。

（二）造型技巧

1. **花朵部分**

以长60cm、宽20cm的白色面料套上蓝色纱并对折缝起来。抽褶形成花的形状，大小相等。

2. **衣身部分**

衣身分上下两部分。胸以上部分做出旗袍领状，胸部以下的衣片以西式剪裁，衣身合体，在右侧装上隐形拉链。

3. **面料部分**

纯白面料上加上白色的蕾丝，让面料看起来更细腻、更柔美；裙上加上蓝纱可以让裙更有朦胧感、层次感，内部加上裙撑让裙子更有立体感。

系列作品11

主　题：《截》

作　者：方亚妮（温州大学美术与设计学院）

系列作品解析（图4-71）：

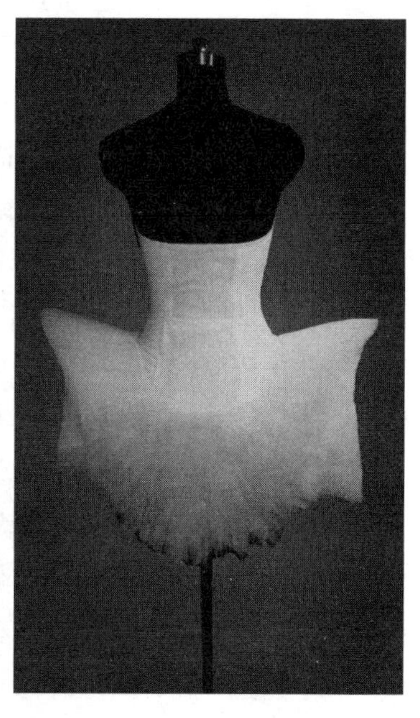

款式一

图4-71

款式二

图4–71

款式一解析

（一）设计思路

“截”灵感来源于被截断物体的横截面。不同的切割方式都会得到不同的横截面，当然会有不一样的肌理效果及视觉冲击。露肩的小礼服设计与腰部的紧收都为体现女性身体原本的曲线。薄纱的叠加及切割出来的截面效果在增加胯部立体效果的同时凸显纤细腰身，给人既妩媚又强势的性感。不规则的裙摆截面，夸张的形状设计，充分体现解构感。丰富的颜色搭配，给人很强的视觉冲击力。

（二）装饰手法

本款整体为榔头形，采用大小变化的叠褶设计（上衣身、裙摆为横向叠褶，下衣身为竖向叠褶）。抹胸式紧身衣与宽大的裙下摆形成较强的对比。多层、多褶的裙摆赋予了量感、层次感和律动感；裙摆的不规则切割显示了活力和变化；巧妙地运用多种叠褶，不但使结构上达到平衡，造型上也不失现代感。

（三）造型技巧

1．衣身部分

横向叠褶。因为横褶不易处理胸高的起伏变化，故要仔细斟酌面料与结构之间的平衡。

2. 裙身部分

先做裙底布，在底布固定各层裙褶，注意各层裙摆的间距层次变化，并且注意裙底与摆之间的连接部分是否稳固，纱的硬度能否足够撑起裙摆的形状。

款式二解析

（一）设计思路

设计思路同款式一。

（二）装饰手法

本款整体为X廓型，主要采用大小变化的叠褶设计手法。束胸式紧身衣与夸张的肩部造型和裙下摆形成较强的对比。多层、多褶的裙摆赋予了量感、层次感、律动感，裙摆的不规则切割显示了活力和变化，巧妙地运用多种叠褶，不但使结构上达到平衡，造型上也不失现代感。

（三）造型技巧

1. 衣身部分

肩部、胸部造型是本款礼服最难的部分也是亮点部分。

2. 裙身部分

先做裙底布，注意各层裙摆的间距层次变化。并且注意裙底与摆之间的连接部分是否稳固，纱的硬度是不是足够撑起裙摆的形状。底裙与纱布的缝合，立体的效果，聚拢效果都是重点研究的问题。

3. 束胸封腰

封腰较大，且呈现不规则的状况，需要直接贴体裁出裁片形状，封腰用皮质面料，柔韧性极强，不易缝合，边缘易卷变形，制作过程较为复杂。

系列作品12

主　题：*ELF*

作　者：辛亚男（河北科技大学毕业设计作品）

系列作品解析（图4-72）：

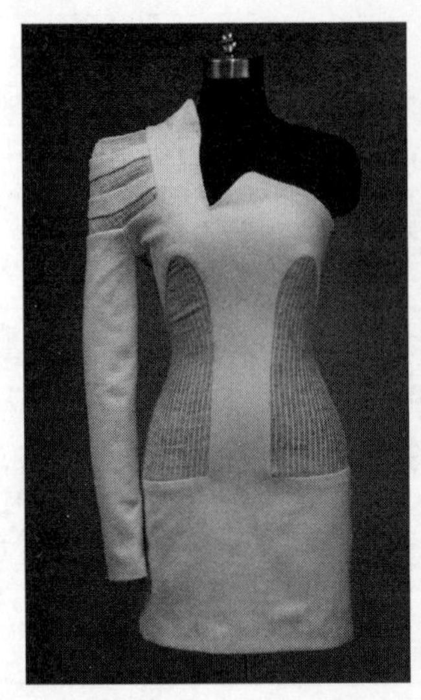
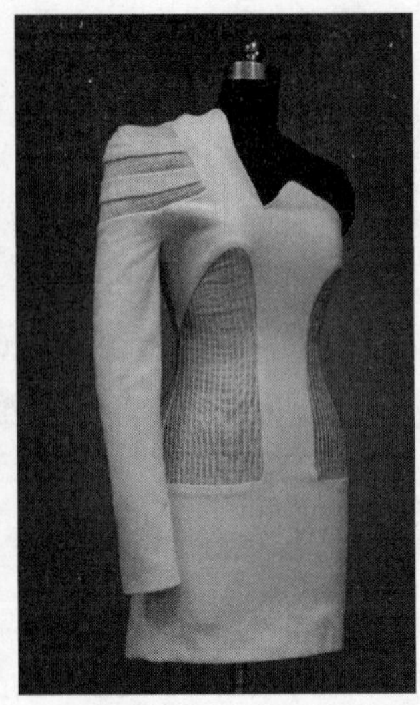
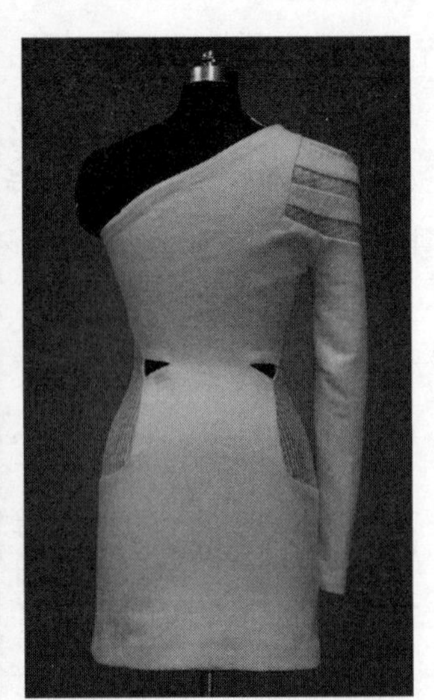

款式一

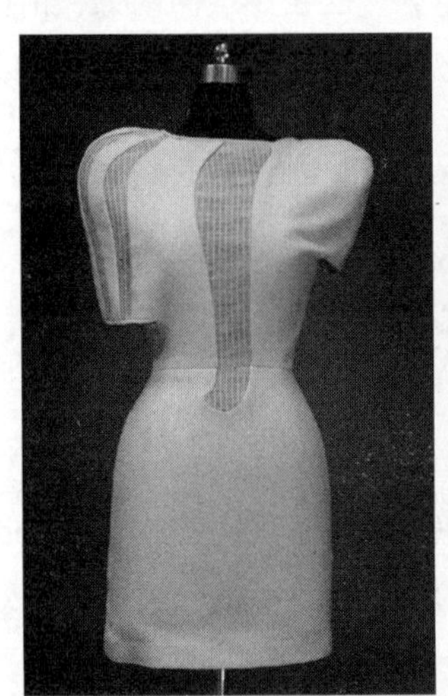

款式二

图4-72

款式一解析

（一）设计思路

故事中的精灵有着超乎寻常的能力，喜欢搞怪，纯洁可爱。本系列作品运用了镂空的方法，既达到装饰效果，也为整体造型起到关键性的作用，即将省道融入衣服整体造型中。通过该系列作品希望人们热爱大自然，保护资源。

（二）装饰手法

本款主要体现分割线在礼服中的运用，制作时要合理转移省量，结构紧身合体；服装整体以毛料为主，采用麻织物做镂空效果，突出强烈对比；肩袖非对称结构，体现服装的时尚感；衣身主要为紧身连衣裙结构，腰部两侧镂空，两种不同的面料完美结合，体现出若隐若现的朦胧美；侧偏的无领设计，带有强烈的现代感。

（三）造型技巧

1. **衣身部分**

前、后片白色主面料为整块面料，无省，将包裹人体而产生的余量都放入镂空处，要注意镂空的位置，尽量过人体主要曲面的转折点，从而达到合身的效果，同时要充分发挥分割线的功能性。考虑分割功能的同时，也要考虑造型的美观性。

2. **肩部结构**

肩部镂空位置，制作时先用毛料制作完整的装袖，然后根据款式挖除高20cm、宽15cm的镂空部分，镂空部位利用材质的特性做硬挺效果。

款式二解析

（一）设计思路

设计思路同款式一。

（二）装饰手法

本款是有分割线的小礼服，结构紧身合体，肩部造型夸张，服装主要体现分割线在礼服中的运用，制作时要合理转移省量；服装整体以毛料为主，采用麻织物做镂空效果于肩袖部、胸腹部，以及后片腰臀线条处，若隐若现的朦胧美与系列服装相呼应；肩袖非对称结构，达到较强的时尚感。

（三）造型技巧

1. **衣身部分**

衣身采取了两段式的分割，前片腰部断开；上身前、后片白色主面料为整块面料，无省，对人体塑造而产生的余量都放入镂空处；后片白色主面料收腰省，并有分割，人体塑造而产生的余量均匀地分配于腰省与分割处。

2. **肩部结构**

肩部夸张立体感造型，制作时在肩部可适当填充棉花，达到理想的效果之后将填充物取出，利用面料本身硬挺的效果做出立体造型。

系列作品13

主　题：《蝶舞飞扬》

作　者：王翠娜（河北科技大学毕业设计作品）

系列作品解析（图4-73）：

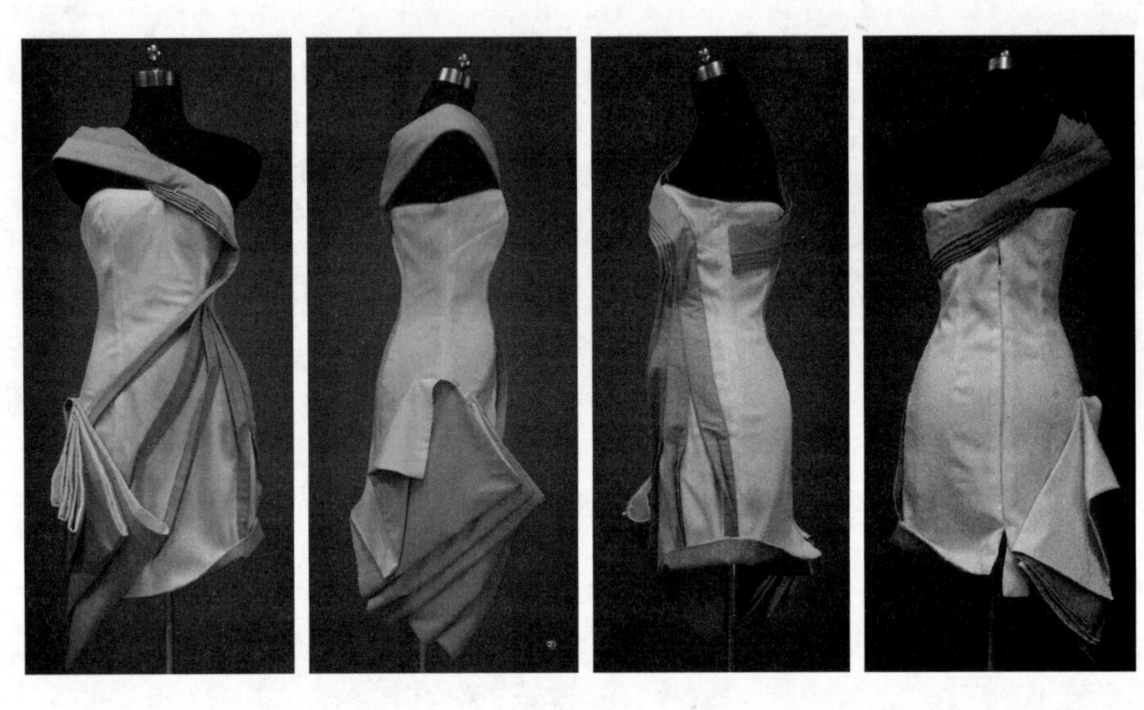

款式一

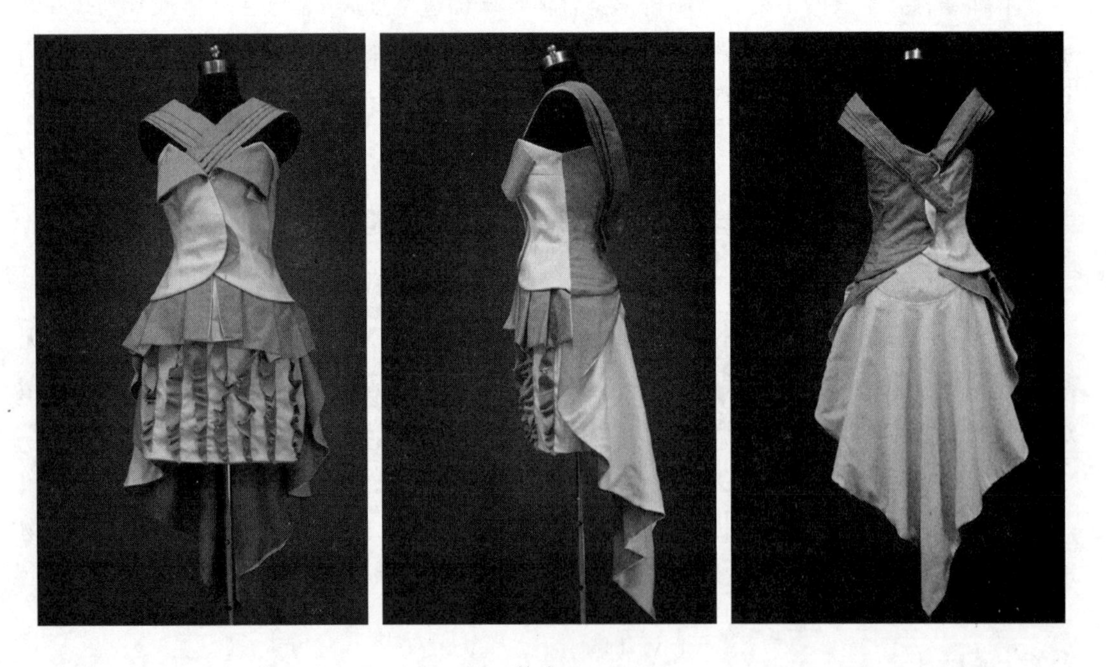

款式二

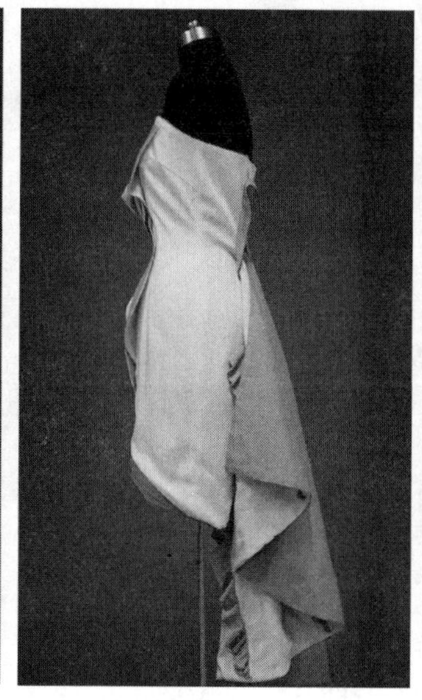

款式三

图4-73

款式一解析

（一）设计思路

蝶舞飞扬，表达了飞扬的青春，年轻的生命，正如一只翩翩起舞的彩蝶。本系列灵感正是来源于此，在色彩上运用有彩色与无彩色的对比与调和，形成节奏美感；服装造型简洁、线条流畅、款式活泼，本系列三套作品，每套都能给以观者不同的感受，通过这个系列作品展现了女性柔美健康的形象，同时也展现了对生活的热爱。

（二）装饰手法

本款是一款创意礼服。采用分割、缀饰、皱褶等手法。衣身合体，在肩部缀饰立体叠褶装饰，其排列错落有序，节奏感强，与简洁的衣身结构相得益彰，为服装增添了几分活力与浪漫；裙身采用折叠法做成立体感强烈的裙摆，与简洁的衣身形成强烈对比，丰富了服装的趣味性。服装整体简洁大方，是缀饰的典范应用。

（三）造型技巧

1. **衣身部分**

紧身合体的抹胸短裙，为双层面料，外层为白色面料，内层为黄色面料，前、后衣身做公主线分割处理。

2. **肩部装饰**

宽度为4.5cm的肩带五层依次排列，分别在后背与前胸处斜向交叉，过左侧腰部，然后依次展开，3条与叠褶装饰连接，2条与左侧下摆相连，右侧下摆卷边3cm露出黄色面料做色彩装饰。

3. 摆饰部分

长100cm，宽25cm的布条叠褶6层，从底层到上层叠褶大小依次递减，并拉展褶裥，使其蓬松有立体感。

款式二解析

（一）设计思路

设计思路同款式一。

（二）装饰手法

本款为合体结构礼服，采用褶饰立体造型法，衣身下摆处为叠褶、裙身拖尾部分有波浪褶，裙身前片添加的褶皱缀饰，大小变化的褶饰赋予了服装量感与层次感；上身分割设计并配以色彩变化，丰富了视觉效果；肩部的叠褶装饰交叉于胸前，功能性与装饰性兼具，既可起固定作用，又有装饰效果。

（三）造型技巧

1. 衣身部分

内外两层面料，左右对称结构，制作时只做半边即可，公主线分割，加入少量放量，暗扣装在后背处。腰部叠褶饰边宽15cm，均匀叠褶，也可采用平面加入叠褶量的方法完成。肩部4层宽4.5cm的叠褶装饰交叉与胸前，既可起固定作用，又有装饰效果。

2. 裙身部分

先将基本裙型做好，裙身内外两层面料，外层白色，内层黄色，做好之后加褶皱缀饰。饰带宽6cm，长稍大于裙长，将饰带布竖向对折，在对折线处将饰带与裙前片车缝，车缝时注意控制褶皱量，并注意木耳边之间的距离均等。

款式三解析

（一）设计思路

设计思路同款式一。

（二）装饰手法

本款是紧身型礼服，操作重点在于前片的分割与造型的处理。裙身结构简洁合体，腰部收腰省，胸部收胸省，前片开合的曲线造型富有层次，呈现浪漫、高雅的情调；裙摆运用45° 斜向抽褶，增加了服装的动感效果；服装整体简洁明快，能够体现女性柔和流畅的线条。

（三）造型技巧

1. 衣身部分

衣身4片，为双层面料，外层为白色面料，内层为黄色面料，腰部收腰省，胸部收胸省；衣身前片开合处曲线造型需提前做好，要仔细斟酌确定其形状；衣摆处多层叠褶装饰宽4.5cm，四层。

2. 拖尾部分

拖尾部分双层面料，内层白色，波浪褶，外层黄色，两层均斜向取料，制作波浪裙。

系列作品14

主　题：《印象几何》

作　者：王勇如（河北科技大学，毕业设计作品）

系列作品解析（图4-74）：

款式一解析

（一）设计思路

印象几何，灵感来源于传统几何图案，几何图案是服装设计中最丰富的设计语言。它给了服装多种表情，使得服装的风格更加多元化，更具有生命力和艺术感染力，推动着时装界的各种时尚风潮。本系列将几何图案作为局部装饰，对服装的整体风格起到“点睛”作用；将传统几何图案元素在现代服装中进行运用，打破了原有几何造型的平面和呆板；把传统的几何图案与现代审美相结合，激发出具有民族神韵和时尚气息的设计思维，使人们体会到服装中新面料、新工艺和新视觉的完美结合。

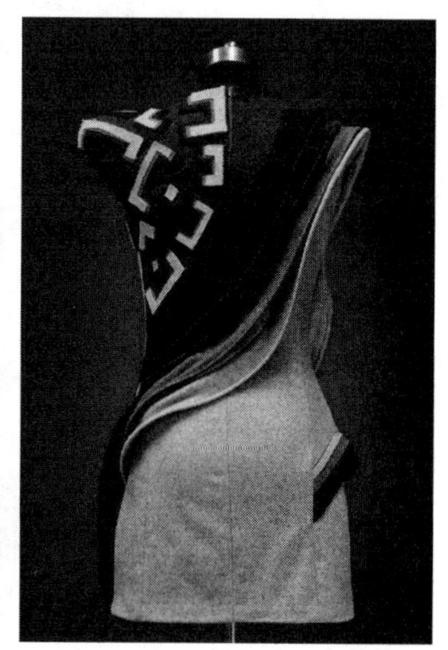

款式一

图4-74

款式二

款式三

图4-74

（二）装饰手法

本款礼服主要采用分割、粘贴、充填等装饰手法。纵向分割与斜向曲线分割的综合运用，将衣身全部省道量转移到分割线，使服装的每片都贴身合体，斜向分割处配合尼龙鱼骨支撑，装饰立体效果明显，装饰部分面料颜色依次递进，形成丰富的视觉效果。肩部造型采用中国传统的几何图案，并通过几何图案的层层叠加做出立体效果，其排列错落有序，疏密适度，繁简得当，与服装整体造型浑然一体。衣身S形曲线柔美而挺立，形成平面与立体的完美结合，使服装既体现了张力，又表现了女性的柔美。

（三）造型技巧

1. 衣身部分

紧身结构，前片为3片，后片为2片。前、后片均有曲线分割，全部省道量转移到分割线处。

2. 装饰部分

在礼服前、后衣片上做等宽度的四条曲线分割，同时将宽度为5cm的荷叶边固定在衣片分割处，荷叶边装饰的外侧事先缝成管状，穿入尼龙骨撑，并调至理想的效果。

3. 肩部制作

先画出理想的几何图案，每个几何图案有5层不同颜色的叠加，且每层叠加从底层到最上层大小依次减小。

款式二解析

（一）设计思路

设计思路同款式一。

（二）装饰手法

本款礼服分衣服、裙两部分。衣服主体造型简洁、硬朗，主要采用波浪褶、叠褶、粘贴等手法，双层波浪衣摆造型是服装造型的重点。衣服合体，采用单肩袖不对称设计，同时前、后衣身以及胸部的叠褶叠加装饰，加强了服装工艺的艺术魅力。裙为合体筒裙，错落有序的几何图案粘贴装饰画龙点睛，成为礼服的又一亮点。

（三）造型技巧

1. 衣身部分

为适体结构，前、后衣身以及右前身均做8cm宽的规律褶装饰带，装饰带制作时注意要均匀压褶。

2. 波浪衣摆

采用圆环起浪法操作而成，通过绘制圆环并展开圆环，利用圆环内外弧长差形成波浪。

3. 裙身部分

为三片式合体筒裙设计，腰部收省，裙装制作完成后粘贴几何图案装饰。每个图案装饰有五层不同颜色的叠加，且每层叠加从底层到最上层大小依次减小。

款式三解析

（一）设计思路

设计思路同款式一。

（二）装饰手法

本款主要采用波浪、粘贴、线条绣缀等多种装饰手法。衣身主体造型简洁、流畅，直线分割，彰显简洁大方。左右对称的肩部造型设计，打破前两款的不对称手法，肩部立体造型体现力量感，并与设计主题相吻合。胸部为规律褶皱折叠装饰，上方粘贴疏密有序的几何图案，凸显设计来源。衣身做出夸张的荷叶边装饰，展现女性柔美的同时增添了服装的活力。礼服的后背与胸部一样粘贴几何图案，与系列服装体现共同元素。

（三）造型技巧

1. 衣身部分

本款服装采取了两段式的弧形分割，衣服前片在胸部以上分割，后边在腰部以上做分割并做叠褶装饰。衣服前片的线条绣缀装饰用手缝针暗缲在衣片上。

2. 装饰部分

斜丝取料，在需要波浪的部位收褶并固定，荷叶边褶皱尽量表现得自然、流畅，褶皱部位与衣身分割处缝合在一起，在人体模型上修剪前、后衣片波浪变化长度。

3. 肩部装饰

肩部立体造型填充尽量饱满。

第三节　创意礼服习作解析
Analysis on Creative Full Dress Exercises

本节是创意礼服立体造型的实训专题。创意是一种创造性意识，是对常规的一种突破，创意以新颖性、独创性为主要特征，注重主题与理念、意境与风格的体现。本节以温州大学美术与设计学院学生设计的16套创意礼服习作为范例，突出说明非礼服用材料（纸制品、金属、竹木、塑料、植物纤维等）的创意装设计与实训。虽然有的习作在某些方面略显稚嫩，但反映了学生对创新意识的培养及服装创意能力的训练，创意礼服的设计与制作充分发挥了学生的想象力和创造力，并对掌握非服用材料的性能、特点及有效利用进行一定的探索。

创意装作品1

主　题：《腾云驾雾》

作　者：孙安娜（温州大学瓯江学院）

作品解析（见图4-75）：

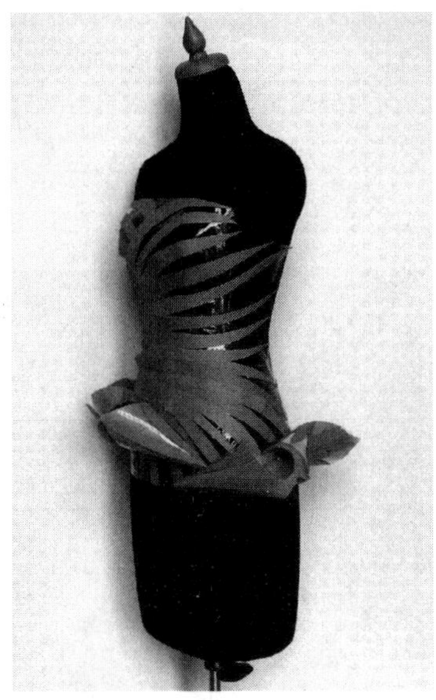
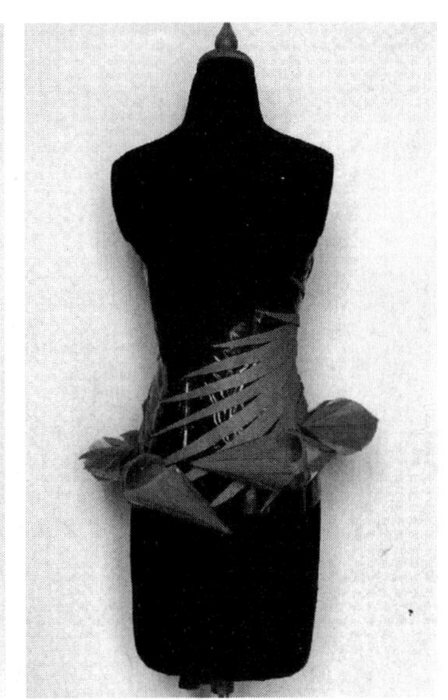

图4-75

（一）设计思路

本款采用织带购物袋和透明文件夹作为材料。将其打散，并重新组织整理，将织带剪细，按照螺旋的方式包覆在人体上，上身不对称且曲线的线条，展现出流动的风向动态。下摆处高高低低、不紧不密的立体缀饰增加几分随意性。虽然服饰的整体采用许多锥体的尖锐元素，但是材质上的柔感为其增添缥缈的柔和感，这正是刚中带柔般现代女性的特征。

（二）装饰手法

本款采用了镂空和缀饰造型手法，在服饰造型、视觉传达、色彩搭配及材料应用的二次创新上做出努力。主要采用镂空手法，将材料剪切，拼接在透明底裙上，局部不完整与整体完整的对比，产生镂空的视觉效果。衣身紧身合体，在腹臀部使用缀饰手法，通过二次改造材料，形成点缀饰品，使之创造出不等同于平面衣料的特殊美感。

（三）造型技巧

1. **材料使用**

打散材料并重新组织，应用铅笔大刀尺工具，在织带购物袋的拆卸后，剪切下细条略带弧度的形状。

2. **衣身部分**

拆卸透明文件可再利用的部分，并让其紧紧地包覆人体，用大头钉固定。

3. 缀饰部分

锥体斜放，大小不一，错落有致，别致有趣。

创意装作品2

主　题：《黑白配》

作　者：王亚运（温州大学瓯江学院）

作品解析（见图4–76）：

图4–76

（一）设计思路

本款设计灵感来源于建筑物的几何效果，使作品具有视觉空间感。还借鉴建筑物笔直向上的特征，使作品有向上的积极力量。在色彩上运用经典的黑与白，具有现代简约的风格。在材质上选用卡纸体现了环保的理念。

（二）装饰手法

本款整体为X廓型，衣身采用长条叠褶的手法并使其自然展开，形成具有弹性的折叠效果。裙身与衣身对称采用圆台型，使整体轮廓为X型。在裙身上加上宽条折叠立体装饰，与上身纹理形成呼应，运用黑白方块间隔的效果增加了动感和延伸感。后背黑白方块间隔与前边相呼应。几何效果的组合达到了均衡、简洁、现代的效果。

（三）造型技巧

1. 衣身部分

将长方形卡纸叠成1cm宽条形，围成圆台形，形成上方褶皱宽松下方褶皱紧密的效果。

2. **裙身部分**

先做一个圆台形的裙桶，再用宽4cm条形白卡折成4cm×4cm方块，具有伸缩感，固定在裙摆上，最后将4cm×4cm的黑色小卡片间隔贴上。

3. **装饰部分**

将2cm×14cm的黑白长条卡纸编织成黑白格块。

创意装作品3

主　题：《火烈鸟》

作　者：冯佳琪（温州大学美术与设计学院）

作品解析（见图4–77）：

（一）设计思路

作品采用简单的硬质纸张裁剪，以红色和黄色为主要色彩，设计灵感来源于火烈鸟羽毛展开瞬间的张扬和感染力。设计重点在于胸部堆叠漩涡状的线条，它们最后散落于空中，给人飘逸、自然、张扬、洒脱之感。胸部造型采用不对称的堆叠手法，使得胸部造型更富有生命力与活力。

（二）装饰手法

本款主要采用堆叠、呼应装饰手法。胸部红色线条与臀部红色线条形成呼应，夺人眼球。纸张经过旋转、重叠的裁剪，形成错落、卷曲的漩涡形状，堆叠在一起，富有质感、张力以及飘逸的线条感。胸部形成厚重的效果，背部形成轻盈的效果，繁与简的组合更富韵味。臀部纸张的线条更加圆润与收敛，与胸部张扬的造型结合，收与放之间达到内在的

图4–77

和谐与统一。

（三）造型技巧

1．衣身部分

衣身采用红色硬质纸张，裁剪成螺旋状的线条。将大小、形状各异的线条堆叠于胸部与背部，形成错落有致的堆叠感。

2．裙身部分

使用30cm×10cm的长方形纸张（红色和黄色各6张），剪成条状，对折粘贴于腰部。

3．腰部制作

取黄色腰带4cm一条、红色腰带1cm两条；红色圆片若干，粘贴于腰部。

创意装作品4

主　题：《祝福》

作　者：刘梦丹（温州大学美术与设计学院）

作品解析（图4–78）：

（一）设计思路

作品围绕中国元素“灯笼”展开，裙摆夸张的灯笼造型与福字相互结合，让观赏者体验一种在节日中祥和的氛围。玫红色代表灯笼的框架，黄色代表灯笼发出的光芒，而正面与背面的福字代表了希望、祝福，祝福一切美好的人、事、物。如同在广阔的大地上，冉冉升起一个红色的灯笼，以希望之光，点亮了大地万物，照亮人们的心灵，时刻传达着温暖的力量。

图4–78

（二）装饰手法

本款创意装整体为球型，正面与背面的福字，采用了镂空的装饰手法，在镂空的中间添加了金粉来提亮福字色彩，更显亮丽。衣领部位点缀了很多类似水滴形状的水晶。裙摆的造型比较夸张，玫红色的条状采用了重复的装饰手法，均匀地分布在蓬起的椭圆形灯笼造型上，红黄的颜色搭配给人一种温暖的感觉。

（三）造型技巧

1. 衣领部分

由毡呢剪成水滴状，再在每个上面镶嵌水晶，有序地排列在衣领的前端，起到点睛的作用。

2. 衣身部分

正面与背面都有镂空的福字。镂空部分添加金粉，在周围封住不让其露出，起到提亮颜色的效果。

3. 裙身部分

用小刀将一个长方形纸张割出9 条宽度为5cm的长条，上、下都预留2cm，作为连接衣身与长条的余量，将边缘的两条长条连接重合，在内部用四个长条拉出蓬开的效果并且固定。然后再用不同颜色的纸张覆盖在镂空的部位，最后在边缘手缝固定在毡呢裙上。

创意装作品5

主　题：《夜思》

作　者：蔡飘然（温州大学美术与设计学院）

作品解析（图4–79）：

图4–79

（一）设计思路

灵感来源于夜晚的景色，在夜晚黑色的幕布下点缀着各色霓虹灯，与宇宙深处的光芒相呼应。周遭万籁俱寂，地球犹如沧海一粟，任思绪徜徉，任记忆泛滥。采用折纸星星元素，体现了亮与暗的结合，夸张的裙摆，色彩斑斓的星星点缀其中。那明与暗、彩与素的对比表现出对宇宙的遐想和对未来的思索。

（二）装饰手法

本款创意装礼服，采用镂空、缀饰等装饰手法。抹胸式紧身衣与宽大的裙下摆形成较强的对比；再缀饰立体的折纸星星，其排列错落有序，立体舒展，形成亮点、量感与节奏感；非对称的衣身和裙摆挂下来长短不一的星星串显示了活力和变化，使结构上达到平衡；黑色的裙身与各色明暗的星星形成鲜明的对比。

（三）造型技巧

1. 衣身部分

先用透明胶带粘在衣身上，再用裁好的黑色与金色梭形依次粘连在一起。

2. 裙身部分

将黑色彩纸按准备好的样板裁好，用金色纸衬于裙摆镂空处，再将准备好的六片裙身围绕腰部粘连在一起。

3. 装饰部分

用黑色与金色的纸条将衣身和裙身连在一起，形成一个整体。将彩纸折成星星若干颗，散落在衣裙中，延续到裙摆处，呈飘荡、流苏状。

创意装作品6

主　题：《海之女》

作　者：吴梦霞（温州大学美术与设计学院）

作品解析（图4-80）：

（一）设计思路

作品创意来源于美人鱼，衣身用抹胸的层状叠加来处理，采用白色，然后用淡蓝色逐渐过渡到深蓝色的鱼鳞将整个下身覆盖，衣身的层状叠饰与裙身的鱼鳞进行呼应。后背用V字直接开到臀部上方，裙身设计来源于美人鱼出海这个故事的想象，用蓝色纸做成波浪的形状，在波浪上面再用白纸点缀形成浪花的效果。

图4-80

（二）装饰手法

本款主要采用编饰、缀饰设计手法以及叠加、呼应的装饰手法。衣身用白色的纸条编成，裙身用鱼鳞状的纸片叠加而成，下摆的部分用纸片缠绕形成具有波浪线条的缀饰进行点缀。整个装饰手法协调统一，并且从颜色上看，整件服装颜色从白色过渡到蓝色，并且服装底部也采用白色的细纸条编成浪花，颜色与衣身的白色相呼应。

（三）造型技巧

1. **衣身部分**

先在人体模型上用标记线大致确定好抹胸的形状，再用纸条一条条按抹胸形状往上固定，注意把握纸条之间的距离，使整体看起来协调。

2. **裙身部分**

裙身的鱼鳞处理是一个比较大的工程，先剪好足够多的鱼鳞，鱼鳞一片压着一片往上固定即可，注意它们之间要分布均匀。

3. **摆饰部分**

摆饰的造型是波浪的形状，用一条足够长的蓝色纸条绕在下摆的一圈，然后用白色纸剪成很细的纸条，同样做成波浪状，注意每做好一个波浪需要用透明胶带将其固定，然后再固定在人体模型上。

创意装作品7

主　题：《火》

作　者：叶飘（温州大学美术与设计学院）

作品解析（图4–81）：

（一）设计思路

人生中创意无处不在，创意需要激情、热情。由火红，橙黄色的电线和跨越常规的材料——干玉米片为主要材料，组合成形如火焰的“火装”，视觉效果非常具有冲击力，犹如点燃人们心中对生活的激情——燃烧吧！热情！

（二）装饰手法

此款为修身礼服，采用包缠、贴合、绘染等装饰手法。衣身合体，左胸部使用干玉米片贴合，右胸部采用电线包缠，两者形成了不对称的胸部设计，胸间又透着性感，使设计别出心裁。下身有火焰状的贴缀，以及橙色的电线作为火焰轮廓，使得礼服上似火在燃烧，栩栩如生。背面下身采用类似燃烧木头的横截面，呈现树的年轮。最后经过绘染再加上火红的颈饰使得礼服全身的色彩相互协调，相辅相成。

（三）造型技巧

1. **颈部部分**

采用杯垫中的竹子经线串连，形成圆的颈饰。

2. **胸部部分**

用3.5m左右电线在铺有薄膜的右胸上包缠，将多余的电线绕向左胸，然后将玉米片分成大小不一的5份，在左胸上由外到内从大到小的渐进贴缀。

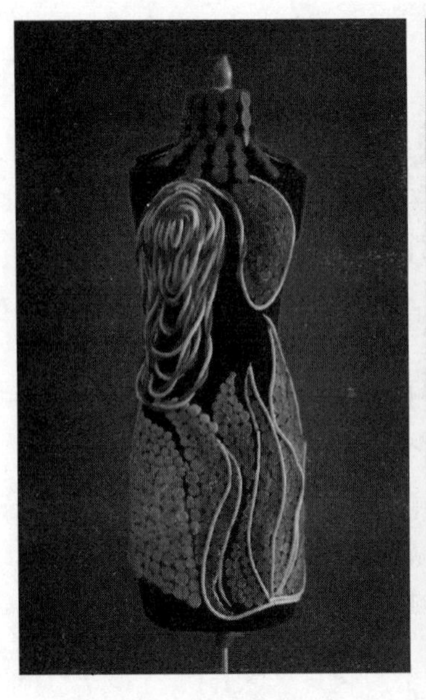
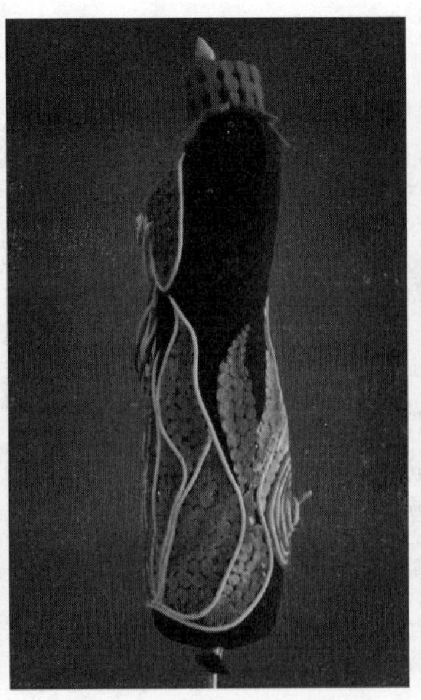
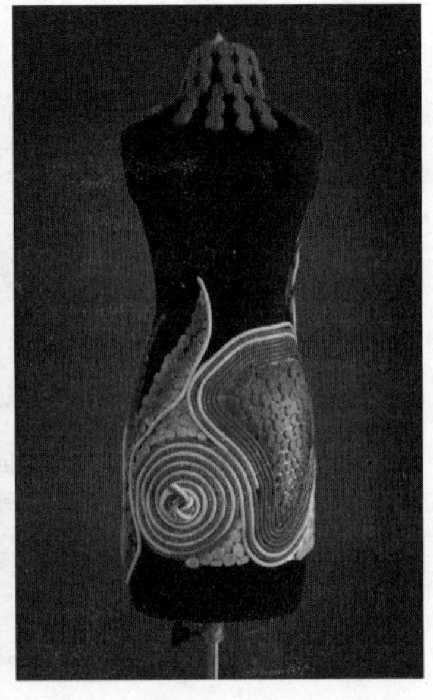

图4–81

3. 臀部部分

先设计出火焰形状，再将大小不一的玉米片由下至上逐一粘在薄膜上，臀部的木头截面用3m多电线包缠，再将剩下的空缺用玉米片填充。

创意装作品8

主 题：《春芒》

作 者：应晓君（温州大学美术与设计学院）

作品解析（图4–82）：

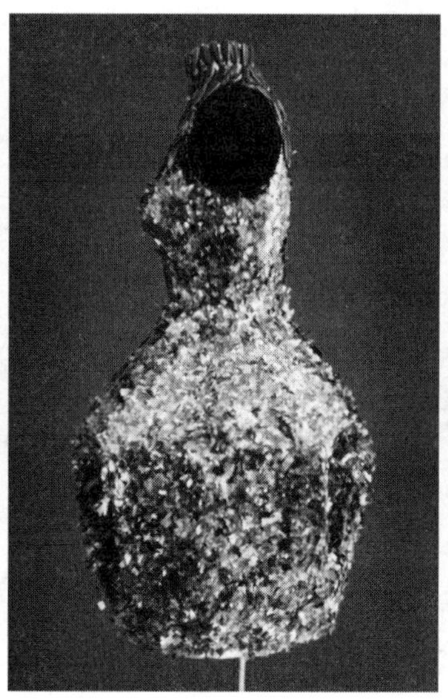
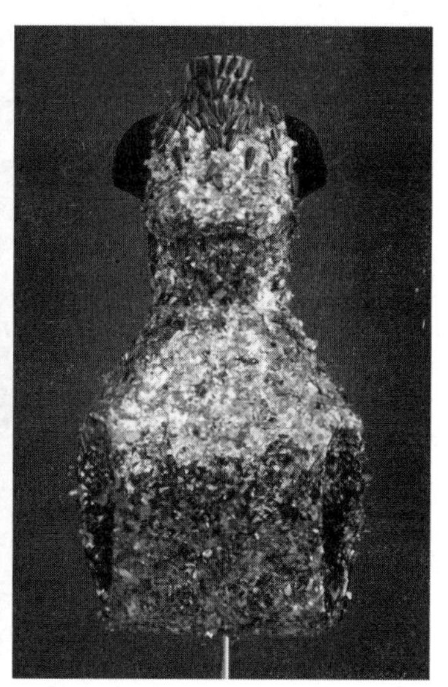

图4–82

（一）设计思路

灵感来源于对春天的感受，春天是生机勃勃充满希望的季节。作品用黄、绿两色为主来展现春天的色调，荧光纸片表现出了春天的生机盎然。颈部用葵花子点缀，排列由有序到逐渐分散，寓意春天播撒的种子。高领和花苞裙的设计，是结构感与田园风情的结合。

（二）装饰手法

本款整体为花苞型礼服。采用缀饰和折叠的设计手法。作品是以白纸为底，上面沾满了剪碎的金、银、绿荧光纸，形成一种特殊的闪光效果。衣领粘满葵花子，表现一种特殊的肌理效果；而裙的花苞效果则是把原本为圆桶形的裙摆折进去四个角，整体线条简洁，又不乏视觉冲击力。

（三）造型技巧

1. 衣身部分

衣身是由4片组成，用白纸覆盖，根据人体胸部形状，将多余的白纸折进去，同时将4片衣身接合部位多余的白纸剪掉，达到合体的目的。省道分割线用透明胶固定，为了达到合体要用软一点的纸。

2. 下摆部分

根据腰围、裙长及裙摆的展开度，用白纸剪出一个圆环，再把它固定到人体模型上。由于还要折进去四个角，所以要使用较软的纸，但为了裙摆上方撑开时有立体感，则要用较硬的纸板在里面做个小型的裙撑。

3. 领饰部分

葵花子尖的一头朝下，做出放射效果，整齐地粘3~4圈，然后再往下随机粘几粒，达到延续的效果。

创意装作品9

主　题：《霓裳》

作　者：赵芹（温州大学美术与设计学院）

作品解析（图4-83）：

（一）设计思路

作品远远看就像是被金色的云朵环绕而成，有金色祥云的感觉。所以取名为“霓裳”，寓意为云朵做的衣服。下半部分的大灯笼，红色、喜庆，再加上下摆的流苏效果，

图4-83

使人感觉到丰满的同时也有优雅之感。整体颜色给人以富丽堂皇，又不失典雅高贵，更融合了古典元素，富有创意和新意。

（二）装饰手法

本款整体为球型礼服。衣身合体，同时伴随以镂空的效果，典雅的同时透露出性感。上身采用“剪纸”元素，配合以金色；搭配下身红色灯笼与黄色流苏，远远看去上身就像是金色的云朵做成的衣服。合体上身与夸张下身，形成了一个强烈的对比，给人视觉上的冲击力。

（三）造型技巧

1. 塑料打底

先用塑料包缠人体模型作为打底。

2. 衣身部分

采用烫有金粉的海绵，按选好的图案，修剪成想要的效果。

3. 裙子部分

用两个灯笼拼接而成，并将灯笼稍作修剪，使之更合体，将灯笼的上端用编织好的金色带子穿起来，再把流苏排列好装挂在灯笼的下面，丰富整体效果。

创意装作品10

主　题：《涅槃》

作　者：赵梧靖（温州大学美术与设计学院）

作品解析（图4–84）：

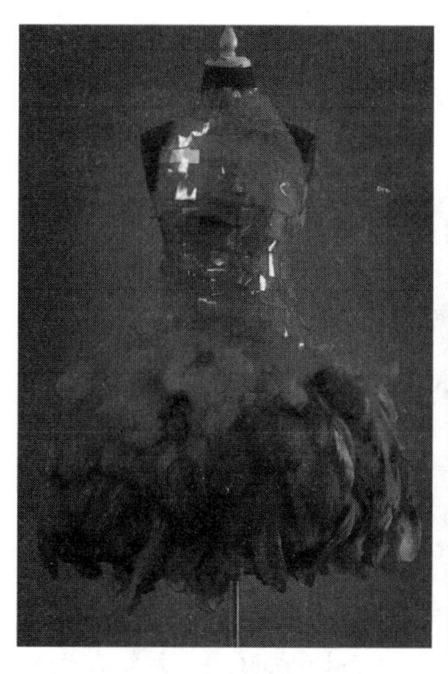

图4–84

（一）设计思路

“涅槃”，作品运用红与紫的搭配，让人感受到火焰燃烧时的那种诡异与毁灭性。每一只凤凰都要在这种毁灭性的燃烧之后才能获得新生，乃至永生。羽毛的材质让人能联想到凤凰涅槃时燃烧的壮观场面，红色的塑料纸有反光的效果，在光线下反射出红色的光，强化了火焰燃烧效果。本习作以磅礴的气势和优美的曲线来展示凤凰涅槃时的身姿。

（二）装饰手法

本款主要采用编饰、缀饰的装饰手法，简单大气，突出廓型。衣身紧身合体，用质感相对较硬挺的塑料纸缀在衣身上，其排列错落有序，在光的照射下形成反射、富有层次感；高低起伏、膨胀夸张的裙摆，使服装更具凤凰的身形特点。

（三）造型技巧

1. **支架部分**

用较细的铁丝做裙身支架，再用编织袋对整体支架进行更加细致的包裹。

2. **衣身部分**

将塑料纸剪成2cm×3cm大小的长方形，为了凸显自然，塑料纸大小也可有所不同，在做好的支架上缀上剪好的塑料片。

3. **裙身部分**

在做好的支架上缀上羽毛，调整形状即可。

创意装作品11

主　题：《心俑》

作　者：朱俊莉（温州大学美术与设计学院）

作品解析（图4-85）：

（一）设计思路

设计灵感来源于秦时期的兵马俑和充满浪漫色彩的爱心，故而起名叫“心俑”。衣身以性感的单肩包覆，曲线裁剪与裙身编织相结合，裙摆处装饰着富有柔情的流苏。规整中又带有挑战诱惑，让观赏者能够放松身心去感受这两种风格的融合。

（二）装饰手法

本作品为修身合体礼服。采用了缀饰、编织手法进行装饰。衣身通过大量手工折叠心形缀饰，起到了增加胸围、强调性感的效果，单肩及左右不对称更是凸显出女性婀娜的身姿。裙身外形硬朗、简洁的编织设计与衣身多姿多彩的设计形成鲜明的对比，是对形式美法则的实际应用。此外，裙子在有序编织的同时，下摆装饰流苏，更是为整件礼服增加了

图4-85

几分俏皮感。

（三）造型技巧

1. **衣身部分**

选用各种颜色、不同大小的彩纸进行心形折叠，而后一个个装饰在衣身上。

2. **裙身部分**

将牛皮纸折成宽约1.2cm、厚度约0.3cm的编制条，以编草席的手法围绕着人体均匀地编制成型。

3. **下摆部分**

以流苏的形式将纸张裁剪成一条条宽度约0.2cm的细条带子，围绕下摆一圈，组成放射状的摆边。

创意装作品12

主　题：《彩虹下绽放的花朵》

作　者：朱填填（温州大学美术与设计学院）

作品解析（图4-86）：

（一）设计思路

通常我们看到的彩虹，都是出现在天边的尽头，可曾想过灿烂的花朵也争相绽放在彩虹的照耀下。作品将彩虹与花朵具象化，并相互结合在一起；彩虹下娇艳的花朵，花朵上空绚烂的彩虹。

图4-86

（二）装饰手法

本款整体为贴体型礼服，通过制作材料的创新来体现主题。采用两种不同的材料经过加工结合在一起，表达其整体效果。另外，通过材料颜色的变化来达到视觉上的一种冲击，整体具有对称美、渐变美、肌理美。

（三）造型技巧

1. 塑料打底

先将透明的塑料薄膜贴在人体模型上，再进行装饰，薄膜要贴体平滑。

2.衣身部分

采用大小相同，直径为10mm的纽扣，通过色彩的渐变相排列，以达到类似彩虹的效果。

3.裙身部分

采用一次性的勺子来作裙身，将勺的部分通过高温熔融，让其产生类似花瓣的凹凸的肌理效果。为了实现逼真的花瓣效果，温度的把握尤其重要。再用油漆在勺子和勺柄上喷上颜色，使其更像是绽放的花朵。

创意装作品13

主　题：《花的嫁纱》

作　者：张丽娇

作品解析（图4-87）：

（一）设计思路

灵感来源于对鲜花的喜爱，每个女孩都渴望收到鲜花，鲜花对女孩有很大的吸引力，

图4-87

极具浪漫气息。这款礼服用鲜花的包装纸制作而成，整体看起来就像一束美丽的鲜花，故而取名《花的嫁纱》。整体配色为粉色和紫色，粉色代表甜美，紫色显得高贵浪漫。

（二）装饰手法

本款整体为X廓型，主要采用叠褶手法来造型，从而使裙子更蓬松，显得更加饱满，三层的上衣赋予了礼服层次感。后背是两个扇形交叉而成，扇形的弧线造就了露背的效果，显得更加性感。巧妙地运用叠褶，不但使结构上达到平衡，造型上也不失现代感。整套服装轮廓清晰，高贵大方，给人艺术的感染力。

（三）造型技巧

1. 衣身部分

利用叠褶制作出胸部造型，因为纸不像布料那么贴合人体，因而要先制作裹胸，再制作两层上衣来增加衣身的量感。

2. 裙身部分

先制作打底的裙子，因为最外层裙子是塑料的包装纸做的，不易做出蓬松的感觉，所以用手揉纸增加蓬松效果，做两层里裙，增加裙子的体积感。

3. 腰部装饰

将镂空、网眼状的包装纸不对称地对折，围在腰间，用丝带系在腰部，既起到固定作用，而且丝带飘飘，也增加了礼服本身的美感。

创意装作品14

主　题：《韵致》

作　者：吕伟佳

作品解析（图4-88）：

（一）设计思路

曲线是女性的重要特征。本作品巧妙运用了黄金分割，把女性的曲线美展露无遗。材料取自折星星的彩色纸条，将彩色纸条以不同的表现手法包裹人体。同时鱼骨的缠绕增加了礼服外空间的造型变化。衣身采用不对称的形式，裙身采用纸条的叠层与镂空相结合的手法，让作品活泼亦不失美感。

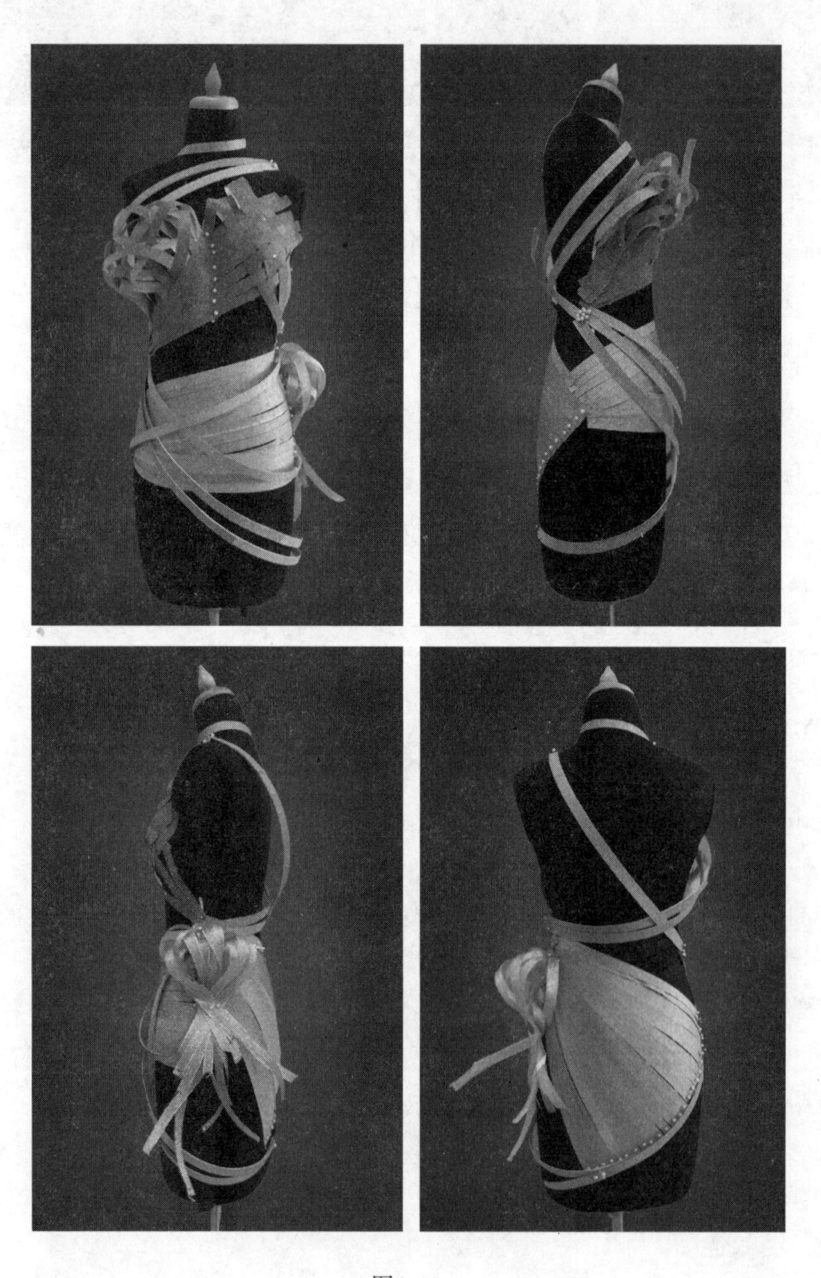

图4-88

（二）装饰手法

本款整体为H型廓型、贴身礼服。主要采用编饰、镂空、延续到外空间等表现手法。胸部的不对称增加了衣服整体的艺术感，同时又形成了繁与简的对比。下身贴身的短裙随着臀围曲线包缠，使其更显婀娜多姿。外框鱼骨的缠绕造型又给创意装增加了几分骨感与通透感。

（三）造型技巧

1. **衣身部分**

将左胸用裁好等宽的彩色纸条交叉编织覆盖左胸，将右胸用同样颜色的纸条做成蓬松的花型，再加以金色的纸条，起到点缀的作用。领子部分加上几条带子加以装饰，与下身的淡蓝色纸条形成呼应。

2. **裙子部分**

前片用淡蓝色的纸条横向叠在一起，再以金色的镶边装饰。后片分别用淡蓝色和金色的纸条做成扇形的形状。侧面用一朵金色的花加以装饰。

3. **外框部分**

将鱼骨与铁丝用针线缝合（方便鱼骨做造型），缠绕在腰臀处。

创意装作品15

主　题：《自然》

作　者：吴鹏

作品解析（图4–89）：

图4–89

（一）设计思路

作品的材料收集和制作过程随性自然，取材于大自然的天然材料，故起名叫“自然”。黑色塑料袋打底，树枝点缀，整个作品给观赏者一种很清新又不繁琐的感觉，同时表达了自然环保的理念。

（二）装饰手法

作品采用了缀饰、褶饰、镂空等装饰手法。用环保塑料袋在胸部围系，使之产生自然的褶皱和光亮，并作为底面料在上面镶嵌各种树枝和花叶。同时注意各个部位的疏密和布局，使之达到平衡。

（三）造型技巧

1. 衣身部分

用超市都能买到的垃圾塑料袋，围裹在人体模型上产生自然的褶皱，由于材料本身的缘故，使衣身看起来丰满，有一定的光泽感。

2. 装饰部分

选用长短不一、种类不同的植物枝叶和花在胸部与腰部做点缀。

创意装作品16

主　题：《纸上金华》

作　者：张乐和

作品解析（图4-90）：

图4-90

（一）设计思路

夏奈儿的设计师卡尔·拉格菲尔德说，“所有材质中，我最喜欢的便是纸，一件作品从绘图、定稿、造型到完成，都是与纸互动的成果”。本着“废物利用”的原则，利用纸张本身质感的硬挺、杂志色彩与图案的明暗交错，采用立体拼贴形成亮点，并产生视觉上的冲击力。

（二）装饰手法

本款整体为X廓型礼服。采用折叠、叠加、拼贴、反复等装饰手法。裙身运用杂志的硬挺感和其独有的色彩图案拼接，立体舒展，形成量感与节奏感；衣身采用大小不一的折叠扇形叠加与非对称的装饰，整体效果显得更为丰富，视觉感更加强烈。

（三）造型技巧

1．衣身部分

利用不同大小不同色彩的折叠扇形通过不对称的叠加装饰上半身，后背以大扇形为主加以带状连接。

2．裙身部分

先用布料包缠打底，将其作为裙身，然后利用纸张的硬挺叠加在一起，使裙身呈现饱满伞状。

第五章　世界著名服装品牌设计作品赏析
Appreciation of World Famous Fashion Brand Design Works

本章精选了世界著名服装品牌及国际设计大师近两年设计的部分作品，作为拓宽视野，掌握流行，提高技艺、设计能力的范例。了解各大品牌的特点与风格定位，学习他们的设计思想、特色、材料、色彩、手法、表达等，指导学习者设计造型的理念与创新。

第一节　Chanel（夏奈尔）作品赏析
Appreciation of Chanel's Works

一、品牌档案

（1）标志设计：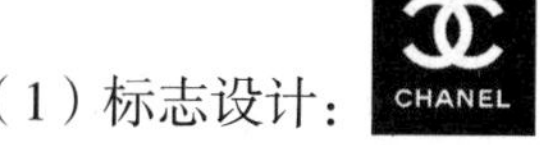

。

（2）产品类型：高级女装定制、高级成衣、香水、彩妆及各类服饰配件。

（3）创建人：加布里埃·夏奈儿（Gabrielle Chanel）。

（4）注册地：法国巴黎（1910年）。

（5）现任设计师：卡尔·拉格斐尔德（Karl Lagerfeld，1983年至今）。

（6）品牌线：夏奈尔（Chanel）。

（7）销售地：1913年于法国巴黎开店。现今，各类产品行销全球各地。

（8）风格定位：夏奈尔时装永远保持高雅、简洁、精美的风格，并善于突破传统。“夏奈尔代表的是一种风格，一种历久弥新的独特风格”，Chanel女士如此形容自己的设计。Karl Lagerfeld掌舵后，他用新的手法演绎着细致、奢华、流行、永不褪色的Chanel精神。

（9）网址：www.chanel.com。

二、作品赏析

作品1（图5-1）

设计灵感来源于童话般的海底世界，鱼鳞状圆片作为立体装饰元素，鱼鳞以大小渐变规律缝缀于裙摆和肩部，增加其层次感与立体感，同时体现了整体的呼应美感。几何线条的勾勒与装饰，灵感来源于德国抽象派画家布林奇·帕勒莫（Blinky Palermo）的布料油画。采用对称的结构，体现了平衡之美。

作品2（图5-2）

作品以形状各异、肌理丰富的贝类为素材，利用飘逸的雪纺褶皱与波浪边仿制其形式为装饰，将璀璨的珍珠串成腰带缠绕腰间。未来感的反光硬质面料，闪烁着珍珠、贝壳的光泽，它的使用体现了时尚与细腻的质感。层次丰富的肩部设计与褶皱裙摆运用抽褶手法完成，塑造了优雅的X型礼服裙。

作品3（图5-3）

作品运用了源于珊瑚、水草的灵感幻化成的珊瑚色、草青色、水蓝色等清新配色，将印花面料进行有规律的叠褶，体现了立体灵动的层次感与华丽效果。璀璨的珍珠装饰于半透明网格状的反光面料上，呈现出月光照耀海面产生的波光粼粼的美景。面料流线形的分割拼接，打破了大面积横向叠褶所产生的沉闷感。

图5-1

图5-2

图5-3

作品4（图5-4）

作品廓型贴身修长，长及脚踝的直身长裙虽略显保守，面料的若隐若现与侧开衩设计却尽显女性的朦胧曲线之美。面料运用透明硬纱、水晶、亮片、刺绣这种拜占庭式的复杂手工艺的点缀，使服装尽显华贵。色彩来源于蓝色的天空，通过色彩的多重渐变和面料的叠加呈现多层次的色彩效果。肩部的花朵与衣身的碎花相呼应，细腻丰富中体现统一效果。

作品5（图5–5）

温婉的材料与中性风的低腰相结合，将视觉比例的重心进一步拉低，甚至降低到大腿上部。通过改变面料的长度，将单纯的叠褶裥呈现出多种面貌，或松散飘逸，或紧密挺括，体现了同种面料不同的立体效果。胸前金属的装饰起到画龙点睛的作用，闪闪的光泽使素雅的面料色彩增加了华贵感、品质感。

作品6（图5–6）

作品运用规律的叠褶来制作精致合体的衣身，随意的抽褶体现裙身的飘逸，采用宝石钉缝的线条进行了对称式的分割，体现了更加丰富的肌理效果。采用金属哑光色泽的柔软生丝面料与同色纱质相结合，因为神秘而令人心存崇敬。打造出奢靡、华贵的优雅气息，仿佛是印度贵族生活的重新呈现。垂褶的丝绸裙令人联想起印度服饰中柔软妩媚的纱丽，周身浸染了神秘的东方风情，渲染着奢华而怀旧的气氛。垂在额间的珠宝发饰在环佩叮当

图5–4

图5–5

图5–6

中摇曳出异域风情。

作品7（图5–7）

作品以宝石晶体为主题，设计服装上的多面体装饰。抽象的彩色块状图案也有一种模糊的立体效果。有棱有角的几何元素进行规律的立体拼接，幻化出大衣胸前、袖口、口袋的立体感，呈现明朗的几何线条。运用多彩镜面材质拼贴图案，闪烁着水晶的光芒。胸前细节上的宝石点缀犹如矿石的碎片组合，连模特们的眉妆都用上了闪闪的亮片和晶体，使服饰整体产生更为丰富的层次感。腰间的叠褶设计，更好地体现了穿着者的曲线与面料的饱满感。

作品8（图5–8）

作品通过对面料微妙的裁剪与拼接，从造型上体现了本系列的主题——水晶宝石。采用灰色挺括的毛呢面料，强调块面拼接的棱角感，领、袖、身棱角状的分割与立体缉线，塑造了饱满而挺括的T字廓型。用低调的方式来呈现“奢华感”，也令人更多地感觉到“优雅”的存在。

作品9（图5–9）

细腻繁复的细节工艺，搭配裙裤与厚底鞋，将18世纪复古风格与轻松休闲的21世纪度假风格巧妙融合。反复、多层次使用细密的抽褶工艺，褶皱的柔情与面料的混搭尽显18世纪宫廷风格。裙裤的设计结合了礼服的撑垫工艺与休闲装的短裤款式，使作品别致而活

图5–7

图5–8

图5–9

泼。整体淡紫色的水彩色调非常适合早春的主题。

作品10（图5–10）

带些歌剧风格的白色礼服，装饰华丽的珠宝刺绣、立起的蕾丝高领、层叠的浪漫褶皱、梦幻的羽毛和蕾丝袖边，无处不散发出精致的贵族气息。夸张的灯笼袖与多层褶裙身设计营造优美流畅的廓型，华丽地展现了贵族式的浪漫风格。

作品11（图5–11）

作品在经典的斜纹软呢基础搭配丝缎、薄纱、乌干纱等轻盈面料，饰以大量手工褶皱与山茶花及羽毛装饰，展现现代女性独立优雅的知性气质。横向的叠褶不规则的呈现，凸显了面料丰富的质感与节奏感。立体的山茶花精致而唯美，流线形的轮廓使着装者更显优雅与高贵。

作品12（图5–12）

作品采用了“3D Cut-out”剪裁，使廓型看上去饱满而轻巧，用七分小外套搭配短裙，形成流畅的茧型轮廓，让模特看起来更加轻盈优雅。配饰上非常统一地运用了大珍珠，立体而夸张的项圈项链，随意串起的珍珠手链，点缀于口袋与腰间的珍珠纽扣，如沧海遗珠般闪耀着自然的光辉。面料上的立体肌理创新，营造了丰富、凹凸的视觉效果。

图5–10

图5–11

图5–12

第二节 Christian Dior（克里斯汀·迪奥）作品赏析 Appreciation of Christian Dior’s Works

一、品牌档案

（1）标志设计：Dior。

（2）产品类型：高级女装定制、高级成衣。

（3）创建人：克里斯汀·迪奥（Christian Dior）。

（4）注册地：法国巴黎（1946年）。

（5）现任设计师：约翰·加利亚诺（John Galliano，1996~2011年），拉夫·西蒙（Raf Simons，2012年至今）。

（6）品牌线：克里斯汀·迪奥（Christian Dior）。

（7）销售地：1947年在巴黎开设时装店，1948年进入纽约市场，现今，在全球各主要城市开设专卖店。

（8）风格定位：以美丽、优雅为设计理念，继承法国高级女装的传统，选用高档上乘的面料，精致简单的剪裁，坚持华贵、优质的品牌路线，以法国式的高雅和品位为准则，迎合上流社会成熟女性的审美品位，象征着法国时装文化的最高精神。

（9）网址：www.dior.com。

二、作品赏析

作品1（图5-13）

轻盈的雪纺层层叠加，细密褶皱卷曲成花朵形状，或细密规则，或繁复饱满，呈现出很强的立体感和建筑感。不规则的银线点缀，丰富了面料的质感与层次感，妆容与其呼应统一。打破传统对面料进行趣味性的立体构造，在复古与华丽之外，透出先锋的未来意识与超现实的趣味性，让人耳目一新。

作品2（图5-14）

将建筑元素运用到礼服设计中，高耸的几何形帽子，鳞片状的衣身剪裁，富有立体感的硬挺轮廓，呈现出现代派冷峻、前卫的造型。灵感来自于传统拉夫领的夸张衣领，华丽中显现复古的味道。将富有金属光泽的银白色面料不规则地穿插，质感间的对比更加丰富了层次感与律动感。

作品3（图5–15）

统一的黑白灰色调，通过面料的层叠透露、层次渐变，形成了丰富而微妙的色彩变化。廓型上延伸了经典的New Look廓型，腰部收紧，下摆绽开，层叠而蓬松的硬纱材质，夸张的裙摆夺人眼球。饱满的层次，细腻的工艺，渐变的色彩，再现典雅而精致的品牌特色。

图5–13

图5–14

图5–15

作品4（图5–16）

透明丝织面料使模特的身材若隐若现，垂直的压褶线条流畅细腻，很好地将视线拉长，腰节的黄金比例分割，更能显现穿着者的完美身材。竖向的荷叶边造型婉约灵动，散发着时髦而优雅的气质。裸粉色的色彩设计清新柔和，体现出典雅浪漫的复古味道。

作品5（图5–17）

廓型采用上衣贴合，下摆绽开的经典廓型。长度刚刚盖过膝盖的打褶裙装，运用轻柔的薄纱搭配皮质拼接的条状裙摆，飘逸灵动，若隐若现。淡雅色彩的面料散发出的柔和光泽，使款式更加含蓄优雅。胸前立体宝石的点缀，使素雅的低饱和度面料平添了精致与高贵。流畅而明快的款式和纯净优雅的色彩，使得整款服装看起来实用、时髦。

作品6（图5–18）

花朵刺绣蜂腰上衣与挺括的香烟长裤相结合。经典、夸张的廓型，遇见解构感十足的简洁设计，是传统与摩登的轻松融合。柔美圆润的肩部，简洁凝练的长裤造型，饱满的胸部剪裁，犹如花朵一般盛放的裙摆和纤柔的腰肢，演绎迪奥复古风潮的同时，融入了时代的新元素。在注重时尚性的同时，更多地考虑实穿性与时效性。

图5–16

图5–17

图5–18

作品7（图5–19）

经典的迪奥沙漏造型搭配如彩虹色的闪亮缎面，给传统设计中增加了一丝未来主义色彩。不对称的立体褶皱设计使款式更加饱满，看似随意自然，实则融入了高超的工艺技艺。绚丽的反光面料，柔和的水粉色，丰富的褶皱和巧妙的光效，共同营造出“波光粼粼”的效果。

作品8（图5–20）

中性化的西装款式，下摆叠褶造型与面料拼接设计，套装的裁剪融入了礼服的设计元素，使简洁利落的廓型中透出富有现代气息的优雅基调，同时实现了服装多种时间、场合的搭配可能。上半身修长，腰线收紧，下摆张开，领型为翻驳领，服装整体造型贴合人体，体现穿着者的优雅、干练，细节处体现了女性的魅力。

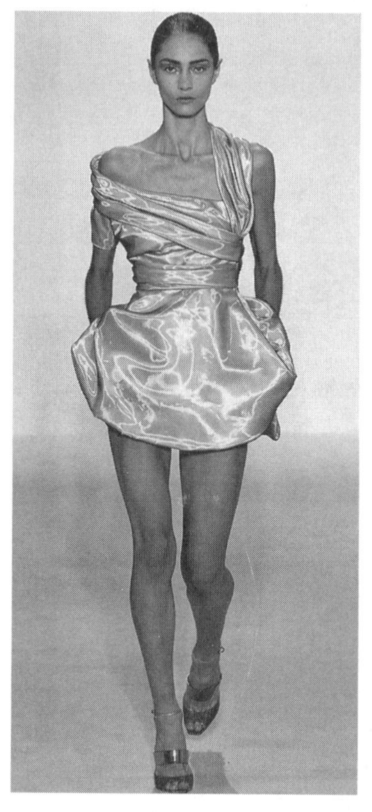

图5-19

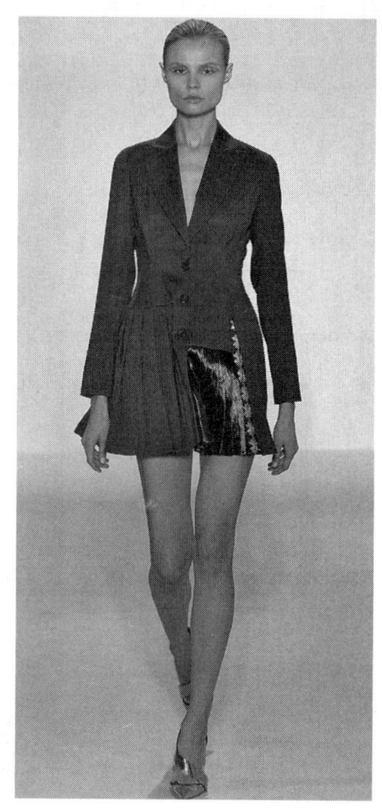

图5-20

第三节　Giorgio Armani（乔治·阿玛尼）作品赏析 Appreciation of Giorgio Armani's Works

一、品牌档案

（1）标志设计：GIORGIO ARMANI。

（2）产品类型：高级时装、成衣、香水、包袋及服饰配件。

（3）创建人：乔治·阿玛尼（Giorgio Armani）。

（4）注册地：意大利米兰（1974年）。

（5）现任设计师：乔治·阿玛尼（Giorgio Armani，1974年至今）

（6）品牌线：乔治·阿玛尼（Giorgio Armani）；高级时装爱姆普里奥·阿玛尼（Emporio Armani）；成衣玛尼（Mani）。

（7）销售地：1974年进入意大利米兰市场，1989年进入伦敦市场，1991年进入美国市场，目前专卖店已遍布世界近四十多个国家。

（8）风格定位：阿玛尼系列品牌紧紧抓住国际潮流，创造出富有审美情趣的男装、女装，以使用新型面料及优良制作而闻名。能够在市场需求和优雅时尚之间创造一种近乎完美、令人惊叹的平衡。

（9）网址：www. giorgioarmani.com。

二、作品赏析

作品1（图5–21）

作品富有立体感的修身廓型搭配几何形彩色宝石的图案，多种质感的面料别有特色，体现充满科幻气息的华丽风格。宝石在本款服装中已不仅仅是配饰的作用，大颗宝石的串联构成了上衣的造型。精准的剪裁使直筒裙与身材紧密贴合，腰间金属质感的裙腰将长裙分为两截，立体的圆弧形腰线形成奇妙的视觉效果。

作品2（图5–22）

作品结合撒哈拉沙漠中游牧民族图阿雷格人的民族元素，选用深邃沉静的靛蓝色，设计包裹于秀发上的头巾。通过现代光泽质感的面料和流畅的剪裁，将都市时髦感与游牧文化的古老积淀完美结合，呈现出无穷的魅力。修身设计的长晚装，收腰裸肩的款式勾勒出美妙的沙漏型曲线，即使搭配平底鞋，身材也同样修长挺拔。领部与腰部黑色面料镶嵌水晶和亮片，如同夜空中群星般的熠熠生辉，彰显服装的奢华和优雅。

作品3（图5–23）

作品在丝绸中织入金属丝制成霓虹灯色反光面料，如流动的金属包裹身体，华丽闪烁，搭配帽子大师菲利普·崔西 (Philip Treacy) 设计的独特圆形头饰，犹如一位神秘的天外来客。绚丽的色彩搭配，大胆而和谐，形成高贵的冷艳气质。衣身采用围裹式缠绕，贴合身体更显先锋、干练。

作品4（图5–24）

柔软闪亮的丝缎面料，淡雅的灰色，搭配简洁大方的款式设计，尽显柔美的女性气质。简单的丝缎上衣搭配层层叠叠的贝壳装饰，搭配同材质小挎包，尽显精致婉约。宽松的九分喇叭裤，裤脚处翻起一道卷边，露出纤细的脚踝，随着步伐轻轻摇曳，华丽浪漫中带有一点慵懒气息。

作品5（图5–25）

作品设计灵感来源于东瀛文化，通过樱花图案、纸艺发饰、和服腰封等元素诠释了设计师对日本文化的解读，将观者带入传统文化的意境中。樱花图案如浮世绘般精致地在浅色丝缎的窄身裙上细细勾勒，日式和服中的丝缎腰封束在丝绒的修身套装之外，勾勒出婀娜多姿的腰线，西方式的优雅干练与东方式的温柔秀美融为一体。

作品6（图5–26）

作品线条简约、流畅，风格凝练大气，蓝灰色反光丝绸缎面的大量运用，演绎出“海上生明月”般的浪漫。华丽的缎面通过细腻的抽褶工艺呈现丰富的光泽，让人联想起月光下波光粼粼的海面。斜裁设计和圆滑褶皱处理，展现了设计师高超的裁剪技艺，一切显得轻灵华丽、简单高雅。

作品7（图5–27）

晚霞一般的暖色调，流云般渐变的印花图案描绘出沙漠中傍晚时的美妙景象。通过褶皱巧妙的收放处理，拿捏出符合身体线条的抹胸裙装，多了女性的妩媚感觉，搭配长度及膝的缎面短裤和平底布洛克鞋，将帅气的中性风带入优雅女性着装，打破阳刚与阴柔的界限。帽檐倾斜设计的黑色费朵拉帽半遮脸庞，带着一分“犹抱琵琶半遮面”的神秘优雅。

作品8（图5–28）

沙漏型礼服长裙采用体现“天光”的午夜蓝色和天空黑色，胸部和肩部有黑色薄纱笼罩，并点缀施华洛世奇水晶，如暗夜闪烁的星光。双肩潜藏在薄纱之下，身形若隐若现，增添神秘之感。镶满宝石的面纱与线条流畅、质感出众的礼服搭配，愈加凸显优雅神秘的气质。

图5–21

图5–22

图5–23

图5-24

图5-25

图5-26

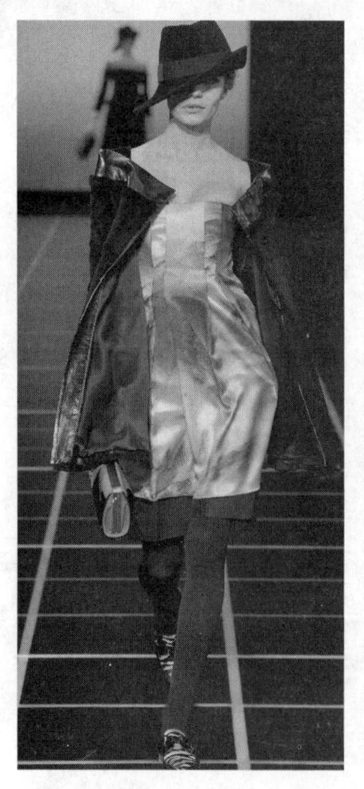

图5-27

图5-28

作品9（图5–29）

夜空的深蓝色搭配微微闪烁的遥远星光，创造出一种朦胧的未来感。修身的丝绒上衣布满精致的水晶珠绣，运用夸张式的设计制作环绕于周身的闪烁星座和星光，深邃的空间感给人无限的想象空间。搭配宽松休闲的阔脚裤，典雅中不乏活力。烫钻手包与金属串珠的头饰，同样星光熠熠，呼应主题。

作品10（图5–30）

作品灵感来自于君主所持权杖，象征着皇室权威，如魔法棒般的配饰卷在胸前，与抹胸礼服糅合形成特殊的立体效果。模特歪戴着的黑色帽子，倾斜下摆的雪纺长裙，带有中东民族元素，演绎了民族美学及异域风情的结合。裙身面料经过不同间距的压褶工艺，呈现细密到蓬松的渐变，灵动飘逸，处处体现设计师追求细节完美的剪裁手法和精湛的技艺。

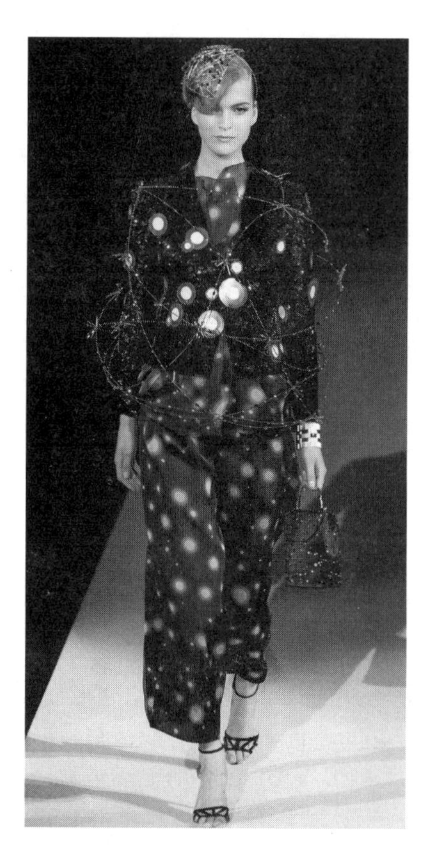

图5–29

图5–30

第四节　Gianni　Versace（范思哲）作品赏析 Appreciation of Gianni Versace's Works

一、品牌档案

（1）标志设计：。

（2）产品类型：高级时装，高级成衣。

（3）创建人：詹尼·韦尔萨切（Gianni Versace）。

（4）注册地：意大利米兰（1978年）。

（5）现任设计师：詹尼·韦尔萨切（Gianni Versace，1978~1997年），多纳泰娜·韦尔萨切（Donatella Versace，1997年至今）。

（6）品牌线：范思哲（Gianni Versace）：时装；纬尚时（Versus）：二线品牌；范思哲经典V2（Versace Classic V2）：男装品牌。

（7）销售地：1978年进入意大利米兰，1988年在西班牙马德里开设时装店，1989年进入法国市场，目前在中国有售。

（8）风格定位：范思哲品牌以其鲜明的设计风格，独特的美感，极强的先锋艺术表征而风靡全球。范思哲强调快乐与性感，善于采用高贵豪华的面料，借助斜裁方式，在生硬的几何线条与柔和的身体曲线间巧妙过渡。其套装、裙子、大衣等都以线条为标志，服装性感漂亮，女性味十足，具有丰富的想象力，色彩鲜艳，体现了古典贵族风格的豪华、奢丽，又能充分考虑穿着舒适性及恰当地表达女性的性感体型。

（9）网址：www. versace. com。

二、作品赏析

作品1（图5–31）

款式设计中运用了大量线条元素，通过细密规整的排列将流苏线组合形成面状，再通过不同角度的穿插配置，形成不同的方向感而带来丰富的光感。塑料的拼接组合营造精准严谨的分割，更加丰富了视觉效果。曳地长裙采用大面积的长流苏处理，双层设计，自然下垂，增强飘逸洒脱效果及流动感。

作品2（图5–32）

作品将简单干练的军装风格融入到礼服设计中，衣身部分采用几何拼接组成，结构准确流畅，贴合人体。直线型的单肩，斜肩剪裁与性感的高开衩设计，使服装轮廓线条流畅，更显穿着者的优美、修长。腰侧加上军装口袋作为装饰，超大的金属扣装饰与手包形成呼应。简洁的廓型与色彩设计中不乏精致与性感。

作品3（图5-33）

明黄色的贴身小礼服，灵感来源于海洋世界，大大的海星图案，规整排列的贝壳形状，通过各种不同形状与大小的金色铆钉精致地镶嵌装饰在连衣裙上，图案细腻而质感丰富。丝绸面料的褶皱组合形成面料间的质感对比，增强了款式的立体感，丰富了服装的细节与廓型。

作品4（图5-34）

紧身设计的金银色长礼服，紧贴肌肤的修身廓型，凸显女性沙漏型性感曲线。作品采用曲线形的黄金嵌板来塑造胸、腰及臀部的线条，形成独特的立体效果，使造型更加夸张，面料密镶串珠和亮片，展示了无可挑剔的完美细节。修身的剪裁，硬朗紧致感的设计，加上亮面材料的装饰，造就了高贵的气势和女神般的性感魅惑。

作品5（图5-35）

坚硬如铠甲的拼缝压花皮夹克，皮革刺绣短裙，网眼高筒靴，象征禁锢主义的黑色调，搭

图5-31

图5-32

图5-33

图5-34

图5-35

配出硬朗帅气的战争女神形象。运用大量哥特式元素，凸起的立体绗缝工艺勾勒出清晰锋利的线条，大量的十字架图案，采用压花或贴绣工艺呈现多重的立体效果。强烈的未来主义风格与紧身盔甲般的古典轮廓形成冲撞对比，留下经典科幻电影中“机器人女战士”的印象。

作品6（图5-36）

修身的胸衣设计采取曲线分割，将多种不同材质进行拼接，达到丰富的视觉效果，绣满珠片的网纱充满奢华感，硬朗的皮革镶边线条流畅，塑料透明材质与反光质感的材料带有未来主义色彩。丝绸、雪纺面料的长裙，以半透视的效果来描绘出窈窕的身型曲线，尽显妩媚与神秘。虚实结合中透露出性感、强势，强势中尽显华丽。

作品7（图5-37）

作品以简单的廓型，年轻化的设计，凸现了率性的流畅线条。露肩的设计，展现一种无拘无束的性感。腰间缀着金属的流苏，闪烁而灵动，像是一位石器时代皇后的草裙，亦如20世纪70年代的波西米亚风情再现。传统的扎染工艺，铆钉装饰腰带，金色绑带凉鞋，带有自然的狂野气息。

作品8（图5-38）

窈窕至极的贴身剪裁连身裙，面料采用黑色羊毛嵌金条纹与丝缎结合，几何形状的金色分割装点腰身，不同角度的金条纹相互交织，以多种手段来强调直线条。设计师Donatella使用最擅长的裁剪手法，将面料紧身合体地缠绕在身上，勾勒完美性感的胸部与肩颈线条，不规则剪裁的露肩款式，散发出浓郁的性感气息与浪漫风格。

图5-36

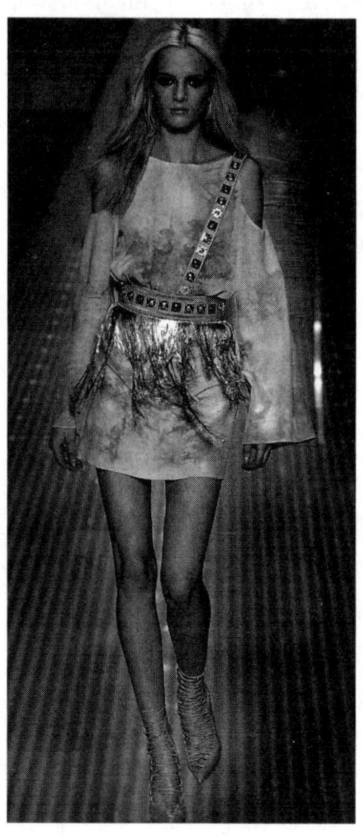

图5-37

图5-38

第五节　Alexander McQueen（亚历山大·麦昆）作品赏析 Appreciation of Alexander McQueen’s Works

一、品牌档案

（1）标志设计：ALEXANDER McQUEEN。

（2）产品类型：女装、男装、配饰、包袋、香水以及鞋靴。

（3）创建人：亚历山大·麦昆（Alexander McQueen）。

（4）注册地：英国伦敦（1992年）。

（5）现任设计师：亚历山大·麦昆（Alexander McQueen，1992~2010年），莎拉·伯

顿（Sarah Burton，2010年至今）。

（6）品牌线：亚历山大·麦昆（Alexander McQueen）。

（7）销售地：1992年于英国创立品牌，1996年推出其首个正式的系列，2002年7月于纽约开设首间旗舰店，其余两间分别在2003年3月及7月于伦敦及米兰成立。多国的名牌代理商引进其产品。

（8）风格定位：品牌创始人Alexander McQueen的作品充满天马行空的创意，妖异出位，极具戏剧性。常以狂野的方式表达情感力量，浪漫但又决绝的现代感，具有很高的辨识度。细致的英式定制裁剪，精湛的法国高级时装工艺，完美的意大利手工制作都能在其作品中得以体现。2010年Sarah Burton继承设计，她大胆设计和剪裁，再次为品牌博取世人的掌声。

（9）网址：www. alexandermcqueen. com。

二、作品赏析

作品1（图5–39）

作品运用编饰的立体造型手法制作温婉贴身的宫廷感礼服。紧裹身体的轮廓，柔软飘逸的雪纺装饰裙摆，散发出高贵却充满浪漫感的魅力。硬朗感十足的铆钉、金属扣环和皮革搭配雪纺，这种反差极大的材质组合，带来了强烈的视觉冲击力，使人耳目一新。在塑造高贵的冰雪女王形象同时，强调了女人强势锋芒之美。

作品2（图5–40）

套装采用最能体现唯美女性特质的X型轮廓，展现穿着者的完美曲线。衣身运用金属拉链作为装饰，清晰地勾勒出服装的结构。裙身褶裥可使用拉链的打开与拉合，形成优美的鱼尾裙式造型。在肩部、下摆、袖口处运用柔美飘逸的羽毛装饰，强调了女性的柔情与浪漫。软硬材料的搭配，象征温婉浪漫与严肃高贵的结合。

作品3（图5–41）

卡其色的紧身束腰军装上衣，搭配柔美的白色蕾丝裙，这样的组合让强势、硬朗的气场与华美浪漫相遇相融。借助宽腰封的作用，无论从哪个角度都能看到鲜明、曼妙的身体曲线。白色蕾丝面料质感轻盈，采用紧窄贴身而富有立体感的剪裁，有了更为端庄的气质，在华美军装风中挥洒着野性与浪漫。

作品4（图5–42）

银色带有闪光质感的材料，贴身流畅的轮廓线条，将海洋生物的形态以逼真又富有艺术感的方式呈现在时装上。通过荷叶边的运用，丰富了服装的层次感与立体感，边缘线条的强调更显示出饱满与灵动。贴身的鱼尾裙造型优雅、线条流畅，勾勒出穿着者的曼妙身材。造型奇特、花纹精致的蕾丝头饰遮盖住大半个面部，焕发出无限的神秘感。

作品5（图5–43）

贴身的廓型，优美而性感，收褶面料做成的立体装饰让褶皱美人鱼连衣裙形成花冠状的层次，弥漫着浪漫华丽的格调。细密的蕾丝褶皱间缀满了无数颗与服装同色的珍珠，精细的手工技艺令成衣彰显非凡独特。前短后长的款式设计，更显高挑纤瘦的形体，金属配饰的加入，显露海洋女神的神秘、威严。

作品6（图5–44）

深邃浓郁的红宝石色，搭配黑色天鹅绒制成的立体花朵藤蔓图案，X型的轮廓，沉醉于古典高雅的氛围当中。用复古的高腰蓬裙搭配标志性的皮革宽腰封，勾勒出纤腰丰臀，更能体现古典美感的曲线。典雅的造型不但拥有简约而实用的美感，更体现了贵族气质的个性与神秘。

作品7（图5–45）

作品为造型唯美的礼服长裙。运用轻盈如烟雾的黑色薄纱，精致的立体镶嵌与刺绣图案

图5–39

图5–40

图5–41

图5-42

图5-43

图5-44

装饰衣身，古典柔美的灯笼袖，低胸的一字领设计采用立体抽褶工艺，整个造型散发着精致与浪漫。富有层次感的黑色与宝石红色的组合，弥漫着古典风情，犹如暗夜繁花绽放。

作品8（图5-46）

双层波浪花边造型形成饱满、柔美而富有立体感的胸部，叠褶工艺紧裹腰身，腰线上移，腰线以下自然打开形成钟形的下摆，整体沙漏型的廓型完美展现了女性的曲线美。柔软的皮草羽毛与厚重的浅灰色织花面料结合，让服装呈现出一种低调的优雅美感，抹胸礼服裙搭配金属配饰和黑色半透明面罩，形成柔美感与硬朗细节的冲撞对比。

作品9（图5-47）

黑色雕花的皮裙，缀满膨胀感的绒毛球，摩登而现代，面料的删减与叠加形成了丰富的层次感。浪漫可爱的绒毛球犹如渐渐绽放的花朵，呈现出具有爆发感的华丽感。绒毛装饰手套，皮革长筒靴，夸张的挡风眼镜和立体金属腰带，追求色彩间的统一和谐的同时，丰富了质感的对比，整体体现了柔软舒适而神秘感的未来主义。

作品10（图5-48）

作品创作灵感来自蜜蜂。模特佩戴的养蜂面罩，腰部仿蜂窝的立体编饰设计，蜂窝网眼设计的钉珠网袜，以及甜蜜的黄色系处处体现着设计的主题。内衬鱼骨状紧身衣的束身胸衣，搭配如伞般绽开的夸张裙摆，体现纯美的女性气质。细密的蕾丝叠褶使裙身饱满华丽，薄纱的交替穿透，在甜蜜中透露出性感。

作品11（图5–49）

作品整体外轮廓呈现典雅大气的A型，线条简洁流畅，黑色腰封的分割将下半身比例拉长，古典美的嵌花装饰更添加了女人味。及地的宽大斗篷，黑白灰的色调，精致的花草图纹，典雅的宫廷气息中结合了神圣的宗教色彩。夸张的轮廓内不乏细节雕琢，优雅中略带着强势。

作品12（图5–50）

本作品的设计灵感来自于70年代中期——大卫·鲍伊 (David Bowie) 最具创造力和视觉冲击力的年代。高腰、瘦长的裤腿，高耸的肩线，充满几何建筑感，营造了一种更加硬朗、精准、男性化的锋利感。展翅的蜻蜓图案栩栩如生，腰间采用银色金属光泽腰封，体现华丽摇滚风与装饰主义的糅合。

图5–45

图5–46

图5–47

图5-48

图5-49

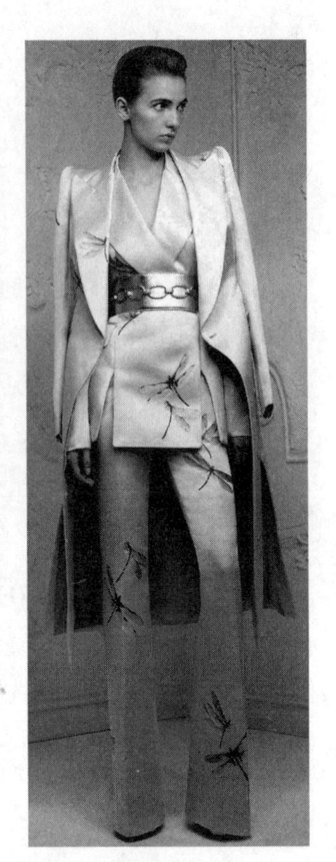
图5-50

参考文献

References

[1] 刘雁. 服装立体塑形技术[M]. 上海：东华大学出版社，2010.

[2] 张文斌. 瑰丽的软雕塑[M]. 上海：科学技术出版社，2007.

[3] 法国巴黎时尚工作室. 巴黎时尚概念[M]. 上海：文艺出版社，2003秋冬—2004春夏.

[4] 伍云秀. 浅议材料对立体造型的影响[J]. 武汉科技学院学报,2007（11）：49-50.

[5] 中道友子. 立体裁剪魔法1[M]. 日本：文化出版局，2005.

[6] 中道友子. 立体裁剪魔法2[M]. 日本：文化出版局，2005.

[7] 王珉. 服装材料审美构成[M]. 北京：中国轻工业出版社，2011.

[8] 邓玉萍. 服装设计中的面料再造[M]. 广西：广西美术出版社，2006.

[9] 梁明玉，牟群. 创意服装设计学[M]. 重庆：西南大学出版社，2011.

附录
Appendix

实训教学
Teaching Files of Training

本实训教学是以温州大学《服装立体造型》课程为范例，列举了艺术造型手法、上装立体造型、礼服设计与立体造型三个实训的教学与实训评价标准，可作为学生实训的指导与参考书。

一、实训指导书参考

（一）艺术造型手法实训

1. 实训类型

本实训属综合性、设计性实训。

2. 实训内容

运用艺术造型手法设计制作一款只有衣身部分的习作。重点为褶饰、缝饰、编饰、缀饰及其他立体造型方法的综合练习。

3. 实训目的、要求

（1）掌握褶饰、缝饰、编饰、缀饰及其他立体造型方法。

（2）理解各种褶纹形成的受力变化。

（3）掌握褶饰、缝饰、编饰、缀饰、花饰等制作方法和运用技巧。

4. 实训原理

以服装设计形式美法则与艺术表现手法为指导，结合人体结构，特别是对胸部、背部的装饰表达。设计师多强调胸部造型，手法翻新多变，把设计美感尽可能呈现在方寸之间。背部是女性礼服造型的主要部位之一，虽没有胸部那么显赫与耀眼，但也能充分展现女性圆润细腻的曲线魅力。因此，熟练掌握胸部、背部立体裁剪的方法与艺术表现，才能更好地进入礼服整体造型设计。

在训练与应用中，应注意以下几点：

（1）在褶饰立体造型练习中，对面料施加不同的力，探求其视觉效果的呈现方式并学会应用。

（2）对于多种手法综合练习及表现技巧，做到多而不乱，恰到好处。

（3）不能忽视侧面的过渡与衔接自然，能够完整地表达，并与整体协调。

（4）理解和把握面料肌理的形成及面料再造技术。

5. **实训设备**

人体模型、白坯布约2m、剪刀、大头针、熨斗、烫垫等。

6. **实训步骤**

（1）收集以褶饰、缝饰等造型方法表现服装胸部、背部的资料；

（2）根据资料，进行部位的专题设计并用图稿表示；

（3）用白坯布进行衣身部分的制作练习。

①布料整理阶段：准备与整烫布料。

②衣身造型阶段：前片立体造型和后片立体造型。

③手法装饰阶段：装饰部位与装饰手法的运用。

④调整整理阶段：亮点、强调的部分是否突出？细节设计是否细腻精致？

（4）按正面、背面、侧面拍照完成效果，上交作业。

（二）上装立体造型实训

1. **实训类型**

本实训属综合性、设计性实训。

2. **实训内容**

（1）上装立体造型练习。

（2）综合设计并制作一款上装。

3. **实训目的、要求**

（1）掌握各种廓型上装款式的立体造型方法。

（2）掌握上装款式的组合。

（3）掌握上装设计要整体平衡。

（4）训练正确表达的能力。

4. **实训原理**

依据成衣设计形式美法则与立体造型方法，对上装进行立体造型综合训练。要求参考以下要点：

（1）掌握H型上装立体造型的操作方法及要点，掌握胸围、腰围、衣袖松量加放与组合，做到H型廓型上装的准确表达。

（2）掌握X型上装立体造型的操作方法及要点，掌握肩部、腰部、下摆之间的比例关系，以及X廓型的表达能力。

（3）提高上装整体平衡能力，包括身、袖、领的整体协调能力。

5. **实训设备**

人体模型、白坯布约2~3m、剪刀、大头针、熨斗、烫垫等。

6. **实训步骤**

（1）收集有关上装款式的资料。

（2）进行上装的款式设计。

（3）用白坯布进行自选上装款造型练习，其主要步骤：

①布料整理与做标记。

②前身立体造型。

③后身立体造型。

④前、后身组合并做标记。

⑤衣领造型。

⑥衣袖造型。

⑦衣领、衣袖、衣身组合。

⑧假缝试穿，修改各裁片。

⑨做出本款上衣的样板图。

（4）按正面、背面、侧面拍照完成效果。

（5）做出PPT：含本款设计、操作步骤、款式效果、学习感想总结等内容。

（三）礼服设计与造型实训

1. **实训类型**

本实训属综合性、设计性实训。

2. **实训内容**

自行设计制作一款礼服（廓型不限）。具体内容：先用白坯布设计制作雏形，再用实际面料制作完成。

3. **实训目的、要求**

（1）掌握礼服的基本造型规律。

（2）掌握并运用形式美法则设计制作各种款式的礼服。

（3）培养设计、制作礼服类服装的能力。

4. **实训原理**

礼服立体造型是技术与艺术相结合的重要体现。一方面，作为造型手段的技术要讲究科学合理精到熟练，能有效地体现设计的意图。另一方面，服饰的造型要把艺术之美融入形象制造的每一个环节之中。在材料选择、造型追求与造型方式等，即兴表达中不断引发新的创意构思。设计制作过程中遵循形式美法则，以人为本，兼顾艺术性和实用性。依据服装设计与立体造型方法，对礼服进行从白坯布到实际面料的立体造型综合训练。

5. **实训设备**

人体模型、白坯布约2m、剪刀、大头针、熨斗、烫垫等。

6. **实训步骤**

（1）根据所述的礼服类别收集相关的图片资料。

（2）整理资料—借鉴—设计—效果图表现。

（3）用白坯布进行礼服立体造型(球型、A型、X型等廓型)。

（4）进行实际面料操作—调整—假缝试穿—完成。

（5）按正面、背面、侧面拍照完成效果。

（6）做出PPT：含作品灵感来源、设计构思、操作步骤、款式效果、学习感想总结等内容。

二、实训评价考核参考

（一）艺术造型手法单元试题

题　目：运用艺术造型手法设计制作一款只有衣身部分的习作。

要　求：

（1）设计要有新意，要有整体美感。

（2）前、后衣身过渡要自然，衔接完整。

（3）各种手法不限，可单独使用，也可以组合运用。

（4）造型手法运用合理、独到、新颖等。

（5）亮点、强调的部分要突出，细节设计细腻精致。

（6）采用在1∶1的人体模型上制作。

（7）拍出前身、后身、侧面的照片，并提交到网上作业系统。

（二）上装立体造型单元试题

题　目：自行设计制作一款上装。

要　求：

（1）作业设计要有新意、时尚感强，有一定的技术难度（衣身、衣袖、衣领至少含有两个部位）。

（2）作业设计要有整体美感，造型效果好，符合设计原理。

（3）造型手法运用合理、独特、新颖等。

（4）部位协调，整体结构完整，具有美感表达。

（5）侧重上装设计、造型、结构平衡三个方面的综合能力。

（6）制作PPT，包括造型设计、手法应用、板型制作等内容。

（7）拍出前身、后身、侧面的照片，并提交到网上作业系统。

（三）礼服设计与造型单元试题

题　目：自行设计制作一款礼服。

要　求：

（1）主题表达要准确、突出，有一定的创新，鼓励原创。

（2）设计要有整体美感，造型效果好，符合设计原理。

（3）面辅料选择要合理，能灵活运用面料再造。

（4）造型手法运用合理、独特、新颖等。

（5）细节装饰效果能正确表达，不单一也不累赘。

（6）工艺质量精致、结构合理。

（7）整体配饰搭配统一、协调。

（8）完成礼服的整体造型后，进行设计理念和制作过程的汇报。

（9）制作PPT，包括设计构思、面料小样、造型过程、手法应用等内容。

（10）拍出前身、后身、侧面的照片，并提交到网上作业系统。

图片来源

Images Resources

图1-6（3）：2012秋冬中国女装高级成衣路易·乔登（LOUIS JORDON）皮革时尚周

图1-7（2）：2012/2013秋冬米兰女装高级成衣莫斯奇诺（Moschino）发布会

图1-7（4）：2012/2013秋冬伦敦女装高级成衣博柏利-珀松（Burberry Prorsum）发布会

图1-10（1）：2012/2013秋冬巴黎女装高级成衣夏奈尔（Chanel）发布会

图1-10（3）：2012/2013秋冬巴黎女装高级成衣安东尼·瓦卡莱洛（Anthony Vaccarello）发布会

图1-12（1）：2012/2013秋冬米兰女装高级成衣杜嘉班纳（Dolce & Gabbana）发布会

图1-12（2）：2012/2013秋冬巴黎女装高级成衣姬龙雪（Guy Laroche）发布会

图1-16（3）：2012/2013秋冬纽约女装高级成衣Threeasfour发布会

图1-19（2）：2012/2013秋冬伦敦女装中央圣马丁斯毕业生时装展

图1-18（2）：2012/2013秋冬伦敦女装高级成衣连衣裙秀场提炼

图1-18（4）：2012/2013秋冬圣保罗高级成衣Moschino发布会

图2-4（5）：KONC，KYUNG HEE（韩国庆熙），主题：线/黄麻交响曲

图2-6（1）、（2）：华彩意象——方·圆·盛，2010年创意设计展

图2-6（4）：12/2013秋冬伦敦女装高级成衣连衣裙秀场

图2-8（1）：2012/2013秋冬米兰女装高级成衣安东尼奥·玛瑞斯（Antonio Marras）发布会

图2-8（2）：2012/2013秋冬巴黎时装周

图2-8（3）、（4）：2012/2013秋冬伦敦女装高级成衣秀场

图2-10（1）：作者刘芳，主题：帕罗

图2-10（3）~（5）：201213秋冬纽约女装高级成衣VPL by Victoria Bartlett发布会

图2-10（6）：作者邓皓，主题：古兰中国红

图2-12（1）、（2）：2012/2013秋冬纽约女装高级成衣发布会

图2-12（3）：2011/2012 A/W Couture Fabien Rozier

图2-12（4）：2013S/S R-T-W Claudia Arbex

图2-12（5）、（6）：2012/2013秋冬巴黎女装高级成衣亚历山大·麦昆（Alexander

McQueen）发布会

图2-13（2）：温州大学王亚运作品

图2-13（4）：温州大学学生作品

图2-14（1）：温州大学金和云、郑晓东作品

图2-14（2）：温州大学金晨怡老师制作

图2-14（3）~（6）：2010年中国流行面料创新设计展示

图2-15（1）：温州大学潘芬芬作品

图2-15（2）：温州大学王盈盈作品

图2-15（3）：蝶训网http://www.sxxl.com/

图2-15（4）：2012/2013 A/W R-T-W Paco Rabanne

图2-15（5）、（6）：张肇达设计师作品

图2-16（1）：蝶训网

图2-16（2）：2012/2013AW R-T-W Reality Projcct Por Jum Nakao

图2-16（3）：伦敦中央圣马丁学院（Central Saint Martins）学生作品

图2-16（4）：2012/2013A/W R-T-W Reality Projcct Por Jum Nakao

图2-17（1）：温州大学潘芬芬作品

图2-17（2）：KIM，HEA YEON （韩国金妍），主题：软木生活方式

图2-17（5）：木雕花纹 2013春夏圣保罗女装高级成衣罗纳尔多·佛拉加（Ronaldo Fraga）发布会

图2-18（1）~（6）：温州大学学生作品

图2-24（3）、（4）：2012/2013秋冬纽约女装巡游系列扎克·珀森（Zac Posen）发布会

图2-15（1）、（2）：温州大学学生作品

图2-15（4）：2012/2013秋冬巴黎女装高级成衣Sacai发布会

图2-15（5）、（6）：马艳丽、张肇达设计作品

图2-15（7）：2012/2013秋冬巴黎女装高级成衣帕科·拉巴纳（Paco Rabanne）发布会

图2-18（6）：温州大学胡可旭作品

图2-18（4）：温州大学胡之芬作品

图2-19（1）、（2）：凯撒·2010 CCDC 中国时装设计创意展作品

图2-19（4）、（5）：温州大学学生作品

图2-19（6）：徐慧明教授的设计作品

图2-19（3）（7）：北京服装学院学生作品

图2-24（1）：温州大学学生张静作品

图2-24（2）：温州大学学生周科杰、郑晓东作品

图2-24（5）：蝶训网
图2-24（6）：2011/2012A/W Couture Fabien Rojier
图2-24（7）、（8）：中道友子. 立体裁剪魔法1[M]. 日本：文化出版局，2005.
图2-27（1）：温州职业技术学院学生作品
图2-27（2）、（4）：温州大学学生作品
图2-27（3）：温州大学施茜茜作品
图2-27（5）：Watermarks（韩国林文穗），主题：水印
图2-27（6）、（7）、（8）：北京服装学院学生作品
图2-27（9）、（10）：
图5-1、图5-2、图5-3 ：夏奈儿2012春夏女装秀
图5-4、图5-5：夏奈儿2012春夏高级定制秀
图5-6：夏奈儿2012早秋高级手工坊系列大秀“Paris-Bombay”(巴黎-孟)
图5-7、图5-8：夏奈儿2012秋冬女装秀
图5-9 ： 夏奈儿2013早春度假系列
图5-10：夏奈儿2013早秋系列
图5-11：夏奈儿2012/2013秋冬巴黎高级定制
图5-12：夏奈儿2013春夏巴黎女装高级成衣
图5-13、图5-14：迪奥 (Dior) 2011秋冬高级定制
图5-15：迪奥2012春夏高级定制
图5-16：迪奥2012春夏女装
图5-17：迪奥2012秋冬女装
图5-18：迪奥2012秋冬高级定制
图5-19、图5-20：迪奥2013春夏
图5-21、图5-22：乔治·阿玛尼 (Giorgio Armani)2011春夏女装高级成衣
图5-23：乔治·阿玛尼2011春夏女装高级定制
图5-24：乔治·阿玛尼2011秋冬女装高级成衣
图5-25：乔治·阿玛尼2011秋冬女装高级定制
图5-26：乔治·阿玛尼2012春夏女装秀
图5-27：乔治·阿玛尼2012秋冬女装高级成衣
图5-28：乔治·阿玛尼2012秋冬女装高级定制
图5-29：乔治·阿玛尼2013春夏女装高级成衣
图5-30：乔治·阿玛尼2013春夏女装高级定制
图5-31：范思哲 (Versace) 2011春夏女装高级成衣
图5-32：范思哲2011秋冬女装高级成衣
图5-33：范思哲2012春夏女装高级成衣

图5-34：范思哲2012春夏女装高级定制
图5-35：范思哲2012秋冬女装高级成衣
图5-36：范思哲2012秋冬女装高级定制
图5-37：范思哲2013春夏女装高级成衣
图5-38：范思哲2013春夏女装高级定制
图5-39、图5-40：亚历山大·麦昆2011秋冬女
图5-41：亚历山大·麦昆2012早春度假系列女装
图5-42、图5-43：亚历山大·麦昆2012春夏女装高级成衣
图5-44、图5-45：亚历山大·麦昆2012早秋系列女装
图5-46、图5-47：亚历山大·麦昆2012秋冬女装高级成衣
图5-48：亚历山大·麦昆2013春夏女装高级成衣
图5-49、图5-50：亚历山大·麦昆2013早春女装系列